新陳代謝，所有你必須知道的事。

Der Stoffwechsel Kompass

Was uns in der zweiten Lebenshälfte fit, schlank und wach hält

Prof. Dr. Ingo Froböse
英格・弗洛伯斯 教授——著

黃淑欣——譯

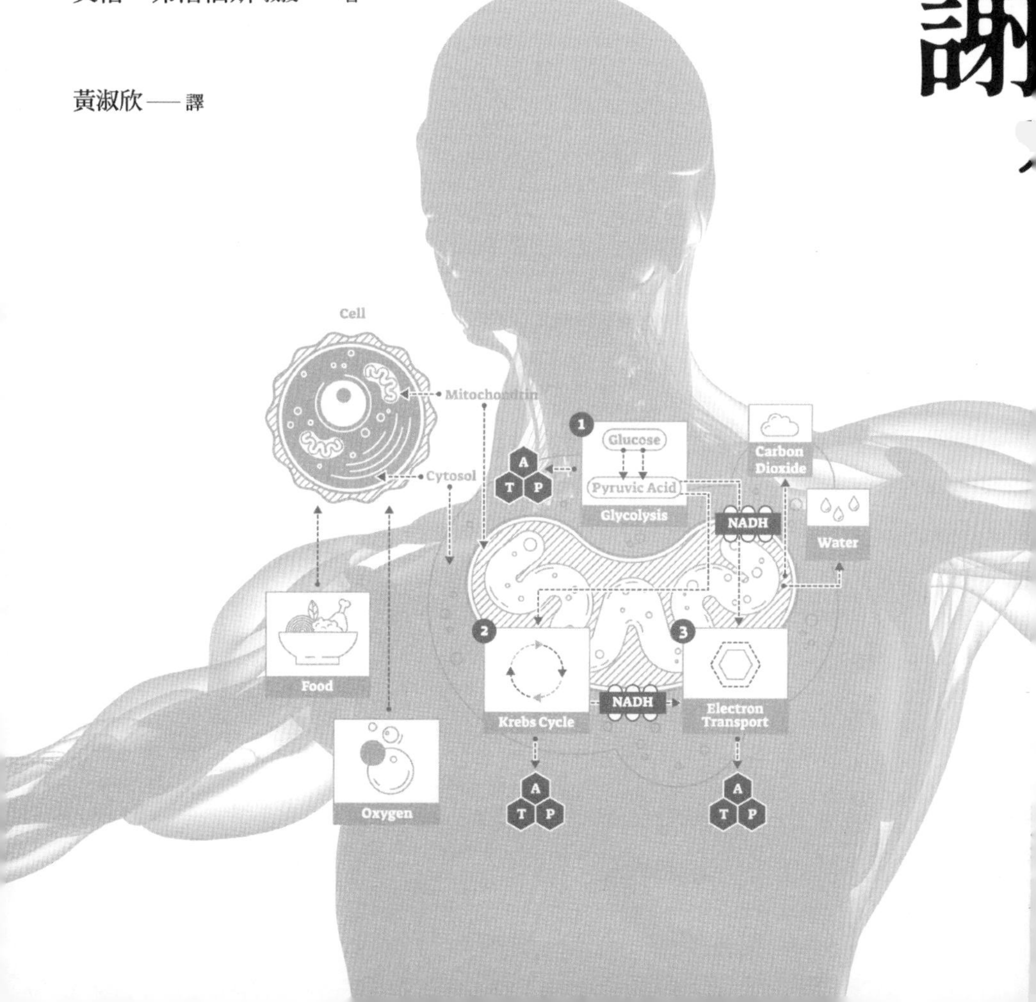

前言

親愛的讀者：

請和我一起進入我們身體內部最偉大神奇的作品裡：新陳代謝。這東西的運作方式鬼斧神工，完全不可思議，然而卻只有極少數的人們曾經花心思探討過，對此瞭若指掌的人更是屈指可數。新陳代謝在人體進行的過程是如此安靜又迅速，以致於雖然它在人體到處流竄著，而我們卻絲毫沒有感覺。也正是因為如此，新陳代謝對人體的貢獻與價值幾乎難以正確估計。透過本書，我們將顛覆這些刻板印象，有了這本書在手，你將會明白你身體裡究竟在發生些什麼變化，以及為什麼這些變化會產生，最重要的是，為什麼這些複雜的流程會在我們生命裡不停地更改、變化以期能配合我們的狀態。

新陳代謝這個神奇的功能主宰著我們的人生：每天我們的身體藉由這個功能產

生四十到六十公斤的能量（由ATP的莫耳數換算而來），我們的心臟依賴這股產能來維持跳動，肝臟靠著這股能量運作，腎臟藉此而能排毒，養分因此能傳輸到各個細胞裡，我們因此而能呼吸，以及從幼小的孩童長大茁壯為成人——一言以蔽之：這是我們賴以為生的能量。沒有了新陳代謝這項功能，上述的事情都不可能實現，換句話說，要是這項功能失能或是沒有正常運作，我們就會輕則生重病，重則死亡。

我們的新陳代謝功能日日夜夜無時無刻為我們辛勤運作著，一年到頭沒有一天停歇。我們的身體每天藉由新陳代謝達成細胞修復、修補、增生及改組。它促成我們的頭髮、指甲生長、我們因為新陳代謝的作用而能在工作、運動及休閒時維持最佳的體能狀態。然而有一天遲早會來到，而且通常出奇不意，就是所有的一切都突然改變；這通常出現在我們的人生中期，好發在四十到五十歲，這時的我們會突然發現，我們不再是那個三十歲的年輕人——就算在腦海裡，我們依舊認為自己是三十歲。

你曾經想過身體的這些變化都是因為新陳代謝的緣故嗎？或許沒有。但事實是，所有發生在你身上的、在我們身上的變化，幾乎都能歸因到新陳代謝變化——特別是中年之後所有的身體發展。我指的並不是只有更年期而已，即便是更年期也只是荷爾蒙代謝所引發的其中一項徵狀而已。我們的臉上會出現皺紋，是因為皮膚裡的新陳代謝改變了，同時，我們的頭髮變得稀疏細薄了，晚上越來越難睡好覺了，白天時不再整天精神抖擻了，最後——這點通常大家心裡都很清楚——我們的體重數字不斷升高。我們身體的能量代謝越來越微弱，就連供應細胞足夠必要養分的過程也越來越緩慢。

即便我們覺得再難以接受，都不得不承認，處於人生中期的我們，身體內的器官正在進行許多轉變。新陳代謝系統的變化其實只有一個終極目標：它想要確保我們能夠在接下來的五十年內，依舊有能力繼續好好地享受人生。它只想要將我們的身體調節成最恰當的狀態，只是多數人總不讓它好好地執行任務。它雖然常常容忍我們犯錯，但卻不會全盤接受所有的不當行為，當行為太過火時，它甚至會決定跟我們鬧上好長一段時間的脾氣。新陳代謝在我們的身體內毫無聲息地運行著，長年來幾乎不著痕跡；與它的運行息息相關的，是我們如何對待它，以及我們在人生的頭五十年裡如何教養它，所以一切都取決於，我們在接下來的生活裡是否決心要好好地善待這項功能，並且即時更正犯下的錯誤。

藉著這本書，你將與我一起攜手開始探索新陳代謝的奧妙與祕密，一起瞭解隱藏在我們身體裡的微妙程序，在這個過程中，所有五十歲以上發生的新陳代謝的肇因以及背後形成方式都將一一展現在你面前。你將會見到，中年時期的能量代謝轉變，是如何引發身體結構及能量消耗的改變，而在這樣的情勢下，我們依舊有機會，可以選擇不要置之不理、袖手旁觀，因為我們只需要改善一點點，就能輕易地幫助我們的新陳代謝系統運作得更加順暢。在你與我攜手共遊本書的旅程中，你將會認知到，民間廣為流傳的所有和身體轉變相關的老化過程，幾乎都和新陳代謝脫不了關係，在這本書中，我們將獲得許多得以改善這項轉變的機會，甚至或許能夠達到「重新活化」新陳代謝循環的效果。

新陳代謝正是我們中年生活的重要關鍵角色。它的影響力遍及所有老化過程，不只會對我們的外貌、身材以及皺紋、肌膚產生絕對的影響，更是左右我們是否能在老年時仍然顯得青春優雅，或是在年紀尚輕時便顯得老態龍鍾的最大因素。你將會在這本書中理解到，新陳代謝絕對值得你好好仔細研究一番，本書中的內容將能幫助你在面對老化過程時，即時採取正確的改善措施，幫助你並促進你的新陳代謝循環。

你親愛的 英格．弗洛伯斯教授

CONTENTS

CONTENTS

第 1 章

新陳代謝：那是什麼？

人們往往對於超出自己想像力與理解力的事物驚訝不已。每當這種情況發生時，我們會讚嘆這真是神蹟。然而幾乎所有的人都忽略了這世界上最大的神蹟，那是因為在每天的日常生活裡，我們太過習以為常它的存在，將它的運作視為理所當然：人體！這東西可以在短短九個月內，從一個微小的細胞成長為完善運作的人體組織。在它張開眼見到這世界的第一天時，這東西便已經擁有了兩兆個神奇微小的工廠：細胞。當它發展到幼童期及青少年期時，這個數字大約會成長三到四倍左右。現在身為成人的你，以及撰寫這本書的我，還有所有這世界上千千萬萬的人類，則擁有六兆到八兆左右的細胞——這是個擁有整整十三個〇的數字：八〇〇〇〇〇〇〇〇〇〇〇〇〇！一個完全超乎想像的數字，而且它們居然還合作無間地一起工作，好讓我們能無憂無慮地生活。如果這不叫神蹟的話，那什麼才叫神蹟？

極度複雜又脆弱，同時卻又無比抗壓，這就是我們的人體。它能適應所有突發情況及環境，在絕大多數的情形裡，它天天幾近運行無礙，而在時而有偶的例子中，它甚至能順利運行個一百年或甚至更久。要是你想一想，這東西是大自然在幾乎幾千年前就已經創造出來的東西，而且至今為止幾乎毫無任何更新與改變的話，這是個多麼值得讚嘆的傑作。即便人們長久以來在心理學、生物學、醫學，甚至是哲學領域裡都多方嘗試想要理解這個物體，我們仍舊無法窺探它的全部祕密。

在世界的各個角落裡，我們的身體幾乎每天都在發明新的東西、創造無比的績效，同時還自我療癒、修復損傷——同時它又是如此富有情緒、具有社交能力又充滿無比的創意。特別是這東西的幾乎絕大多數組成成分，居然只是水和氧氣，這實在和變魔術只有一線之隔了。科學家甚至計算出來，人體除了這兩樣組成物質之外，其餘的金屬類及非金屬類元素加總起來，若去市場上採買的話，甚至不會花超過五十歐元。要形成它並維持它的生存，僅僅需要總共五十九種不同的元素而已。在成年人身上，這些元素所占的百分比例分別如下：

■水：百分之六〇・三
■氧氣：百分之二五・五
■碳水化合物：百分之一〇・五
■氮：百分之二・四二
■鈉：百分之〇・七三

- 鈣：百分之〇．二二六
- 磷：百分之〇．一三四
- 硫：百分之〇．〇四一
- 鉀：百分之〇．〇三六
- 氯：百分之〇．〇三二
- 鎂：百分之〇．〇一〇

除此之外，人體內還有些許的感應元素，這些元素在人體組織裡占的成分數量雖然不多，卻是相當不可或缺的組成材料。

你能夠想像得到嗎？僅僅需要這些元素與材料，透過化學物質及反應組合在一起，再以水與氧氣作為基礎，居然就能創造出像人體這樣神奇的物品，分化成我們每個人如此獨特不同的樣貌與特徵。這些微小的金屬與非金屬元素的總共數量能夠透過簡單的計算得出，而它們的總共市場價值遠遠比你的一雙新鞋或是一張足球賽搖滾區的票價還要便宜許多，然而，只需要與水和氧氣混合作用，就能在人體裡發生令人難以置信的事情。這些過程我們將它統稱為新陳代謝或基礎代謝循環

（Metabolismus）。人體裡每天透過新陳代謝而進行的運作，完完全全自動自發地進行著，不需要我們操勞任何心神，這就是真正的神蹟：

■人體每天生產出四十到六十公斤左右的能量，也就是三磷酸腺苷，縮寫為ATP（Adenosintriphosphat，所謂人類的細胞汽油），透過這股生產出來的動能，所有體內的生物循環才能正常地運作。我們的大腦所需要的能量，占了這批產能的絕大多數，幾近百分之二十。

■許多人幾乎遺忘了，我們的人體恆久地將身體溫度維持在三十六到三十七度中間的暖度！請你想想，如果你一整年三百六十五天不間斷地將公寓裡的暖氣維持在這個溫度的話，那暖氣費帳單會暴增到什麼地步。得燒掉多少的石油和天然氣才能達到這樣的溫度。換算下來的話，我們的人體組織，一年內實際上總共製造出一百萬瓦小時的能源！

■你的心臟每天大約要跳動十萬下，一年三百六十五天全年無歇地為你跳動著。這一算下來在你長壽的一生中，大約是三十到四十億下。折合下來你的心臟每年大約產出了相當於十萬瓦小時的能源！

■你每個小時要呼吸大約九百次，一天換算下來共消耗掉一萬公升的氧氣，這是你的身體每天替你加工轉換的能量。

■人體裡所有的血管管線如果攤開來平鋪在地面上，總長約為十萬公里。

■一般人體平均含有五到八公升的血液。這麼多的血液慢悠悠地跑過身體一趟大約只需要二十到六十秒，端視你的體重而定。如果換算成抽水馬達的話，它等於每天要抽動八千公升的水量。你體內的每一顆血球每天要流動過你的身體一千四百次。

■你的身體每天會製造出超過兩千億個新血球，等於是你體內的血液每年會重新大換血三次。

■為了保護你的眼球及維持眼球的水潤濕度，你的眼皮每天會自動開闔十萬次——這個動作完全在你毫無察覺、無意識的狀況下進行著。

■我們平均一生之中會製造出約七十公升的眼淚。

■每天我們的口腔生產出一．五公升的唾液。若換算成平均壽命七十年，就超過三萬八千公升了。

■腎臟每天過濾一百八十公升的水量，這個水量有多大呢？足足可以滿到溢出你浴室裡的浴缸。

■在你的腸道裡住著超過一百萬兆的腸道細菌，這些腸道細菌也由你的身體照顧著。

■你的頭髮每天會增長〇．三公釐的長度，而指甲每個月大約增長三公釐。

■你的大腦裡存在著一千五百億的神經細胞，這些神經細胞總共能組織成五．八公里長的神經傳遞軌道。你大約每個小時需要二十瓦的能源來維持這些神經細胞每秒數萬兆以上的活動次數。

■神經動作電位在你體內的速度大約是每秒一百公尺。折算成我們常用的車速單位等同於時速每小時三百六十公里！

■人類的眼球能夠分辨出大約七百萬種不同的顏色。你的眼球每天都自動地為你進行超過十萬次的精準調校。

■當人類射精時，能夠以導彈彈射方式瞬間射出約四億隻左右的精蟲數量，這麼多的數量就是為了確保至少能有一隻能成功達陣。

■你的骨骼大約每十五年將整體更新一次。

■人類年齡即便達到七十五歲，腸道依舊能處理與消化大約三十噸的養分。

這張人體神奇功能的清單，我幾乎可以無止盡地繼續列下去，而這都還只是在描寫人體組織處理的一般日常任務而已。人體在運動競賽中所展現出的各式各樣極端效能可都還沒列出出來！為了處理這些任務，我們的身體組織，特別是其中的新陳代謝功能，將終其一生日日夜夜、一週七天、一天二十四小時，不停歇地運作著。只要新陳代謝循環能夠正常運作，就足以保證上述提到的功能都能正常地進行，我們能繼續維持現下生活中的各種活動。這是因為新陳代謝循環負責輸送分發各種養分、各種維持精神精力的元素，以及確保身體各處需要養分的地方都能得到充足的供給。除此之外，新陳代謝還負責排泄老舊及使用過的廢料、負責修復身體損傷的部位、排出毒素、清潔打掃廢物、運輸及溶解各式各樣物質、組建新細胞、代謝老舊及損壞細胞……諸如此類族繁不及備載、五花八門的各式任務。

如果身體內沒有新陳代謝，那生命就不會繼續，也不會成長，人體更不會有繁衍後代的可能，沒有創意，沒有愛情，更沒有任何情欲。新陳代謝可謂是我們人生一切的動力來源，它造就了今天的我們，也決定了未來我們的模樣。藉由新陳代謝循環不停的分解、改組及製造新細胞的循環程序，它得以運輸能源到人體組織內的各項循環之中，並確保這些細胞的品質正常無誤。這一切的第一步，就從透過消化來處理我們的養分開始；消化，正是讓所有養分得以進入人體的第一步。接著各項物質將被分送到體內各處，藉由血液循環直達身體的微循環裡，這項功能能保證體內所有需要養分物質的地方，都能確切得到應有的供給。我們體內的荷爾蒙及酶素負責加速這個複雜的生物化學循環程序，當所有的程序在全身循環一次完成後，就代表身體內的細胞分解及重組得以維持平衡，而身為該人體組織主人的我們，則會感到精神飽滿又健康。

第1節　消化：從進食轉化成營養成分

你還記得昨天一整天下來所有吃的、喝的東西嗎？先不管那些東西是什麼好了——它們現在全都還在你的身體裡，而你的新陳代謝系統正在處理它們。不過，著手處理的工作，它可是從昨天就開始了，而且甚至是在你嘴巴閉上、開始（希望是好好地）咀嚼的時候就已經開始，這是因為，從這時候起，我們的消化程序就已開始。

每當提到「消化」這個詞，我們多數會自然聯想到兩個器官：胃及腸道。接著就立刻不自覺地開始評斷，我們的腸道是不是還好好地運作著。對於判斷這項功能的好壞與否，最重要的數值就是所謂的食物腸道停留時間數了。這裡所謂的時間數指的是，一個人體組織將食物完全處理完畢以及排出體外，總共需要花費多少時間。有些時候這個程序要花費相當長的時間，不過這並不是什麼嚴重的事情，即便所需的時間稍微長了點，也不代表你就必須要使用瀉藥來加快這個流程，因為瀉藥可能正是把你的消化系統搞得一團亂的主要原因。

平均而言，男性的食物腸道停留時間大約是四十八到五十四小時之間，而女性平均為六十到七十二小時。換句話說，每一頓餐食都會停留在你的身體裡好幾天！這其中停留最短的地方莫過於胃（多數情況下，食物只在這裡停留四到六小時），接著是小腸（五到八小時）。事實上，我們已經咀嚼完畢的食糰停留時間最長的地方，是我們的大腸，這些食糰會在大腸裡停留數天的時間，好讓食物能徹底地「酸化」。

很可惜的是，至今我們仍舊不得而知，為什麼女性的食物腸道停留時間需要整整比男性多出將近二十四小時的時間，幾乎一整天。我們唯一知道的是，影響食物腸道停留時間的因素相當繁複眾多，而且也很可能因為每個人體質不同而有所差異。如果你今天的行程過得相當緊湊且具有足夠的運動量，那麼大多數情況下，即便你吃下的食物相同，這天的食物腸道停留時間也會比起你一整天都坐在辦公桌旁工作來得快速許多。年紀顯然也是影響食物腸道停留時間的重大因素，最遲在屆齡五十歲之後，每個人都會開始出現消化道問題，與男性相比，女性的好發時間會更早一些。

消化問題：新型國民病

雖然背痛仍舊穩坐現下最普遍的德國國民疾病榜首，但是德國人腸胃周邊疾病的各種問題已經開始急起直追。根據統計，在五十歲以上的人口中，有超過百分之二十五正受到腹部病痛所苦。德國有超過九百萬名四十五歲以上的人患有胃食道逆流的毛病，一千兩百萬以上的人曾經有過「腸躁症狀」，百分之十三的人經常性地有胃脹氣的問題。所有上述的腸胃道疾病治療，總共花費德國健康保險每年約三百五十億的費用，而這還只是健保直接支出的部分（醫生、醫院及藥物）。根據德國腸胃、消化及新陳代謝疾病協會（Die Deutsche Gesellschaft für Gastroenterologie, Verdauungs- und Stoffwechselkrankheiten）的數據，到二〇三〇年之際，罹患相關疾病的國民數量將再增加百分之二十二左右，整體罹患相關疾病的人口，將達到德國成人總人口數的一半，換句話說，將有一半的德國人長期受消化道系統問題所困擾——儼然成為新型國民病。

事實上，身體裡處理食物的這個過程，常常也能直接反映出你身體內新陳代謝循環的速度。你只需要稍微回想一下，每次吃完甜美多汁的白蘆筍之後，大約多快的時間之內，你就會發現尿液氣味因此而改變。讓我們在這一章裡，仔細地從頭到尾好好認識一遍身體的消化過程，畢竟如果我們在提到消化時只單單想著胃和腸道的話，實在太快下結論，也顯示出我們對於自己體內這麼重要的流程所知寥寥無幾。

口腔：良好結果的事前準備作業

我們的身體早在食物真正進到嘴裡之前，就已經開始啟動唾液腺來為消化作業暖身，一旦我們聞到食物，或是期待即將來到的食物並為之興奮，這項活動就開啟了。我們的身體千真萬確地會開始輸送水分到口腔裡。身體這麼做的原因，第一是因為好好地浸潤整個食物是相當重要的步驟，第二則是因為唾液裡的酶素。酶素能夠讓食物還在我們嘴裡的時候，就開始區隔為碳水化合物與脂肪。

要讓酶素可以好好發揮作用，我們必須給予它足夠的作用時間，並且在安靜的環境下用餐，同時還要徹底咀嚼食物。咀嚼食物的意義，不只是將食物切碎成塊狀而已，更重要的是將食物混合唾液以增加整體的體積。這樣一來，酶素就能發揮最佳作用，讓處理完畢的食物成為一球柔軟的食糰，順利地通過食道進入胃裡。α-澱粉酶（Alpha-Amylase）又稱為唾液澱粉酶（Ptyalin），它顯然是最廣為人知的唾液酶素，它的主要功能就是用來分解碳水化合物；另一項稱為脂肪酶（Lypase）的酶素，則是用來分解脂肪。你甚至能夠直接在口腔裡察覺到澱粉酶的工作成果：只要你拿一小塊麵包放到嘴裡仔細咀嚼，沒過多久一定會在舌尖上嘗到一點甜味，這是因為大部分的麵包裡所含的碳水化合物已經在嘴裡分解成它們的基本組成成分，也就是醣分子。

反過來說，要是你吃飯時總是狼吞虎嚥、幾乎嚼也不嚼就大口吞下去的話，那你的胃和腸道要接著進行後續的處理工作就會變得困難重重。如果食物體積過於龐大又幾乎未經處理的話，很可能你的腸道與胃就完全無法加以使用。這樣一來，或許你花了很大的心力為自己選購了健康營養的食材，但卻因為你幾乎不費心咀嚼食物，導致這些優質的能量物質無法抵達身體的各個組織裡。只要在吞嚥食物之前，咀嚼超過三十下，你就能確認咀嚼食物這項首要任務已經大功告成。

吞嚥前徹底地咀嚼食物，不僅能減低消化系統的負擔，也能大幅改善體內的胰島素數值。英國曼徹斯特大學（Manchester Universtität）的研究員更曾經在動物實驗中發現，吞嚥食物前仔細咀嚼，能有效提升免疫系統能力。該實驗指出，口腔內主要對抗細菌及黴菌的的 TH17 細胞值在仔細咀嚼過後數量將大幅提升。

胃：泡個酸液澡慢慢切碎成小塊

在我們細嚼慢嚥地將整分壓縮加工完畢的食糰吞下肚子之後，它就會順著食道滑進胃裡。大部分的人都以為胃和腹腔就是同一個東西，實際上胃的位置根本不在那裡。如果你從上往下俯瞰自己的胃的話，那它大約是位在腹腔上方靠近胸腔、身體中線偏左側的地方。體積大概是二十五公分長，擁有大約一．二到一．四公升的容量。

從我的觀點看來，人們太過高估胃這個器官的重要程度了。這不僅是我的一般見解而已，醫學實驗上也同樣證實，一個人即便在移除胃器官之後，也能夠毫無大礙地繼續好好生活、吃飯及消化。胃最重要的任務之一，就是將我們吞嚥下去的食糰徹底地與鹽酸混合。我們胃酸裡的主要成分便是這濃度〇．五的鹽酸，它能殺死所有隨著食物進入胃裡的微生物。不過很可惜的，還是有些微生物有辦法逃過這道殺菌手續，例如大腸桿菌（Darmbakterien E. coli，參見本節稍後的「大腸桿菌：臭名昭彰的細菌」）或是沙門氏菌（Salmonellen），這些突破重圍的細菌會造成嚴重的腸道問題。

既然已經提到這點，我們有必要澄清一下：大多數的人總是將嘔吐腹瀉的原因，歸咎於上一次所吃進口的食物。實際上，能造成我們感到嘔吐與噁心的病毒與細菌，都需要在身體裡先找到地方躲藏起來、好好地安頓下來之後，它接著才會開始繁殖與增生，直到達到一定的數量之後，才有可能造成令人體感到不適的效果。要完成這個程序，細菌與病毒大約需要十八到二十四小時不等的作業時間。正確地來說，讓我們遭逢橫禍的，並不是上一次吃進嘴裡的食物，反而是我們前一天進食的某一餐。

胃酸的第二個重要任務，就是好好地擊碎所有的蛋白質。為了達成這項任務，我們的胃液裡含有足夠分量的胃蛋白酶，胃蛋白酶能夠將魚、肉類、蛋及扁豆裡所含的長鏈蛋白質進行分解，進而變成縮胺酸。胃蛋白酶所處理的蛋白質與一般由胺基酸形成的長鏈蛋白質——也就是我們的蛋白組織——並不相同，比起胺基酸，縮胺酸要短上許多：縮胺酸僅僅擁有約五十個蛋白組織，也有許多科學家認為縮胺酸所擁有的蛋白組織在一百個左右。與之相比，胺基酸的體積雖然仍過於龐大，因此不能直接進入身體新陳代謝的下一個步驟，不過也離這步不遠了。讀到這裡，你一定已經發現到，許多的「人體化學作用」有其存在的必要性，因為沒有這些程序的話，養分根本無法真正地抵達各個細胞裡。

那個著名的胃裡的洞

一八二二年一位年輕的加拿大男子，亞歷克西斯．聖馬丁（Alexis Martin），在密西根被僅距幾尺之遙的槍手狙擊，導致左胸下方子彈貫穿。令人驚訝的是，他安然無恙地活下來了，可惜的是他的槍傷從未真正癒合。對他而言，這顯然是個不太舒服的事情，但對醫學研究而言，卻是史上能遇過最幸運的事情了，這是因為在當時的醫學知識裡，大家對於胃究竟是如何運作以及是如何處理食物的，一點概念也沒有：當時的主治醫生威廉·博蒙特（William Beaumont）是美軍一位經驗豐富的外科醫生，他馬上意識到，這是個醫學史上千載難逢的大好機會，於是他將胃上有著無法痊癒傷口的馬丁帶回家裡細心照料，並且繼續醫治他。而作為醫治傷口的酬勞，博蒙特可以使用馬丁的胃傷來進行一連串的實驗，博蒙特開始將許多不同的食物放入馬丁的胃裡。他用一條絲質的細線將各種食物放進這個無法癒合的洞裡，讓食物藉此停留在胃裡一段時間，接著博蒙特再將食物取出，他就這樣開始研究經過胃處理的食糰。藉此，博蒙特發現食糰進入胃中會先被鹽酸消化而且「清洗」一遍，博蒙特因此成為第一個發現胃運作方法的人。

這項實驗就這樣進行了好幾年。實驗中間經歷許多次不得已的中斷，因為馬丁不時會搬離博蒙特的家，好得以「遠行（逃脫）」。這個實驗最令人震驚的結果，是馬丁最終得年八十六歲，在他的家鄉魁北克過著幸福愉快的婚姻生活，育有六個孩子。他甚至還比他的主治醫生博蒙特還要長壽二十七年。

小腸：轉換物質進入身體

食物進到小腸之後，所有對身體至關重要的養分都將在這個階段被吸收利用：這意味著所有的營養物質及能量物質。在小腸吸收養分的過程中，腸道中的細菌也勤奮地在這階段內貢獻自己的功能（請容我在本節稍後的「微生物群系：腸道活蹦亂跳的助手」裡詳加解說）。在這個階段裡，養分物質將從腸道轉換到血液系統裡，並由此分布到身體的各個單位。很可惜的是，小腸的努力作業也是造成大家體重過重的根本原因，因為小腸會毫無差別地把所有進入這裡的食物養分吸收轉換到身體內，不論我們的身體現況是否真的需要這些養分。

小腸總長大約有五公尺左右。小腸的開頭起算於大約三十公分左右的十二指腸（為什麼叫這個名字？因為一開始大家認為這東西大該就是十二個手指頭那麼長而已），又稱為前腸或近側小腸。這區域內匯集了由膽與胰臟所製造的膽汁與胰脂肪酶（Pankreasenzyme），這兩樣化學原料是人體進行消化作用不可或缺的重要元素。在小腸吸收完養分之後，食物會抵達空腸（學名為Jejunum，之所以得名是因為在大部分的解剖屍體裡，人們總是發現這個腸道部位呈現完全淨空的狀態），然後是迴腸（學名 Ileum，這段腸道位在鄰近臀部的地方）。小腸的內部腸壁並非是光滑的表面，而是大約四百萬顆大小從〇．五到一．五公釐不等的高突絨球，也就是所謂的腸絨毛。透過這樣的結構，小腸能夠將自己的整體面積擴大到數倍之多——換句話說，它能透過這項功能產生更多的空間，方便自己攝入更多的養分及能量，也就是學名上所稱的吸收。根據「教科書」所稱，小腸展開的腸面面積可達總共六十到兩百平方公尺左右。

小腸腸壁擁有相當特殊的表皮組織，這是為了保護身體組織不受高濃度的消化汁液侵蝕。為了達到保護小腸的效果，小腸細胞會生產出一種超級黏稠的黏巴液體。除此之外，更因為一旦發生腸壁穿孔，或是如果腸道裡高濃度的消化汁液溢流到其他地方的話，會對人體產生即刻的生命危險，所以小腸腸壁上的黏液每週會整體更新一次，以避免這種危險發生。這項每週更新程序可以保障小腸能夠永遠運行無礙，同時也可確保小腸能夠在人生一輩子的時間內，永永遠遠地保持在最佳運行狀態中。不論你今天是三十歲、五十歲還是七十歲，小腸永遠健康高效地運作著。唯有在我們不好好善待它的時候，也就是當我們暴飲暴食及濫用藥物的時候，小腸才會衰弱失常。

食糰在小腸腸道內會以每分鐘二・五公分的速度緩緩前進。食糰推進的方式是靠著腸壁肌肉的收縮，這就是所謂的腸道蠕動。腸道蠕動的樣子，看起來就像是一個安靜無聲、頻率規律、不停反覆進行的波浪舞。

大腸

在大約兩公尺長的大腸裡（更仔細地說是結腸裡），所有的消化作用都在一片靜悄悄之中進行著，這是一個消化道裡最不緊急、最無壓力的地區。它甚至和整個消化系統特徵完全相反：眾所周知，消化過程經常受到高度壓力所苦。結腸差不多就是一種類似發酵池的東西，換句話說，它就是人體污水坑，這裡主要負責儲存廢物、腸道廢氣，更是聚集各式各樣以菌叢狀態存在的微生物的地方。

每個成人每天平均能夠製造出大約兩百到兩百五十克不等的糞便，累積起來等於是一年七十三到九十一公斤不等的量。藉由每次的排泄，我們得以從身體內排出無法被消化的纖維物質、被刮落的腸道細胞、殘餘的紅血球細胞體以及已經死亡的細菌菌體。在每公克的人體排泄物中，就包含了大約四百億數量的細菌以及至少一百個古菌（又稱為古細菌或古核生物），還有許許多多的真菌類和阿米巴變形蟲。不過，人類的排泄物狀態幾乎每天狀況都不完全相同，若僅僅一次的排泄物檢查，會相當難以斷定該人體內的消化程序是否健康正常，因此排泄物檢查通常需要觀察多天，才能做出較好的判斷。

微生物群系：腸道活蹦亂跳的助手

大腸和小腸的運作讓我們嘆為觀止，它們的得力助手對此絕對功不可沒：在我們的兩大消化系統裡，都有細菌生存著，這些細菌能幫助我們的器官將食物轉變成養分。根據目前為止的科學數據顯示，在全世界已知的一千到一千五百種不同的細菌總類之中，我們的腸道裡就含有兩百到四百種左右的細菌，而依造每個人「不同的飲食型態」，這些存在於腸道內的細菌總類也會有所不同。換句話說，每個人的腸道環境都是獨一無二的，因為各種不同的生活型態因素都會影響我們腸道內的「腸道菌叢部落」。德國黏膜免疫學及微生物學協會（Die Deutsche Gesellschaft für mukosale Immunologie und Mikrobiom）認為，特別是西方文化習慣的減肥方式，因為攝入過少的纖維物質，容易導致腸道內的菌叢種類減少，這是由於纖維物質正是人體體內細菌的主要食物來源。粗略估計來看，我們的體內大約藏有總共十兆的細菌數量，這些細菌的總重量加起來就有一．五公斤重。這些細菌常常通稱為腸道菌叢，但其實更正確且更仔細的說法，它們應該稱為「腸道內的微生物群落」。

這些細菌負責我們身體組織內許多重要的任務。它們不只支撐我們的消化系統，更幫助人體製造出許多維持生命必需的維生素，還可以中和體內有毒物質、幫助轉換藥品成分進入人體體內，另外還可以訓練及調和我們的免疫系統，並在人體進行新陳代謝時，提供最重要的支援，例如能量、細胞組織及工具（酶素）。

大腸裡藏匿了大量的細菌。這些細菌接手的工作，就是將所有在先前消化器官裡沒來得及加工處理完畢的東西全部處理完成。在這個階段裡，膳食纖維扮演相當重要的角色。許多科學研究結果都顯示，這些來自蔬菜與水果的膳食纖維雖然無法被身體消化，而且還給大腸增加許多工作量，但它卻能保護我們免於罹患大腸癌及糖尿病。

大腸每個區域裡所棲息的細菌種類都不同，這些在腸道內種類相異的細菌群落也有著完全不同的任務要完成。為了防止這些不同種類的細菌群混居在一起，大腸內就有所謂的迴盲瓣（Ileozäkal，有時也稱為大腸蓋），它是一個位在大腸與小腸中間、由黏膜組成的組織，目的是用來隔絕小腸與大腸，阻止大腸內的物質回流進迴腸。這東西如果沒有百分之百正常運作的話，那可是會對我們的舒適與健康造成災難性的後果。屬於大腸的細菌群遷移到小腸內寄生的狀況其實還滿常見的，這是因為就算是屬於大腸區的細菌群，也仍舊是生性喜歡養分的細菌群，當然也會喜愛殘留在小腸區的養分，更何況這些養分原本就是為了讓人體器官方便吸收而進入小腸區的。只是到達小腸區的大腸細菌群並不會在這裡取得太多養分，因為多數的養分都會被小腸吸收殆盡。

保持平衡的腸道細菌群

我們可以粗略將這些腸道內的細菌種類分成三大類，也就是所謂的腸型：

■ 腸道一型（Type 1）：主要組成為桿菌（Bacteroides）。這類細菌群的最主要任務就是分解碳水化合物並製造維生素B_7、維生素B_2（核黃素）以及維生素B_5

（泛酸）。

■腸道二型（Type 2）：主要組成為普雷沃氏菌（Prevotella），這類細菌群主要的任務就是分解消除醣蛋白。除此之外，這類細菌還負責製造葉酸以及維生素 B_1。

■腸道三型（Type 3）：主要組成為胃球菌（Ruminococcus），胃球菌的主要任務便是分解蛋白質以及醣分。

目前為止的研究都是假設上述三類細菌在每個人體內的分布皆有所不同。至於哪種菌叢在我們的體內占多數而哪種比較少，則很可能跟我們每個人的飲食習慣有關。此外，多數的學者認為，三種菌叢在體內的分布越趨近平均，對人體的健康就越有益處。

在人體內分布範圍最廣的要屬雙歧桿菌屬（E. bifidobacteria）。早在一百多年前，這類細菌就在嬰兒的排泄物中被發現。年紀到達五十歲的我們，體內百分之十五到二十左右的細菌都和這類細菌相關。你其實早在日常生活中就已經認識這個菌種了，雙歧桿菌屬又稱為乳酸菌，這個名稱是因為廠商時常以益生菌的名義，也就是對健康有益的活性微生物的意思，在奶製品中添加這類菌種。雙歧桿菌可算是所有酸性菌叢的最佳代表人，因為它不只對生產短鏈脂肪酸有益處，更是分解纖維物質不可或缺的元素之一。如果你發現體內的雙歧桿菌數目太稀少的話，請你務必多食用高營養價值的碳水化合物以及大量的纖維物質，並盡量減少蛋白質及脂肪的攝取。

還有一個菌叢或許也相當耳熟能詳，那就是乳桿菌屬，乳桿菌屬與雙歧桿菌屬都被歸類為酸類菌叢。它同樣是生產短鏈脂肪酸及分解纖維物質的大好幫手。只是這類菌叢非常容易受到黏膜狀況的影響，導致數量巨幅減少，所謂的黏膜狀況，不外乎就是神經性皮膚炎之類的發炎症狀。此外，如果攝取太少的碳水化合物的話，也一樣容易導致這類菌叢的數量不足。如果發生這類的情況，請在飲食中加倍攝取纖維物質、碳水化合物及乳糖（像是優格、發酵乳酸飲料、酸酪乳、奶豆腐、起司），如此一來就能平衡腸道內的菌叢數量。

大腸桿菌：臭名昭彰的細菌

大腸桿菌的原文以發現該細菌的德奧籍醫生特奧多爾．埃舍里希（Dr. Theodor Escherich，一八五七—一九一一）命名，學名為Escherichia coli，也常以縮寫E. coli代之。大腸桿菌常用來作為生鮮食品及水源受糞便污染程度的標準，此外也在臨床醫學上被診斷為誘發許多疾病的罪魁禍首。大腸桿菌能造成泌尿道感染及傷口感染，更是人們腹瀉與腸胃毛病的主要成因。

不過，大腸桿菌也會自然地存在於所有健康正常的人體內，它更是我們大腸細菌叢的固定組成班底，特別喜好群聚在結腸。存在於結腸內的大腸桿菌，負責製造我們身體所需的維生素K。它也是腸道內數一數二的主要細菌，當它在結腸內進行新陳代謝作用時，會瞬間消耗大量的氧氣。

特別值得一提的是，德國科學家艾爾非．尼塞樂（Alfred Nissle）在一九一七年時所分離出來的一株大腸桿菌病毒，至今仍舊是最常被醫生開出的益生菌處方，同時也是至今為止最多人服用的益生菌菌種。第一次世界大戰時，尼塞樂教授將這株特別的大腸桿菌從一位士兵的排泄物中分離出來，這個士兵體內的菌種相當特殊，因為在當時腹瀉不停交互傳染的野戰營中，只有他並未受到傳染病的影響。這證明他體內的菌種有著特殊的保護作用，這個分離出的菌株在往後的一百年間被醫界不停地加以繁殖與演變，如今已被證實該菌株具有許多不同的功用，能治療人體許多疾病。這個分離出來的菌株，能防止帶有病毒的細菌黏附及進入腸壁。

第2節　循環與運輸代謝物質：不可或缺的服務

假如今天你輕鬆愉快地躺在沙灘上曬著太陽，突然之間卻聽見有人在呼救，因為這人快要溺水了，這時候的你就必須立刻衝到海邊，此外你還必須要能夠游泳：換句話說，你的身體及血液循環作用必須在一分鐘之內快速切換工作模式。突然之間，你的身體器官急需更大量的能量及養分來支持你的義勇行為，而這些即刻得上工的養分都是你的消化道系統先前從攝取的食物所攢來的。

在血液循環所擁有的許多重要功能裡，其中一項便是基於這個原因而來的，它保證能供應我們每個個別器官隨時擁有足夠的血液數量，也就是保證器官可以適應任何突發情況的需求。這個保障不僅在正常的情況下會成功履約，就連在任何極度嚴苛的環境條件及壓力下也是一樣，這些極端的情形會對血液循環帶來與以往強烈不同的需求，包括異常大量的氧氣及能量。為了達成這樣的任務，人體擁有遍布全身、由靜脈與動脈交互織成的網絡，這些血管網絡能夠到達身體的每個角落。藉由血液的流動，我們的動脈將養分及氧氣從心臟輸送到各個微小細胞。新陳代謝在此貨真價實地發生著：細胞從血液裡「取走」有用的物質，並將二氧化碳及殘餘物質交換到血液裡，而靜脈則將帶有二氧化碳及剩餘物質的血液輸送離開。

血液供應的好壞與否，向來都和動脈壓及血管裡的流動阻力有相當緊密的關聯性。如果你剛剛還在沙發上休息，接著決定站起來，突然想要用力一跳地躍上台階的話，那麼器官內的需求便會快速敏捷地做出短暫的調整，好讓用力處的血管壓力短暫縮減。我們相信，用力處的可調節壓力想必在休息靜止時處於相當高的狀態，所以在有需要啟動時，這股血壓才能瞬間降得非常低。換句話說，為了保持我們的器官血液循環一直運作無礙，我們的心臟必定是無時無刻都在製造高度的壓力，因為它必須保證我們的血管在靜止休息時刻處在高阻力的狀態下。

人體在靜止休息狀態下，特別是骨骼肌肉組織、我們的一對腎臟以及消化道系統會獲得大部分的血液循環量。如果只觀察器官的話，腎臟甚至是裡頭獲得最大量血液循環流通的器官。

只要新陳代謝的活動在體內沒有任何變動的話，就代表血液循環也照常進行著。因為我們的血壓並不會永遠恆常不變，而是不時會有些微的變動，於是局部的以及身體正在用力的地方的血管阻力，就必須不停地微調適應血壓，唯有如此才能確保血液循環持續不斷地進行下去。這就是所謂的血液循環自身調節作用（Autoregulation der Durchblutung）。這時是藉由血管組織的幫助而不停改變血管半徑（肌漿蛋白反應）。這時血管會像所有的管狀器官（例如消化道系統、呼吸道以及女性的生殖器官）一樣，提供一個相當平滑的肌肉組織狀態，這樣的肌肉組織和一般呈現橫紋肌肉狀的骨骼肌肉組織不同，平滑的血管肌肉能夠獨立運作。換句話說，我們人類沒有辦法單靠意志力來左右這些肌肉的動作。透過擴張與收緊，也就是所謂的血管收縮，我們的血管便得以控制身體裡所有器官的血液需求，無需勞煩我們刻意做些什麼。人體內的血液循環相當穩定，特別是腎臟、心臟以及腸胃消化道這些部位，這是因為這些器官內的血壓幾乎不會受到外在壓力變化而改變。

血液循環系統看來相當穩定完善，除非血管病變出現，那就另當別論。很可惜地，血管病變對於年屆四十歲到五十歲之間的人而言，並不是什麼新鮮的事：罹患動脈粥狀硬化症（血管壁上黏附著沉積物）的中高齡人數正在快速增加。動脈粥狀硬化症會導致器官內的血液流通受阻，更會減弱血管的反應力，最後削弱血管在受到壓力擠壓時自動調整的能力。從這個角度來看，我們可以假設，因為血管變化的緣故，人類器官內的血液流通狀況會隨著年紀增加越來越糟糕，而我們體內的器官因此得到的養分供應會越來越不夠。許多醫學保健專家甚至已經表示，人體的血管阻力在四十歲出頭時就會開始增加，而這個變化將會全面影響所有新陳代謝的功能。

預防動脈粥狀硬化症

假如血管的管壁上黏滿沉積物的話，靜脈便會隨著時間越來越僵化，血管壁的直徑空間也會變得越來越小。這就是血壓會越來越高的原因。而這時的血管壁又隨著上述沉積物越來越多的關係，隨著年紀增長越來越厚，這就非常值得我們深思，有什麼方法可以提早預防動脈粥狀硬化症。除了選擇少鹽的地中海飲食方式之外，想辦法降低你的膽固醇指數也是相當有效的方法，最後便是加強耐力運動。耐力運動不只能讓心臟血管的運作效率提升，降低血壓並讓血管保持柔軟彈性，更能總體提升血液的流通。也可以在享受三溫暖時，不時用冷熱水交替沖洗身體，或是在沖澡時以冷熱水交替的方式洗澡，這都能保持血管苗條年輕。

淋巴：被人忽視的循環系統

相信大家都認識淋巴結，大家想必對淋巴液一定也不陌生。但是除了這兩個名詞之外，我想淋巴系統究竟是什麼以及它有什麼功用，大家可能就不太清楚了，是吧？淋巴系統是我們體內除了血液循環系統外的第二個體內循環系統，只有少數人知道淋巴系統其實是人體內新陳代謝架構裡最重要的系統，它對我們身體的健康有著重要的貢獻和影響力：淋巴不只是運輸代謝物質不可或缺的系統，它還負責傳遞養分、排除老廢產物，淋巴確實是我們身體的組織液平衡生態以及免疫系統最重要的系統。

我們的身體組織每天會製造超過五公升的淋巴液，這個透明淡色的乳狀液體會經由自己的管道流通全身。這個所謂的淋巴系統也會流動到身體內的動脈與靜脈裡，然而它與血液循環不同的是，淋巴並不是一個封閉的系統，而且是從組織關節裡開始的。所有的淋巴液最終會在我們的鎖骨靜脈處與血液相互融合。由於淋巴液與血液的交換如此活絡，大家一定也猜到了，淋巴液的組成要素基本上和血漿相當類似，只是在組成物質的比例上不一樣而已：淋巴液所含有的可溶性蛋白質比例更少（大約百分之一到五而已）、尿素比例更高（百分之〇．〇六），最重要的是與血漿比起來，它含有大量的脂類（百分之三到六）。

淋巴液在流經身體時，會經過無數個所謂的淋巴結，並會因此減少大約兩公升左右的淋巴液。我們全身上下最廣為人知的淋巴結，很可能大家也早就和它們有過經驗不太好的接觸了，沒錯，就是我們脖子兩邊的淋巴結、胳肢窩內的淋巴結、腿部膝蓋背後的淋巴結以及鼠蹊部兩邊的淋巴結。但除了這些大家已經熟知也有感覺的淋巴結之外，我們的身體組織所擁有的淋巴結數量遠超過這些：根據粗略估計，至少有六百至七百處的淋巴結遍布我們全身，其大小介於三到三十公釐之間。

細胞中發生的許多事

運輸老廢物質及養分，還有排除身體組織內多餘廢水，這些都是我們淋巴系統的主要任務，正是因為淋巴系統主管這些業務的關係，它和我們的新陳代謝運輸有著緊密的關聯性。但它究竟是如何運作的呢？

一開始，血漿從我們體內最細微的血管處不停地往細胞內的空間奮力湧入（這些空間稱為細胞間隙），一旦擠進去細胞後，便開始四面八方地往身體細胞們沖去，以確保所有身體必需的養分都能順利地擠進細胞內。同一個時間，所有細胞體們認為不能再使用的廢物及老舊代謝物質，就會連同使用過的髒水一起沖回細胞間隙。這些所謂細胞不再需要的「垃圾」，當然不能永久地留在細胞間隙中。其中的一部分會隨著血液循環作用透過毛細孔從組織器官裡排泄出去。但是我們體內細微血管的血管壁較為緊密厚實，只能允許非常細小的一部分老廢物質通過。剩餘的其他「垃圾」，譬如脂肪、蛋白質、新陳代謝替換下來的分解物質（尿素、部分細胞殘餘屍體或使用過的紅血球等），就全交由淋巴系統來運輸。這也是為什麼淋巴系統的管線壁顯得相對細薄，而且可以允許更多物質來去自如地穿透，這樣的管線壁就不只是能攜帶細胞液體而已，它也能夠攜帶細菌及其他結構更大的分子，將這些垃圾一起運出細胞組織。

在淋巴液流經淋巴結時，速度會放慢許多，要整體經過這些淋巴結，大約要花費二十分鐘的時間。之所以需要這麼長的時間，當然是為了讓淋巴結有足夠的餘裕，抽取過濾淋巴液中所有多餘的物質以及長遠而言對身體有害的物質。這其中一大部分的液體將會再次清洗乾淨並重新注入血液之中。其餘剩下的則交由淋巴管道傳送到負責排毒、解毒的肝臟與腎臟，而它們過濾出的物質，則將交由淋巴管道排泄出體外。

一整天下來，透過這道程序進入到身體組織裡的液體，大約有兩到五公升左右這麼多。當然，在運動或是從事大量勞力工作時，身體會因為需要提高新陳代謝的循環效率而讓循環作用加快，輸送量會因此達到大約二十到二十五公升左右。要讓這麼多的水量進入身體組織，又要確保身體組織不會因此而水腫，我們的淋巴系統就會快速將這些進入細胞的水分代謝掉，也因此淋巴系統常常又稱為身體的「引流系統」。人體的淋巴系統主要便是透過這樣的方式，讓器官組織永遠能處在一個水分相對平衡的狀態，且又能同時維持均衡的養分輸送及老廢物質代謝。

除了運輸、排泄多餘的體內物質之外，淋巴系統也被用來傳輸許多對人體相當有益且對生命存續相當重要的物質，包括從攝入的食物中所分離出來的大分子養分，例如脂類、維生素以及電解質。

免疫系統的重要組成份子

除了上面提到的重要功能之外，淋巴液中還包含了許多免疫細胞，例如白血球、淋巴細胞以及巨噬細胞。這些免疫細胞藏身在淋巴液裡的最重要功用，就是趁著淋巴液在進入血液之前，先徹頭徹尾地將淋巴液中的廢物完全清除乾淨，這樣一來我們的血液就能永保新鮮乾淨。淋巴液所具有的這項特殊功能，對我們的健康相當重要，若是沒有免疫細胞的事先清潔，所有可能致病的細菌因子，都會在不超過幾次心跳的時間內，快速傳播到身體的各個角落。特別是在淋巴結內部，更擁有數量眾多的高度免疫活動力細胞，這些都有助於淋巴結提早將任何異物及可能致病的危險因子淨化消毒、過濾排出。

不用多說，白血球絕對是我們保持極佳免疫狀態不可或缺的重要成分，白血球又稱為白細胞。在人體處在生病的狀態時，淋巴液會將這些導致人體生病的誘因及物質沖向淋巴結裡，一旦病毒抵達淋巴結，便會啟動所有的免疫細胞開始製造抗體。如果身體受到細菌、病毒或病原體的強烈侵襲，這時淋巴系統的新陳代謝就會瞬間高速運轉，畢竟這些對人體有害的外來入侵者，是越快趕出體外越好。這種極端反應的結果就是，我們的淋巴結將會劇烈腫脹且疼痛無比，這情況所描述的，就是大家熟悉的喉嚨發炎。因此，這樣的腫脹情況其實是個相當棒的徵兆，這表式你的淋巴系統正在奮力抗爭且顯然運行無礙。

和我們的淋巴系統運作息息相關的器官組織數量相當繁多。脾臟、扁桃腺及胸腺便是其中幾個：

■ 扁桃腺和眾多的白血球就像是身體的守門衛兵一樣，只要有任何外來侵略者從身體的開口（眼、耳、口、鼻）闖進身體裡，就會立刻被它們攔截捕獲。

■ 脾臟負責分解、清除血液裡損壞及不堪再次使用的細胞，透過這個功能，它能有效地保持血液純淨無污染。此外，脾臟也是負責製造T細胞與B細胞的器官。

■ T細胞在被製造出來後，會在胸腺中參加成長營進行訓練，接著成為我們的免疫細胞，負責主動捍衛我們的身體。

特別是在我們的腸道壁及支氣管裡，存在著相當厚實又綿密的一層淋巴結與淋巴囊網絡，當我們進食及呼吸時，如果攝取、吸入了什麼對身體有危害、會引起疾病的異物，這片由淋巴交叉編織成的保護網能夠有效保護我們的身體不受到侵害。

促進淋巴液流動

我們無法單靠意志力專斷地直接影響體內淋巴系統的運作，但是卻能透過幾項因素以及外界的刺激來幫助這套系統好好地活絡起來。譬如肌肉系統的運動，就能帶動淋巴液體的流動，而這裡指的運動，其實只需要我們好好地伸直及舒展四肢肌肉就能達到。在伸展四肢的同時，身體的關節與骨骼肌肉會對淋巴施加壓力，最特別的是，伸展時所造成的這股壓力能夠直達器官最深處的淋巴管線裡。重量訓練及肌肉健美訓練也能達到同樣的效果，這些運動都能幫助身體啟動淋巴清潔與協調淋巴活動，達到新陳代謝循環的作用。

淋巴的小心臟：淋巴的節拍器

在淋巴管的每一個段落，也就是兩段淋巴瓣膜中間的地方，稱為淋巴管節，也可以稱為淋巴的小心臟。這一小節淋巴管是由圓形管狀的波浪狀肌肉組成。淋巴管節會自行收縮，主要的收縮運動則由自律神經系統控制，淋巴管節得以藉此用波浪狀的方式，推動淋巴管內的淋巴液體向前前進。平均而言，大約能達到每分鐘六到十二道波浪。透過消耗大量體力，或是從事高強度運動，以及接受淋巴引流、淋巴排毒治療時，也能夠促進波浪生產的頻率達到高達三倍左右的速度，這是因為淋巴管節的運作，主要是透過肌肉活動來進行調節。

身體表面的淋巴管線對身體四肢的運行扮演相當重要的角色，但我們並無法透過伸展及重訓來直接控制與影響表層肌肉的淋巴管線。不過，這些位於表層的淋巴管線，卻會對輕柔按壓有著相當快速的反應；不管是肌肉按摩或是淋巴引流、排毒，都能對表層淋巴管線產生相當好的幫助。

非劇烈的水中有氧運動也是對提升淋巴運行效率相當有效的活動，這是因為在進行水中有氧運動時，身體不只是在進行肌肉運動而已，同時也會因為水壓的關係，對表層的淋巴腺體及其中的流動速度有相當正面的加強效果。此外，進行水中運動也能同時刺激身體的靜脈血管系統，更能活化、刺激身體的水分再吸回作用。這樣的正向循環更能促進身體組織裡的水分平衡。與此同時，水中有氧運動在每個動作之間也會啟動動脈的「幫浦站」，也就是規律性地開啟與關閉大量肌肉，這樣的規律動作也能從物理方面同時刺激與肌肉緊鄰的淋巴腺管道。

有意識地練習深度呼吸，也能藉由橫膈膜在吐氣時的收縮與升降來有效刺激腹部器官的淋巴腺管。除了深呼吸及上述的其他方法之外，物理刺激及水療刺激也被證明能對淋巴液流動產生相當正面的幫助，這些刺激方式也包含古老的冷泉踩水方法。洗澡時，你也能透過冷熱水交替沖澡，或是使用身體沐浴刷輕輕地刷洗皮膚，這些方式都能有效幫助你天天促進身體裡的淋巴液流動。

最後、也最重要的知識，是日常生活中過度油膩的飲食與飲水不足的習慣，都會導致淋巴腺液過度濃稠，這當然就會使得流動相對困難。在造成淋巴水腫及淋巴液運輸困難的主要病因裡，除了缺乏身體活動高居第一位之外，飲食油膩與飲水不足則是緊追在後的兩項成因。

好發於高齡的水分平衡問題

如果因為隨著年紀增長，導致肌肉幫浦作用的效能越來越乏弱，以及肌肉組織品質日益低下，而靜脈瓣膜的功效也不再像以往年輕時那樣勤勞製造波浪的話，這時淋巴管線裡的水分平衡就會很常出現失靈的情況。這也是為什麼我們常見到超過五十歲的人們會有著腫脹雙腿的緣故。若有這樣的病徵，我們便可以相當確定地判斷，這人身體裡的淋巴系統，已經沒有辦法正常地維持它組織裡的水分平衡規律了。這當然不只是因為人體年紀增長的緣故，通常也是因為上面提到的其他支持系統，例如肌肉以及靜脈瓣膜，也不再像以往百分之百地順暢運作的緣故。正因如此，我們平時除了上述這些重要的預防措施之外，更為重要的是透過規律的好習慣去幫助淋巴系統的運作，例如睡前將腿部抬高，就能達到不錯的功效。

運輸代謝物質：細胞的物流服務

為了確保我們的細胞日出日落每日不間斷地得到充足的養分及維生素，還有整套新陳代謝系統能夠絲毫不出差錯地順暢運行，將這些物質從A點運輸到B點的運輸工作，就成為維持生命這個任務裡最重要的工作。要理解這趟運輸行程有多重要，可以想像現在的高速公路上行駛著一輛輛的大卡車，貨車上滿載著叫做「每日生命」的貨物，這些大卡車都是為了即時在正確的位置供應我們維持生命的養分而在道路上奔馳著。如果今天肌肉系統需要能量的話，只要身體「打一通電話」，例如打給我們的肝臟好了，肝臟就會立刻將能量準備好，以醣分的型態整裝輸送上路——好比現今社會「隨叫隨到」的全天候配送快遞一樣。

這些養分物質必須從食物中被分解出來、加工拆解後，才能送達到細胞裡，好轉換成能量或是製造組織的物質，這樣的流程全天候不停歇地進行著。同時，拆解下來的產品，還必須輸送到其他地方做進一步的利用，或是在判斷沒有利用殘值後，將這些產品從細胞裡搬遷出來，然後運輸出去。就連荷爾蒙及其他的訊息傳遞物質，也是在細胞中培養生出，之後才從細胞分泌出來進到血液裡，再從血液被運輸到目標器官裡，抵達目標器官之後的這些物質，通常會立刻擠進當地的細胞裡，好讓自己能立刻發揮應有的作用。新的物質必須不停地被帶到正確的細胞去，而舊的物質必須不停地從細胞裡被運輸出去。這所有一切的運輸工作都——在我們幾乎無意識的狀態下——透過主動與被動的運輸程序在進行著。為了可以讓所有的運輸物品正確分流上路，以及有效控制所有該被輸送的物質不會跑去錯誤的地點，也絕對不會和錯誤的物質混合在一起，神奇的大自然便在這套運輸系統內安裝了一些障礙物。細胞膜就是神奇設計的其中之一，細胞膜能夠控制出口，僅讓特殊的物質及細胞內部特殊濃度的液體通過細胞膜層。在科學上，這個特殊的功用稱為滲透率。相同的情況也發生在血管壁表面及淋巴管壁表面，在這兩種壁面的間隙裡，血漿與淋巴液也同樣被隔離得相當徹底，這都是為了保障這兩種不該混合在一起的液體不會被混合。

水：多喝水有益運輸順暢

德國飲食協會（Die Deutsche Gesellschaft für Ernährung）建議，每個成人每天都

該攝取一公升半到兩公升半的水分。不過根據凱度市場調查中心（Kantar）在二〇二〇年所做的一項調查，全德國卻大概只有五分之一的人達到這個標準。年長者每天飲用的水分尤其少：調查指出五十五到六十五歲的人口，每天所飲用的水量大約只有十六到二十五歲人口的一半而已，更嚴重的是，這些水量還是包含了茶與咖啡飲用量後的總數。茶與咖啡還可算是與飲料不同的東西，畢竟它們和含糖飲料、牛奶或冰沙完全不同。平均數字顯示，德國境內年長人口每天飲用的水量是〇．七三公升。不足的飲用水量不只會招來許多腸胃問題，還會令人時常覺得疲憊、無法集中注意力、頭痛，以及更多的新陳代謝循環毛病。毫無疑問地，喝水量不足的人，長期會造成身體更大的損害並引發大量的問題。但這究竟是如何造成的？

我們的身體平均有百分之六十的組成成分是水。隨著年齡增長，這個比例無可避免地會下降許多。在小嬰兒一出生時，大約全身百分之七十五的組成是水，在青少年到壯年期時，水大約占全身的百分之六十五，接著便順著年齡增長的趨勢下降：七十歲的高齡長者全身的含水比例，大約只剩體重的百分之五十左右。身體含水的比例也和性別有關係：平均來說，女性會比同年齡的男性少了大約百分之五到十的水分。

至於脂肪組織在身體的占比，和年齡與性別也都有著相當大的關聯，不只是女性身體的脂肪組織比例遠比男性高出很多之外，脂肪組織比例在身體中的占比也會隨著年齡而增加，這點倒是不論性別皆同。高脂肪比例的組織和其他組織比起來，所含的水分絕對少了許多——這個差異性會直接影響身體新陳代謝循環功能好壞。例如多數患有肥胖症的人，全身脂肪的比例常常占超過身體體重的百分之五十，這些人的身體器官組織含水比例會經常連百分之三十都不到。

身體所含的水分分散在體內各個水域區塊裡，這些地方就是所謂的區室（Kompartimente），這些區室僅透過薄薄的細胞隔膜間隔開來。在我們的細胞裡，有著所謂的細胞間隙（IZR），全部身體的水分有百分六十都儲存在這裡，這些水分稱為細胞間隙液。至於另外百分之四十的身體水分則分布在細胞的胞外空間（EZR），稱為細胞外液。藉由這些水分液體，細胞能夠透過新陳代謝循環來吸收必要的氧氣、能量物質及細胞建材、基質、電解質以及水分。此外，細胞也會藉由這些水分來排出自己不需要的基質，這些通常是透過新陳代謝循環所產生的廢棄物質，或者是細胞認為多餘的物質，譬如鹽分。

這些組織液都是身體運輸物質的媒介：它們能帶走已經使用過的物質，然後將新鮮的物質傳送給細胞。這就是葡萄糖、礦物質及其他水溶性物質如何藉由水分抵達細胞的方法。換句話說，如果今天身體裡的水分不足以讓新陳代謝循環當作運輸媒介使用的話，那這項運輸服務的廣度當然就會受到一定的縮減。至於會導致的結果，前面已經提到了。

身體裡的運輸程序

身體裡的物質運輸程序運作是這樣進行的：

- 擴散：分子和離子從濃度高的地區擴散到濃度低的地區。
- 滲透：稀釋劑會透過一個只有稀釋劑才能通過的半透膜開始滲透到其他區域。
- 過濾：液體將透過運輸通過一道道的細胞隔膜，這些隔膜的功用就如同濾網一樣，並不保證全部的液體組成物都能完全通過。
- 透過載體分子運輸：載體分子也叫做載體（Carrier），它能夠幫助分子穿過隔膜進入到細胞裡。

■胞吞作用（Endozytose）或胞吐作用（Exozytose）：在這個運輸形式裡，其他的細胞，例如白血球，將會從食物鏈中分離出分解物質，接著將這些物質攜帶進入細胞裡，或者反之從細胞裡運輸出來。這個過程又稱為胞飲作用或是液相胞吞、巨吞飲。特別是大型的分子，例如蛋白質，就能透過巨噬細胞藉由吞噬作用（Phagozytose）或是藉由微小隔膜泡的包含作用（Pinozytose）一起被運輸到細胞裡。

■對流作用（Konvektion）：大多數的體液、血液或淋巴液，在體內最大部分會經過的運輸路途都是透過所謂的質傳（Massenfluss）完成的，這個運輸過程則是透過對流作用啟動。質傳作用永遠會遵循同一個方向移動，也就是從壓力高的地方往壓力低的地方，就如同在大自然中的基本運作方式一樣。你我家中花園的澆水水管，以及大自然中河流會從河流的源頭流動到出海口，都是一樣的作用原理。

我們身體在這方面擁有許多鬼斧神工般的運作設計，我們終其一生或許都無法完全窺探其全部的奧妙。

因此，水分平衡可說是身體裡相當重要的一項程序，這道程序能讓所有物質代謝的功能正常和諧地運作。水分平衡在人體裡以相當規律的節奏運行，同時又以極端敏銳的方式，對身體裡最枝微末節的微小變化立刻做出適當調節。我們身體器官中巧妙設計的緩衝系統，能確保身體的水分分布永遠處在最平衡的狀態。負責水分平衡的主管器官，特別是腎臟，由於其在整套人體新陳代謝及器官組織系統中的獨特重要地位，擁有齊全充分的裝備和儲備物質，以便確保整套水分補給系統及水溶性細胞補給系統，在一個健康人體的有生之年內都能得到足夠充分的養分，以保持一定水準的新陳代謝運作（參見第六章第八節）。

即刻平衡損失

透過不同的循環代謝步驟，例如呼吸或蒸發，我們的身體每天因此流失掉至少百分之五的水分，而這些流失掉的水分必須立刻被補充進來。特別是水溶性的物質代謝終端產品，例如尿素、尿酸、肌酐或是飲食中攝取過多的鹽分（大多數人的飲食總是調味過度），這些水溶性的物質代謝終端物最終只能以液體或溶解後的狀態從體內運輸出來。每天至少有一公升左右的組織液體透過這種方式從器官裡以尿液的型態排出體外。除此之外，更多的水分是以我們完全無法察覺的型態離開身體，例如透過皮膚蒸發、擴散出去，例如身體每日因呼吸將會呼出大約九百到一千毫升左右的水量。此外，每日的排便還會導致身體額外流失大約一百毫升左右的水分。如此加總之後，身體每天因我們的生物基礎循環作用而「規律」流失的水分，就到了幾乎兩公升左右。

人類在運動時或是天氣炎熱下所產生的汗液，會比平日正常狀態下高出四倍多。舉例來說，環法自行車賽（Tour de France）的競賽選手在行經賽定坡道道路上時，每天在賽程上至少需要額外攝取二十公升的水！此外，多數人往往會輕忽人體在寒冷氣候狀態下所流失的水分量：一般來說，冷空氣氣體所含的水分會比溫熱空氣所含的水分來得少許多。在我們的呼吸道中，吸入的冰冷空氣首先會被人體體溫溫熱（在這道加熱程序中，身體也需要使用水分），接著吸入的冷冽空氣將混合身體中的水分，加重其飽和度，然後在呼氣時再次被推出身體器官、排出體外。所以，當人體處在滑雪場或是高難度的登山路徑時，身體所耗費的水分會更多。

我們應該如何幫助身體安撫這股強烈的補水需求，同時也保持新陳代謝循環運作無礙？基本上，我們的身體每天透過我們攝取的食物（先決條件是你攝取的食物含有足夠的蔬菜、沙拉、水果），能夠直接獲得大約八百到九百毫升的水分，此外更可以透過燃燒營養物質及物質轉換（所謂代謝水）得到大約三百毫升的水分。為了維持人體器官基本的運作功能，我們必須在均衡、正常的飲食之外，至少額外每天補充一公升的水分。但老實說，即便是我們一整天下來都保持著相當靜態的活動，人體每天需要的進水量仍然遠遠多過一公升：平均而言，一個生活活躍的成年人，每天需要為其每公斤的體重攝取三十毫升的水分。如果當天安排了運動或是從事勞力工作的話，身體自然會明顯需要補充更多的水分，這時的必需飲用水量當然應該往上加個好幾公升才夠。

熟齡及年長人口經常有身體強烈缺乏水分、甚至脫水狀態的情況發生，更因此導致新陳代謝循環運輸的問題。這主要有兩種原因。第一是身體隨著年紀增長，對於口渴的靈敏度會逐漸下降，年長者通常是因為這個原因疏忽補充水分。第二便是因為年長者通常進食的分量也比較少，這導致食物攝取已經完全不足以當作身體獲得水分的管道了。

微循環：細胞與血液中的物質交換

如同先前提過的，人體各處的器官組織都需要養分及氧氣才能存活下去，就算是身體裡離腸道及肺部最遠的微小細胞也不例外。我們的血液就是運輸工具，我們的心臟就是孔武有力的幫浦，用力地將血液送往各個角落，身體上下全部的血管不論多微小，都能獲得新鮮的血液。即便是位於毛細管後方的細小微靜脈，也同樣能獲得血液的輸送，進行物質代謝。組織與血液在這裡所進行的物質交換，就稱為微循環。

許多生物學家也常常將這段在精細小血管裡最末端的微循環戲稱為「電流終點站」。人體上每個毛細管的直徑大約介於四到八千微米（μm）之間，換算成長度大約是〇．五到一公釐左右。在人體正常靜態的狀況下，也就是身體只以相當輕鬆的方式平躺著而已，全身正在進行物質交換的皮膚表面面積就超過三百平方公尺那麼多——請想像一下你家公寓或是房子的面積大小，相信你立刻就理解到：這是一個相當龐大的面積與工作量，而這正在你體內發生著！

但這還不是最令人驚奇的地方，在身體器官血液循環流量特殊時，以及在身體器官對循環代謝做出特定要求時，這片面積還會再擴大。身體這些伸縮自如的血管的好處在於，第一，能夠在身體有特殊需求時延展開來，好讓特殊大量的血液即時灌入，譬如某天你突然決定要去幫忙朋友搬家，需要費力地幫忙打包，這時血管便會特別擴張延長來滿足需求。其二，當身體察覺它越來越頻繁地需要更大面積的毛細管來進行物質代謝的時候，例如當你開始進行規律的耐力運動訓練之後，身體會自然地開始建造新的毛細管。

要讓微循環能順利進行，除了需要擁有足夠大的面積來進行物質交換作用之外，想維持良好運作的微循環，下面的這些條件也相當重要：

■足夠緩慢的血液通過速度、
■高度的血液流通性，也就是所謂的高度滲透性，這意味著血管壁以及特別是
■擴散途徑最好短且有效，好讓養分能以最短的時間抵達該去的目的地。

這三項指標對於微循環能否良好運作相當重要，因為特別是在微循環這裡的物質代

謝過程，實際上是一個相當被動發生的過程，這裡的循環代謝作用只能藉由擴散、過濾及對流作用這類相對物理現象的方式來進行。

可被水分溶解而當成能量來源的物質，例如礦物質、葡萄糖及呼吸氣體這類的物質，主要的代謝途徑是透過血液在組織器官中的擴散來達到物質交換的目的。被溶解後的營養部分，便透過分子的自體運動開始自動地混合進血液裡，以濃度高擴散到濃度低的方式達成濃度平衡的狀態，物質交換就此完成。

水分則與這些水溶性養分的交換方式不同，水分的交換主要依賴過濾作用來完成，也就是所謂的再吸收作用。單單在微循環裡（除腎臟外），每天就有大約二十公升左右的所謂等離子水透過濾方式來去自如。其中十八公升的等離子水會被微循環裡的細胞所接納，也就是再吸收；其餘的兩公升等離子水，則轉變為我們體內的淋巴。為了要讓這一切能夠按造計畫發生，我們的細胞內皮裡建構有許多大小不同的毛孔，這些毛孔就像壁紙一樣穩穩地鑲在毛細管內部裡。這些毛孔最常見的大小是直徑四到五奈米左右，只有相當微小的分子才能從這樣細窄的毛孔滑出去。

小分子也因為這個原因的關係，比起大分子來得更容易在毛細管壁裡穿梭自如。這種情況下，像是血漿蛋白這種大分子的物質，在人體內就會因為龐大的身軀而有相當多的地方進不去了。與之相反地，肝臟毛細管的細胞內皮卻能讓蛋白質毫無障礙地自由進出。因此，我們會在不同的器官裡測量到不同濃度的蛋白質。正是透過這個機制，我們的身體可確保身體裡的各種養分不會錯誤地跑去不該去的地方。這裡特別值得一提的是我們的大腦。大腦裡建構有特殊的血腦障壁（簡稱BBB，Blut-Hirn-Schranke），這個堅固的屏障負責從血液裡篩選物質，旨在選擇性地阻止某些物質藉由血液進入大腦內。

毛細管在表面組織存在的目的，是為了讓脂溶性的物質能順利達成物質交換工作，例如呼吸氣體就能透過毛細管順利達成物質交換。因為這些脂溶性物質能夠直接穿透細胞薄膜，藉此達成交換目的。這樣的交換過程，稱之為跨細胞運輸。反觀液體類的物質，例如水分及水溶性物質，像是葡萄糖及礦物質，則是透過細胞間隙運輸方式來達到物質交換的目的。換句話說，水溶性物質的交換方式，就是找到通往細胞間隙的路，並透過血液在細胞間隙的空間裡完成交換。身體裡大約只有一定比例的毛細管表面面積，能提供細胞間隙作為水溶性物質交換使用。

不良的生活型態，以及隨年紀增長而造成的身體變化，往往會導致細胞過濾、再回收功能變差，從而使得身體基礎吸收代謝功能退化。日積月累就成了疾病形成的第一步。例如過度的水分過濾作用會導致身體長期水腫，水腫其實就是身體組織特意在加強收集儲存液體而形成的現象。導致水分過濾作用過度運作的成因，可以是心臟衰竭（衰弱）或是飲食造成的蛋白質缺乏（這兩個現象在年長者身上都相當常見），也可能是毛細管壁大開、通過物質量大增，間接導致發炎現象，也可能是淋巴液管道堵塞不順暢，但也可能是服用了某些特定藥物所造成的副作用。

第3節　荷爾蒙：新陳代謝的談判大師

「一切都是因為荷爾蒙！」這句話大家想必很常聽見，誰叫這句子這麼容易被大家濫用，一切都推給荷爾蒙最方便不過了，特別是當有人突然做出什麼異常的行為，急著需要找個理由替自己開脫時——最常發生的族群莫過於青春期的青少年、孕婦或是更年期的女性。實際上，這些人並沒有錯怪荷爾蒙，大多數的時候還真的就是荷爾蒙在背後搗蛋，這是因為荷爾蒙不但對我們身體的生物化學作用有著無遠弗屆的影響力，甚至對我們的行為模式及心理狀態都能發揮一定的作用。為了讓身體可以進行一連串各式各樣的化學反應過程，我們的器官組織生產出滿滿的各式不同荷爾蒙，好提供身體應付各種場合使用：時至今日，人類的內分泌學科，也就是研究荷爾蒙的科學，總共能識別出將近五十種的荷爾蒙訊息物質。現今科學界已經有共識的部分，包括荷爾蒙不僅是因為要應付日常生活而存在（例如按造身體所處情況而定，供給身體符合情況的特殊荷爾蒙），荷爾蒙同時也是因為我們的生命過程需要而存在：除去大家早已知道的青春期之外，我們的人生階段更需要荷爾蒙的幫忙，特別是在五十歲以後。

所有的荷爾蒙都是由腺體或特殊的組織製造出來的，接著再從腺體或組織裡傾倒到血液裡，這麼做的功能是讓身體某處特定的「訊息」能因此被釋放出來，好引發身體產生某種特別的反應。這也是為什麼荷爾蒙被歸類為「訊息物質」的緣故，除了我們的神經系統和肌筋膜系統之外，荷爾蒙就是我們身體裡最重要、最富有意義的溝通系統了。不只如此，我們的荷爾蒙還是個超級厲害的遊說大師，它能夠讓細胞、組織及器官，改變意志去做出自己根本完全不可能、也不會去做的事情。為了要讓訊息能有效傳達，荷爾蒙會直接切換到目標細胞的接受器，和接受器直接連上通話線。這些細胞上的接收器會仔細地讀取荷爾蒙傳達的訊息內容，接著啟動所要求的必要生物化學程序。要是這個過程不能順利進行的話，我們的新陳代謝系統可就要大亂了。嚴重的話，很可能引發橋本氏甲狀腺炎（Hashimoto）或是第二型糖尿病，而這還只是荷爾蒙失調可能引發的許許多多病症中，其中兩項較為人知的病症而已。

甲狀腺：新陳代謝的主要器官

根據內分泌科學的研究指出，德國民眾大約有四百萬人患有甲狀腺疾病。而絕大多數的病患本身並不自覺，也從未就醫治療。一般診所常見的病患，多為五十歲以上的女性。男性則幾乎沒有任何因甲狀腺問題而就醫治療的紀錄，就好像男性根本沒有這個器官存在一樣。甲狀腺（學名 Thyreoidea）其實正是人體裡所有荷爾蒙分泌腺體中最為龐大的一個，它在人體的荷爾蒙系統中位居中心樞紐的位置——不論男性或女性的荷爾蒙系統，甲狀腺都同等重要。

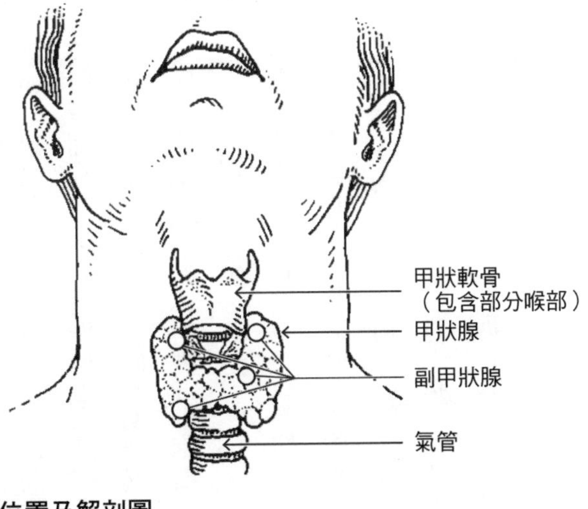

甲狀腺位置及解剖圖

甲狀腺素會在荷爾蒙系統中如此重要的原因，就在於甲狀腺素所分泌的促甲狀腺激素（Thyreoidea-stimulierendes Hormo，常見縮寫TSH）能將微量元素碘與特別胺基酸結合在一起，讓胺基酸因此能將微量元素碘一起夾帶進入細胞內。碘是細胞內的粒線體亟需的一種元素，而粒線體正是身體所有細胞的小小發電廠，它能轉換養分形成能量供給身體使用。原則上來看，其實每個細胞都能從自己固有的傳輸管道吸收微量元素碘，但是透過這個正常管道所獲得的碘量，卻只足夠應付細胞需求的五分之一而已。剩下的百分之八十則完全仰賴甲狀腺功能的支援。

要是沒有甲狀腺荷爾蒙的支援，人體體溫自動調節的功能將失衡，我們的身體將會冷卻，大多數的生命功能將會越來越緩慢直到幾乎停止，而我們的心臟跳動頻率也會自動拉得越來越長，血壓指數將一路跌到谷底，全身上下每個細胞的新陳代謝活動將趨於平靜——細胞死亡將會馬上發生。簡而言之：要是沒有甲狀腺素功能的話，我們早已不存在於世界上了，因為人體需要更多的能量，才能持續供應身體細胞機制所需求的碘量。

甲狀腺荷爾蒙的影響概覽

受影響因素及系統	生理學上的影響
孩童生長及發展	• 對正常中樞神經系統及骨骼肌肉發展具有決定性的影響力
基礎代謝率	• 影響鈉鉀幫浦運作（Na+/K+ - ATPase）的平衡→氧氣輸送供給量大幅提高→過度呼吸症 • 導致體溫過高→過高的基礎代謝率
心血管循環系統	• 影響血壓平衡作用、加速平均心跳數量 • 脾氣暴躁、容易激動 • 常見於年長者的影響：心跳過早搏動、心房顫動、心絞痛
消化管	• 加速腸道運動蠕動速度
骨骼	• 加速鈣與磷酸鹽的代謝率、影響骨骼增長及建造
碳水化合物轉換	• 影響肝醣異生作用加速及糖原作用加速，血糖升高→身體需要更多胰島素！
脂肪代謝	• 影響脂肪代謝，脂肪代謝升高、低密度脂蛋白受體表現（LDL-Rezeptor-Expression）增加、低密度脂蛋白／高密度脂蛋白比例升高（各種因素將影響高密度脂蛋白與低密度脂蛋白比例）

蛋白質代謝	•服用生物滴劑者，將增強蛋白質代謝同化（增加組建）；濃度升高時將提高蛋白質分解效率（分解）↓肌肉組織減少
造血能力	•影響紅血球生成
中樞神經系統及神經肌肉傳導能力	•影響中樞神經系統功能、並升高神經肌肉刺激因素
荷爾蒙分泌	•影響並升高肝臟內皮質醇及所服用藥物的分解

甲狀腺素除了主導身體的能量代謝過程之外，同時也對其他的新陳代謝過程有著巨大的影響力。究竟有多少系統都受到甲狀腺素的影響，大家只需要參考上面的列表就很清楚了。正是因為這個原因，甲狀腺素才會被視為是身體裡主管新陳代謝的樞紐器官。

碘：經常被人遺忘的元素

碘是新陳代謝的血肉與維持運作的仙丹，它的重要性之於新陳代謝就等同於氧氣，氧氣必須先透過肺部進到血液裡，接著就如同碘一樣，在血液裡生產出能量。因此我必須說，碘和氧氣有著相同地位的分量，我們必須擁有兩者才能掌握健康，這兩個元素維持著身體的新陳代謝，並讓身體有能力持續製造足夠的能量。攝取足夠的碘量，對於維持身體的新陳代謝程序，以及維持荷爾蒙繼續在甲狀腺中合成，是對維持健康生命無比重要的事項。

世界衛生組織建議每個成人每天需攝取一百五十到三百奈克（nanogram）的碘量。（懷孕中的孕婦所需要的碘量更高，建議攝取量為每天兩百二十奈克。）即便現今的德國家庭普遍都已改用含碘食用鹽，且過去幾十年來的資料也顯示德國人碘量攝取的情況已有相當良好的改變，我們仍舊必須指出，現今社會中多數人的碘量攝取仍舊處於不足的狀況。

碘存在於多數的海洋魚類，以及其他的海產和海藻（食用海藻時請注意，以這種方式攝取的碘量，可能很快就會超過標準攝取量。）不常食用魚類或海鮮類的民眾，會很難透過正常的飲食管道來獲取足夠的碘量。政府有時會規定將含碘食用鹽當作食品添加物使用，讓特定地區不論在雞蛋、香腸類醃製品以及肉品、牛奶和奶製品內，都含有足夠的碘量。可惜的是，碘也是個在食物烹調過程中容易揮發消失的元素，所以超過一半食物所內含的碘，會在我們烹調的過程中流失。當碘混合在食物中被身體吃下肚後，幾乎全部的碘都會在小腸階段被再次吸收，接下來就會被甲狀腺從血液裡直接吸入到囊泡中，在抵達甲狀腺的囊泡後，碘的任務就算大功告成了。

幸運的是，我們並不需要時時刻刻提醒自己攝取足夠的碘量，因為位於甲狀腺內的小囊泡就是身體的荷爾蒙儲存器。裡頭儲存的荷爾蒙通常足夠一般人至少兩個月的用量，但若超過比兩個月更長的時間，儲存量就會不夠。因此如果是長期茹素或奶蛋素的人，就要特別注意自己是否處在碘缺乏的狀態。

甲狀腺激素內的三碘甲腺原氨酸與四碘甲腺原氨酸及其所屬的荷爾蒙們

很可惜的是，至今科學界仍舊無法詳盡地理解，甲狀腺激素裡眾多複雜細緻的新陳代謝程序，不然的話，面對現今許多困難的問題，我們都能立刻找出更好的解決方案——就連困擾多數人的體重規律問題也不再是難題。如今科學家已經很清楚，甲狀腺內的最小碘原子會與胺基酸內的酪胺酸結合在一起。結合後便形成我們知道的三碘甲腺原氨酸（Trijodthyronin，Ｔ３）與四碘甲腺原氨酸（Tetrajodthyronin，Ｔ４），這兩者就是大家較為熟知的甲狀腺素。Ｔ３由於比Ｔ４更有活力、更強大，對於啟動新陳代謝功能也有著更為重要的角色，而Ｔ４在這項功能裡幾乎可以算是擔任了儲備幹部的角色，身體只會在緊急狀態下動用Ｔ４，這是因為比起Ｔ３，Ｔ４能夠保存大約七到十天左右的關係。血液循環中有百分之九十的甲狀腺激素都是以Ｔ４的型態存在，這些甲狀腺激素必須先在細胞裡透過生物化學反應轉換成Ｔ３後才能使用，而轉換完成的激素所擁有的「生命週期」只有僅僅一天。換句話說，Ｔ４的功能就像是身體裡的移動荷爾蒙儲存槽一樣，只要身體隨時有需要就能動用這筆儲存量。

經過一連串複雜的生物化學轉換過程之後，Ｔ３也可以再次轉換成其他的荷爾蒙，例如甲狀腺胺酸、類甲腺質，這些荷爾蒙前導激素能強化、放大或支持Ｔ３的功效，有些甚至擁有自己單獨的活性功能。而所謂的逆三碘甲腺原氨酸（rT3）並沒有生理活性，不進行任何新陳代謝循環活動，然而卻能有效降低壓力，這是因為它同時會抑制活性腎上腺激素的釋放（參見本節的「腎上腺：未知的內分泌腺」）。

透過混合不同類型的Ｔ３下屬荷爾蒙們，能夠幫助調節我們的能量物質代謝。這些下屬荷爾蒙們能直接影響我們的性欲需求，特別是能影響身體的飢餓感。在體重調節的部分，它們也扮演著相當重要的角色：只有當這個混合荷爾蒙與其餘的荷爾蒙處在相當良好、平衡的狀態下，我們的身材才能保持苗條，並且擁有正常、健康的飲食量。

甲狀腺如何管理它的荷爾蒙產品，完全取決於碘的攝取量。當碘含量不足時，甲狀腺將會提高碘的攝取量並加強Ｔ３的合成作用。但是突如其來的大量碘量釋放，也會同時衝擊其他正常的甲狀腺功能進行電離作用、荷爾蒙合成作用及釋放作用。簡單來說，只要甲狀腺功能運作正常，且能夠獲得充分足夠的碘，那麼身體就能獨立自主地解決任何問題。

減肥擾亂甲狀腺功能

身體能量供給不足對整體身體器官而言都是個全面性的災難。但你可曾想過，減肥這個行為，也就是長期節約攝取熱量及能量，也會對甲狀腺造成難以估計且長期的傷害嗎？大腦能在相當短的時間內就察覺到身體的熱量不足，並立刻減少促甲狀腺激素（TSH）的釋放。促甲狀腺激素是負責啟動甲狀腺及負責確保身體製造出足夠的甲狀腺激素T3與T4的腺體。除此之外，促甲狀腺激素也負責調節身體的體溫高低。然而在大腦察覺熱量供給不足的情況下，身體便會開始減低甲狀腺大約百分之三十左右的工作。在這樣的調節之下，身體的體溫也將大受影響。典型的不足徵狀就是手腳冰冷、鼻子冰冷，在更嚴重的情況下，甚至是臀部冰冷。

重複的慣性減肥造成身體攝入的熱量過少，會直接造成甲狀腺工作長期且不可逆的影響，影響最大的部分是透過新陳代謝製造出的溫度熱源，即所謂生熱作用（Thermogenese）。想要讓身體這項功能保持正常運作的人，請務必注意不要讓身體處在熱量攝取不足的狀態。

高危事故：是失衡還是生病

多數人的甲狀腺激素並不總是處在平衡的狀態。這種失衡很難透過荷爾蒙替代療法矯正，因此就算給予高劑量的Ｔ４來嘗試治療，也還是會出現體重暴增的現象，相信很多更年期的女性都曾經抱怨過這一點。這也顯示出，體內各種荷爾蒙是如何緊密細緻地與彼此協調在一起。只有全部的荷爾蒙處在一個合理的、相互融洽的平衡關係裡時，身體才能調整到我們理想期望的狀態。在過了五十歲以後，假如身體的新陳代謝循環處於不良且虛弱的狀態，荷爾蒙替代物很少真正能幫到什麼忙，甚至幾乎不該作為單一的治療方法。荷爾蒙替代療法至少必須和其他的治療方法同時輔助進行，例如像是搭配健康飲食或是配合耐力訓練，否則僅僅是單一使用的話，恐怕難以發揮功效。

甲狀腺功能出現失能情況或是罹患疾病，會引發的後續疾病相當多樣，包含身體上以及認知行為上、甚至是情緒失控都有可能。正是因為甲狀腺失衡能夠引起這麼多的疾病，我對於多數人有病徵時並不就醫改善，實在相當難以理解。以下是當甲狀腺功能受到損害或失能時，將會表現在人體上的問題：

■長期過勞與疲憊
■體重直線上升，直到體重超重
■工作效率奇差並時常感到精疲力盡
■心跳頻率減低
■血脂肪與肝臟脂肪升高
■身體溫度調節功能變差、對低冷溫度過於敏感、時常怕冷
■消化作用進行緩慢，甚至有時便祕
■肩、頸部神經緊繃與僵硬
■頭部神經緊繃疼痛
■手指甲與腳趾甲容易破裂
■頭髮與指甲生長緩慢
■皮膚乾燥、頭髮乾燥
■掉髮過量
■敏感性障礙、皮膚感覺異常甚至發癢
■性欲減低、生殖能力或是生育能力低弱

- 神經認知效率衰弱，例如記憶力及專注力
- 執行力下降及憂鬱情緒或情緒惡劣
- 恐懼感增加，甚至有恐慌症

除了透過抽血來檢驗血液裡及血清裡的甲狀腺激素狀況之外，透過超音波檢查也能夠幫助我們更加理解身體裡這項主要器官的健康狀況。人們的生活型態會對甲狀腺造成不同程度的影響，嚴重時甚至會導致甲狀腺生病，這些數據在大約五十歲之後，便很容易能在血液檢查中顯示出來。甲狀腺激素數據能揭露許多人長年來生活的祕密故事，例如身體多處的發炎，而且這些紀錄永遠不會被甲狀腺忘記。我們甚至能從組織器官裡的傷疤來指認出過往的生活型態。甲狀腺雖然能夠將已經造成的改變再次改正回來，然而曾經發生過的每項事情都會在甲狀腺上留下痕跡。

有時案例裡甚至能見到傷處結痂成所謂的結節，偶爾甚至也能在案例中清晰地見到因結痂傷口形狀而扭曲了的甲狀腺及甲狀腺組織。有些甲狀腺病狀會導致甲狀腺腫大到完全不自然的體積，有些案例則因為甲狀腺組織發炎情況嚴重，而只能見到一整區的黑影。失衡的甲狀腺腺體甚至可能被扭曲成大家完全認不出來的形狀，

在這種情況下的甲狀腺，當然通常也早就完全失去了其作為荷爾蒙腺體該有的功能。

目前為止，在面對如此眾多不同的甲狀腺異常病例時，醫學療法上尚未出現統一的治療方法。這並不是醫學界的疏失，而是因為目前大家對於甲狀腺所掌握的知識仍然不足：至今為止，尚未見到足夠廣泛與深入的甲狀腺專精科學研究。從甲狀腺腺體的複雜性及多樣性看來，這樣的研究任務可說並不易完成。班恩・李格醫生（Dr. Bernd Rieger）在二〇一九出版的《身體中的祕密頭子們》（*Die heimliche Chefs im Körper*）裡就曾提到，許多醫生在面對甲狀腺疾病病人並需要做出診斷時，有多麼驚恐與害怕，書中也直接批評，現代醫學在治療一個對人體如此重要的器官所造成的疾病時所使用的方法。

如今只要有病人被診斷出甲狀腺中有結節的狀況，就一律被推薦開刀進手術房處理。而這樣做的理由，是這個結節很有可能不知何時會演變成癌症。不管是「熱」結節或是「冷」結節都一蓋刨掉了再說，每年在德國共有大約十五萬顆的甲狀腺因此透過手術被移除。其中也不乏事後得出結論，原先刨除的甲狀腺結節其實是無害的良性結節的好消息，不過為時已晚，所以病人現在只好進行荷爾蒙替代療法。無可避免地，這些病患終其一生每天都必續服用T4甲狀腺激素藥劑，誰叫這些人身體裡最大、最重要的荷爾蒙分泌腺已經被移除了，只好透過外界的藥劑來補充。從我們的甲狀腺對身體的所有功能如此重要這一點來看，當甲狀腺失常的時候，我們能提出的唯一一帖藥方，居然就只是荷爾蒙替代療法，而且還滿懷希望地期待這唯一的一帖處方能發揮強大功效，將錯綜複雜的荷爾蒙關係調整回分毫不差的平衡狀態，這樣的期待未免太過虛假、不切實際且實際上也很少真的能成功。

在甲狀腺結節移除這樣的手術過後，身體的循環代謝功能不可避免要承受長期不可逆的傷害，眾多新陳代謝程序將受到干擾，這是因為長期以來都是透過甲狀腺激素的精準細微來平衡一切荷爾蒙，而如今這個統籌調度的角色瞬間卻在整套新陳代謝系統中不復存在。甲狀腺被戲稱為「溫柔的指揮家」絕非浪得虛名，這是因為除此之外，身體內的另外兩大荷爾蒙激素腎上腺素及生殖腺，也是由甲狀腺一起控制的緣故。要是有一天甲狀腺素的功能突然當機了，或是直接不存在了，那麼所有的其他內分泌腺素都會像系統脫軌一樣，推骨牌般地一一被拖倒，所有的內分泌腺素將慢慢地逐一失能，到最後全員放棄。

橋本氏甲狀腺炎：可怕的故障事件？

全世界大約有百分之二的人口在診斷後確定罹患橋本氏甲狀腺炎，其中女性罹患該症的比例又是男性的十倍以上。橋本式甲狀腺炎背後真正的形成原因，其實是自體免疫系統疾病，在這個狀況下的自體免疫系統會錯誤地攻擊甲狀腺並刻意造成損傷。其結果就是甲狀腺能製造的甲狀腺激素大量減少（甲狀腺功能低下症），接著由於發炎而萎縮。普遍對此最常使用的治療方法就是給予含有Ｔ４的荷爾蒙替代物，但是這個療法在大多數病患身上的結果並不太理想。例如荷爾蒙替代物藥劑時常帶來憂鬱傾向的副作用，這樣的副作用甚至已經和甲狀腺完全無法扯上關聯，在某些案例裡，副作用甚至強烈到病人必須再額外接受抗憂鬱症藥劑的治療——這都是因為對甲狀腺及其功能的無知所造成的後果。許多研究報告也得出同樣的結論：單單只是提高左旋甲狀腺素（L-Thyroxin，也就是所謂的合成替代Ｔ４），既不會改善病人的病徵，也對甲狀腺功能低下的情況沒有任何正面的影響，更別提改善病人的生活品質。

如同李格醫生在書中提到的一樣，橋本式甲狀腺炎現象的成因，也可能是甲狀腺過度超勞造成的，並不一定都是自體免疫系統失能的緣故。在這個情況下，腎上腺的狀態就必須一起檢查：若是腎上腺的運作並不正常，再配合失能的甲狀腺一起發生的話，就能將整個新陳代謝的全體控制系統以及荷爾蒙產物——換句話說，也就是整個系統——永久性地一次毀掉。這時候病人自己就會察覺，不論服用多少的左旋甲狀腺素也沒有用，因為徵狀一點也不會改善。總結而言，如果要針對橋本式甲狀腺炎患者做出一個合適的治療計畫，務必一定要連同腎上腺一併檢查（參見本節的「腎上腺：未知的內分泌腺」）。

副甲狀腺：長年被忽略的角色

大家曾經聽過什麼是副甲狀腺嗎？我猜大概沒有吧！副甲狀腺是四個小型的內分泌腺，每個的形狀大小差不多就和扁圓豆差不多，所在的位置就在甲狀腺的後方。它能和甲狀腺所屬的濾泡旁細胞（C-Zelle）與維生素D共同合作，負責調節磷酸鹽與鈣在人體器官中的吸收、轉化及代謝。它能分泌副甲狀腺激素（PHT）並以此調節體內對鈣的需求，有需求時亦可從牙齒或骨骼等身體結構內抽取出足夠鈣素並輸送到血管裡以供使用。這項功能當然會危害人體健康，多數時候只會在例如當身體處於過酸的環境時才會發生（通常是因為長期的錯誤飲食習慣），偶爾也會發生在身體維生素D含量不足的時候。而根據羅伯特·科赫研究所（Robert-Koch-Institut）的研究指出，全德國大約有百分之五十五的人口屬於後者的情況。在這種情況下，副甲狀腺會啟動它的緊急應變對策，開始分泌副甲狀腺素，好讓身體能持續進行鈣的物質代謝。鈣的物質代謝如此重要，是因為鈣這種元素對於身體的健康有著長遠的影響力，在人體許多的新陳代謝循環過程中，鈣都是不可或缺的重要參與者。因此，想辦法讓鈣長期且密集地儲存在身體組織裡，就成了一件相當重要的任務——而這就是副甲狀腺最重要的使命。

這樣傷己的緊急應變計畫，絕對是越少用到越好。有相當多的方法能幫我們避免這項風險，只要我們維持正常的健康飲食、多多到空氣新鮮的戶外運動就能達到。人體每天基本的鈣需求量大約在一千毫克左右。在你人生的下半場，請務必確認自己的飲食與運動習慣能達到這個鈣需求的基本標準，這能夠確保你在往後的人生擁有堅固、緊密的骨骼與關節組織。

除此之外，影響甲狀腺效率的另一項重要因素，就是身體組織裡是否擁有足夠的維生素D，熟齡者尤其必須注意這一點，因為在五十歲後，陽光透過皮膚吸收再轉變成維生素D的效率會越來越低下。意思就是說，即便到時我們花了足夠的時間待在戶外讓皮膚吸飽陽光，身體仍舊無法產生、轉換出足夠的維生素D。為了彌補這個因為新陳代謝作用越來越緩慢而造成的維生素D赤字，請你務必在過了五十歲後，增加自已到戶外呼吸新鮮空氣及陽光曝曬的機會與時間。假如實在無法辦到，那麼你別無選擇地必須開始補充維生素D補充劑，來幫助自己補足這項缺口。要達到這樣龐大的數字，你必須每天服用至少兩千到三千國際單位（internationale Einheiten）的劑量。如果你的父母及年長親戚不是那麼喜歡到戶外散步以及做運動的話，也請你不要忘記與他們分享這個維生素D攝取不足會造成健康問題的知識。

腎上腺：未知的內分泌腺

我們的腎臟和腎上腺其實一點關聯性也沒有，唯一的共同點大概是兩者所處的位置而已。腎上腺是一對三角形的內分泌腺體，位於腎臟的尾端上方，這對內分泌腺體的大小大約是兩到三公分左右，重量約十公克。腎上腺的任務和腎臟一點關係也沒有，它們是純粹的荷爾蒙分泌腺體，唯一的工作就是分泌荷爾蒙，其絕大多數分泌出來的腎上腺素都會傾倒進血管裡，透過血管輸送到全身各處。此外，在腎上腺皮質中也負責製造類固醇激素、礦物皮質素、糖皮質素以及性類固醇，在腎上腺髓質中則會製造神經激素，例如腎上腺素以及正腎上腺素。這些荷爾蒙激素都是對身體裡許多功能相當重要的激素，同時也是影響熟齡者老化過程、性能力以及生活精力的重要元素。

礦物皮質素

你一定聽過醛固酮這個名字，它是所有礦物皮質素裡最有名的一個。醛固酮的功用，就是負責將鈉這個相當重要的元素緊緊地抓住並保留在身體裡。透過醛固酮，可以讓身體留住水分並降低水分與鹽分的流失。正因為醛固酮有著協調與統籌身體鹽分與水分的功能，又被稱為鹽皮質激素或口渴激素。它是人體裡一個相當原始的荷爾蒙激素，透過它的運作機制，可以讓身體裡的鹽分與水分保持平衡。

但是醛固酮的運作方式和壓力荷爾蒙很像：在人體感到壓力的情況下，醛固酮會直接提高注入到動脈的血量，正是因為醛固酮的作用，人在緊張或是害怕的情況下，血壓也會同時急遽升高。這時的身體會開始將更多的水分保留在體內，這麼做的目的是為了讓稍後身體能有足夠的水分將先前高速運作的細胞們冷卻下來。這正是醫學用藥的原理所在，降低血壓的藥劑便是藉由給予醛固酮阻斷劑（Aldosteron-Rezeptor-Antagonisten）直接將高血壓的源頭阻斷，成功避免高血壓的形成。

男性在過了五十歲後便步入雌激素分泌大幅增加的年齡，因為突然高升的雌激素，多數中年男性都會感到自己的個性慢慢地越來越放鬆與平靜。此外，雌激素顯然能幫助男性減低壓力，並對於男性一般在職場上的「火爆」個性有著明顯的緩和作用。我並不是一個喜歡吃藥的人，不過在紓解壓力及緩和高血壓這方面，我得說使用阻斷劑是個相當明智的選擇。

礦物皮質素的群組內，還有另一個荷爾蒙激素是醫學界至今為止仍然所知不多的：去氧皮質酮（Desoxycorticosteron）。我們知道，它能使我們鎮靜下來，然而去氧皮質酮的另一個功用卻會加強人體對壓力源的反應。想要完全理解去氧皮質酮這項荷爾蒙的真正樣貌，醫學界仍需要進行一連串的研究。

糖皮質素

這組荷爾蒙裡最廣為人知的代表性荷爾蒙，大家一定早就耳熟能詳了：它就是大名鼎鼎的皮質醇（Cortisol）。在身體或是心理上感到「壓力山大」的時候，身為壓力荷爾蒙的皮質醇會被加倍地釋放到血液裡。它是對我們人類能夠繼續生存下去無比重要的一項荷爾蒙激素，因為有皮質醇的存在，人體才能在生命受到威脅的情況下、器官遭受嚴重細菌攻擊感染時、在接受重大手術之後以及在受到嚴重創傷之後，仍舊可以藉由皮質醇讓身體獲得全新的能量來復原。在新陳代謝的過程裡，這時的血糖值會急劇升高，這是因為肝醣異生作用正在加速分解大量的蛋白質，而在作用過程同時釋放出大量葡萄糖的緣故，這麼做的原因是要讓身體能夠因此獲得大批的能量，如此一來才能有效幫助身體應付外界強大的壓力來源。皮質醇除了這項功用之外，也在其他許多大大小小的物質代謝循環裡有相當的影響力，例如它能短暫地降低脂肪代謝程序，也會妨礙骨質代謝。

皮質醇在過去很長一段時間一直是醫學用藥上的萬靈丹，因為它不但能以相當迅速的速度讓人體鎮靜下來，同時也能強力有效地使人體器官重新注滿能量並得到修復。它能直接阻斷發炎反應及免疫反應。這也就是為什麼在處理許多不論來自身體內部或是源於外界的壓力所產生的疾病時，皮質醇通常都會在療程中扮演主要角色。但如今醫學界已經明白，大量使用皮質醇一方面不但會使病人身體產生依賴上癮的反應，另一方面在療程中也會引發許多對人體有害的副作用。現在聽起來，皮質醇這項荷爾蒙的發現就慢慢地沒那麼令人亢奮了吧。

更何況我們大多數在談論皮質醇的時候，其實指的都是可體松（Cortison）。這項荷爾蒙很常在年過五十的人罹患踝關節疾病時，被當作藥劑注射到患者傷處。可體松其實就是皮質醇氧化過後的型態，氧化過後的皮質醇呈現液體狀態，也因此能以針頭注射進入靜脈內。進入靜脈後的可體松便能順利地抵達肝臟，抵達肝臟的可體松又會被減低活性、還原成皮質醇，並被人體吸收使用。除了注射的形式之外，皮質醇也能以藥片的方式服用，或是以塗劑的方式直接抹在皮膚上，無論是哪一種，這兩種使用方式吸收的速度其實都比注射更快、更有效。

然而使用這項荷爾蒙療法會對人體產生的副作用實在太過深遠，因此如今的醫藥界只會在不得已的情況之下，才破例斟酌使用皮質醇或可體松來當作治療方式。以這種方式治療所會引發的副作用，包含肌肉水腫、骨質疏鬆、眼睛水晶體混濁、糖尿病、水腫、生長遲緩以及免疫系統干擾。使用皮質醇當藥劑所會引發的副作用，可列出長長一串的清單，絕對遠遠不止上面列出的這些而已。皮質醇的使用絕對是個絕佳的例子，醫學界因此見識到荷爾蒙對人體的功能以及全面的代謝程序有著多麼巨大又直接的影響力。

糖皮質素對我們身體的結構有著全面性的廣泛影響力，當然也就對我們的新陳代謝循環有著同樣的威力。糖皮質素在新陳代謝中發揮的作用多數都是屬於抑制、分解的功用，而不是促進或活化之類的作用。究竟它對人體的影響有多麼多樣，大家接下來就能在概要表上見到。

糖皮質素對新陳代謝的影響

對宏觀營養素的影響

- 促進蛋白質合成作用：組成及分解肌肉組織、從肌肉架構裡取出胺基酸並分解為葡萄糖（肝醣異生作用）
- 釋放游離脂肪酸並將之轉換成身體可使用的能量（脂肪分解作用）
- 阻礙身體分解肌肉中的葡萄糖

對肌肉及結締組織的影響

- 阻礙結締組織細胞的細胞分裂及生長
- 阻礙傷口癒合
- 惡化血管管壁脆弱性，導致出血機會大增

對心血管循環系統的影響

- 增加每分鐘心跳頻率並導致心搏效率壓力增加
- 升高血管系統壓力

對骨骼的影響

- 阻礙骨骼增生與成長及成骨細胞活動，也就是增建骨骼的細胞們
- 促進分解骨骼細胞，也就是破骨細胞的增加與新生（細胞增殖）
- 減少身體雄激素與雌激素分泌

對身體礦物質含量的影響

- 阻礙水分與鈉離子交互作用
- 增加鈣離子分解與分泌

對免疫系統的影響

- 阻礙眾多免疫細胞發揮功能，例如淋巴細胞

性激素

只有為數不多的人真正瞭解這項荷爾蒙，性激素絕對不僅僅是代表著我們的性欲及生育力而已，它同時也扮演著相當多樣的角色並承擔著身體裡許多的功能。正是因為如此，五十歲後體內性激素的大幅減少，才會對我們的精力及生活品質造成如此巨大的影響。

在人體還年輕的時候，大多數器官內的性激素都是由睪丸或卵巢所製造提供的。然而最晚在跨過五十歲之後，性激素的生產製造又會慢慢地轉移重心，回到腎上腺，腎上腺正是性激素在身體尚未邁入青春期時的原產地。腎上腺的一生，在尚

未到達這個時間點前還要遭受許多其他任務的折磨：壓力、環境毒素都會在它身上留下足跡，尤其是在腎上腺的內層更是清晰可見。這也就是為什麼在過了五十歲之後的人身上，所製造出來的性激素通常數量都非常稀少，而超過五十歲的男性所製造出的精子會顯得比較沒活力的原因。腎上腺衰弱在男性身上最明顯的外顯特徵，莫過於稀疏的頭髮或是髮質越來越細，這點特別能從眉毛的茂盛度觀察到。

很可惜的是，過去幾年的數據顯示，腎上腺衰竭的現象越來越早來到，如今甚至在許多年輕男性身上也能發現腎上腺衰弱的病徵。根據研究結果顯示，現今社會中已經有大約百分之五十的年輕男性體內的精子只有有限程度的活動力。就連男性的身體毛髮在近幾十年都有明顯減少的趨勢。換句話說，現代人活動率低的生活方式，配上各種不健康的飲食習慣、工業化基因改造加工食品、環境毒素都早早地在身體裡留下了受傷的痕跡——腎上腺受到的創傷尤其嚴重。在當今社會裡，生育能力受損主要都是由衰弱的腎上腺以及缺乏雄激素所造成的。

不過男性並非唯一的受害者：女性也顯示了類似的現象。以往女性身體的毛髮覆蓋率較為綿密，連同臉上的毛髮也更為茂盛，而這幾個特徵在近幾十年完全反轉過來。與先前的女性落髮情況相比，如今年屆五十歲的女性有嚴重落髮情況的並不少見。

我們可以說，現今社會不論男女都同樣受腎上腺衰竭所苦，並因此有著雄激素不足的毛病。這項荷爾蒙對我們的工作效率以及整體精神有著重大的意義，因為它能讓肌肉塑造更加容易，還能調節脂肪氧化以及隨之發生的脂肪酸代謝——此外，在我們面對日常生活中所發生的各種壓力情況時，它還能為身體提供無比的能量與力氣。雄激素也是直接誘發性欲的天然荷爾蒙，這是因為雄激素不但是雌激素的前導物，也同樣是睪固酮的前導物，這兩樣都是我們早就熟知的性激素。

二氫睪固酮影響生育能力

如果要著手治療已經出現的不孕症問題，例如想積極改善不佳的精子活動力、增加精蟲數量的話，最好的方法就是先把睪固酮的代謝產物（沒錯，一個半成品）拿來仔細檢查一下，而這個代謝產物就是所謂的二氫睪固酮（Dihydrotestosteron），而不是光檢查睪固酮值而已。這是因為身體的接受器對二氫睪固酮有更強烈的連接性，而且二氫睪固酮明顯能比睪固酮更直接發揮效果的緣故。同時，二氫睪固酮在身體內也能強力地間接影響睪固酮的效率與品質。很可惜在日常的診療實踐中，並沒有許多醫生將重心放在這點上。

睪固酮是相當典型的雄激素，不論男性或女性的腎上腺都會製造睪固酮。差別只在於，男性的睪固酮並不只來自腎上腺，睪丸也會製造額外的睪固酮，男性因此擁有比女性更多的睪固酮。唯一科學上尚且無法回答的問題，就是究竟這些額外製造出來的睪固酮對於男性的健康及雄性氣概，是否確切必要且不可或缺。

單純觀察過往結紮後男性的健康來看，則結果恰恰與大家憂心的相反，因為這些結紮後的男性不僅比男性的平均壽命還要活得更久，同時在結紮後的生活中也從未顯示出有任何因結紮或手術而產生的副作用，或是罹患因為缺乏任何東西的疾病。男性擁有較少量的睪固酮之後，獲得的是更為健康且更為精力充沛的生活。很顯然地，從睪丸裡額外分泌的睪固酮並非為了健康因素而存在，而是主要為了男性能繁衍後代而存在。只要擁有健康且功能齊全的腎上腺，看來光是腎上腺所製造分泌的雄激素，以及其中包含的睪固酮，就已經足夠維持我們身體的健康。

去氫異雄固酮（Dehydroepiandrosteron），大多數的時候簡稱為ＤＨＥＡ，為糖皮質素並屬於雄激素的其中一種。女性身體裡也同樣會製造去氫異雄固酮，其產量約有三分之二來自腎上腺素，其餘的三分之一來自卵巢。跟其他的荷爾蒙相較，腎上腺素可說是這項荷爾蒙的大批製造商。

去氫異雄固酮在過去就是相當受到歡迎的產品，因為這項荷爾蒙長期以來一直被當作抗老化的聖品來行銷。雖然在科學上我們無法證實去氫異雄固酮對於抗老化的效果究竟如何，但可以確信的是，這項荷爾蒙如今仍在美國各地被當作營養補充品而販賣。不論如何，去氫異雄固酮在另一方面的療效確實相當有意義：在因年齡增長而產生的記憶力衰退上，或是可體松分泌過盛上，以及壓力過大或是血壓過高時需穩定血壓時，去氫異雄固酮是相當有效的減緩藥劑。

除此之外，醫學上也已經得知，當人體中擁有良好、長期穩定的去氫異雄固酮供給量時，可讓身體輕鬆地維持理想體重。當人體擁有良好且充足的去氫異雄固酮時，肥油肚會明顯變小，其他身體部位的脂肪也減少了，而且人體整體看起來會較為青春輕盈。這究竟是什麼原因以及背後會造成哪些影響，是目前為止科學上尚無法詳盡解釋的。結論就是，如果在五十歲之後，突然覺得身體中間部位開始堆積脂肪了，請你安心就醫檢查自己的去氫異雄固酮量，但請務必在服用去氫異雄固酮補充劑前，先諮詢醫師意見。

腎上腺髓質的荷爾蒙與神經傳遞物

這個荷爾蒙群組裡最為人熟知的代表者，當然莫過於腎上腺素、正腎上腺素以及多巴胺。

不過這三種裡面最有名氣的，大概非腎上腺素莫屬——一個典型的壓力荷爾蒙。每當我們處在壓力之下，不論是身體上的疲勞壓力或是情緒上的心理壓力，身體就會釋放腎上腺素。有了腎上腺素之後，我們會變得更為緊張、對戰鬥呈現準備就位的狀態，同時也更具備短時間內的敏捷爆發力。在腎上腺素的激勵下，人體不只能施展出更大的力氣，還能跑得更快、腦筋思考得更迅速。這都是由於人類的祖先在遠古以前，需要這股即戰力來對抗大自然裡的掠食者及在危急時刻逃跑的關係。腎上腺素就在人體從事這些激烈活動的同時被一起消耗掉。現代社會的人們有著與遠古先祖完全不同的恐懼，這股特意製造出即戰力的荷爾蒙當然就會時常變成一種麻煩：假如身體在壓力下太常或過度釋放腎上腺素，而累積下來的腎上腺素長期以來又沒有完全被消耗掉的話，就會導致人體時常處在緊張、生氣的狀態，這不可避免地會讓我們變得有點過度緊張。

所謂的正腎上腺素是一種神經傳導物質，這種神經傳導物質來自神經系統，是許多身體運作程序都相當需要的物質。而我們的腎上腺能夠直接將這個神經傳導物質發射進入血液裡，好讓它能直接、迅速地誘發強大的反應。特別是在人體受到生命威脅或是處於高壓情況之下時，正腎上腺素在此時會立刻噴高，引發身體做出立刻的反應動作：消化器官裡的血液立刻降到盡可能的低點，肌肉組織內的血液同時立刻滿血到最高點——這樣一來身體就能更敏捷、更有活動力。此刻所有能為身體產生動力的器官通通全體就定位，等待閘門開啟就一股向前衝刺。此時大腦會特別靈敏與清醒，眼睛會更為濕潤、更為炯炯有神、瞳孔同時放大。體內心跳急劇增加、血壓升高、血液裡得到更多葡萄糖，好讓肌肉能更快地補充身體所消耗的能量。我們的身體現在完全切換到高效能模式——我們的身體能如此完美地切換自如，最終都要感謝腎上腺素以及正腎上腺素的功勞。

多巴胺是其他荷爾蒙的前導物質，它主要的功能是當作神經傳導物質及信息物質來使用。多巴胺最大的用處，就是它在大腦裡的效用相當顯著，不但能直接與間接地影響我們的心情好壞、專注與否、學習效率、行為舉止，甚至連身體的運動動作都與它息息相關。究竟缺乏多巴胺會對人體造成什麼影響以及這些影響會有多大，我們可以從罹患帕金森氏症的病人身上窺見其效力。帕金森氏症就是典型的多巴胺缺乏所引起的疾病，它強烈且明顯地損害了病人的行為能力、外表及正常運動動作。多巴胺缺乏症會引起強烈的認知改變、大幅局限人體的行為能力。此外，多巴胺也是許多人體規律運作程序的必要要素之一，例如分泌母乳及協調血壓。

許多研究結果都已強烈指出，多巴胺在身體內生成時具有高度的敏感性，身體在當下所承受的壓力、服用的酒精或藥物，甚至是攝取過高的糖分，都會大幅影響這個荷爾蒙的生產結果，在不良的環境之下，會導致多巴胺生產數量完全不足，接著讓身體內許多功能的效果受限。年過五十的人請務必將這點謹記在心，若是不做什麼改變的話，長期不健康的生活方式將會大幅減損多巴胺的產量。

相反地，健康且活力充沛的生活方式，能保障並促進多巴胺的長期產量。「酸能生津助消化」這句話正是多巴胺的標語，研究報告已經證明，蘋果醋能對腸胃消化帶來正面的效果，並提高人體內多巴胺的指數。除了在飲食中加入蘋果醋之外，最好也能一起實施健康的飲食習慣，少糖、少工業加工改造食品，並且將攝取的重心放在良好的蛋白質上。特別是優良的蛋白質種類，例如胺基酸中的酪胺酸（Tyrosin）──每日攝取量介於五百毫克到一公克之間──能促進新陳代謝以及多巴胺的生成，如此至少能保證製造多巴胺的重要前導料之一的酪胺酸，在身體內有足夠的庫存可供使用。如果能再加上規律的運動習慣並戒掉菸癮的話，你的「多巴胺拯救大作戰」計畫就可以稱得上完美了。

五十歲後：為了良好的荷爾蒙，蛋白質多多益善

良好的蛋白質不只有助於促進多巴胺物質代謝進行，身體內其餘所有的荷爾蒙也都會受益良多。基於這個原因，五十歲後的人應該規律地攝取不同種類的胺基酸，如此才能有效地幫助體內荷爾蒙保持在穩定和諧的狀態。如果我們能採取均衡且以蛋白質為基礎的健康飲食，並持續將這樣的飲食習慣維持在相當高的標準的話，不但能延遲在這個年紀大家都害怕會發生的老化現象，甚至還很可能可以抑制身體的老化過程。

下表整理出多種不同的選擇，讓你可以完善每日所需的蛋白質，並標示出若想達到攝取二十公克的優質蛋白質的話，你需要從日常食材中攝取的分量。

促進高速物質代謝的豐富蛋白質食材

奶蛋類			
帕瑪森起司	55克	乳清蛋白粉	180克
起司片	90克	乳酸飲料	550毫升
莫扎瑞拉起司	110克	天然優格	600克
奶豆腐	115克	牛奶	600毫升
雞蛋	150克		
肉類			
羔羊肉片	75克	煎牛排	90克
火雞肉	75克	小牛肉（瘦肉）	100克
雞胸肉	80克	牛肉	100克
煎豬肋排（瘦肉）	90克	鴨肉	110克
魚肉及海鮮類			
鱒魚	90克	鯉魚	110克
大比目魚	100克	鮭魚	110克

鮪魚	100克	無鬚鱈魚	115克
鼓眼魚	100克	大西洋鱈魚	120克
蝦	105克	鰨魚	120克
沙丁魚	105克	多寶魚	120克
鱸魚	110克	鮟鱇	130克
鯡魚	110克	魷魚	130克
穀類、麵類、米			
藜麥	130克	全麥麵粉	165克
莧菜紅	135克	燕麥片	170克
全麥餅乾	150克	糙米	280克
全麥麵包類	150克	全麥小麵包	280克
野米	160克	全麥大麵包	280克
豆莢類果物、水果及蔬菜			
海藻類	30克	羽衣甘藍	400克
蠶豆	80克	馬鈴薯	800克

乾燥豆類	100克	百香果	800克
黃豆	165克	菠菜	800克
玉米	250克	朝鮮薊	850克
豌豆（新鮮）	280克	茄子	850克
扁豆（罐頭裝）	330克		
堅果及芝麻			
葵花籽	75克	開心果	115克
花生（烘焙／加鹽）	80克	巴西堅果	140克
杏仁	110克	核桃（烘焙／加鹽）	150克
腰果	115克	酪梨	850克

胰腺：加倍重要

我們的胰腺有著雙重工作崗位，因為它不只能製造荷爾蒙，同時也負責製造酶素。胰腺除了會分泌胰多肽及飢餓素之外，尤其重要的是它能分泌另外兩種足以完全左右人體新陳代謝的荷爾蒙：胰島素與升糖素。這兩者為影響食物物質代謝的主因，特別是碳水化合物的物質代謝，這是因為胰島素與升糖素正是互相抑制的荷爾蒙，藉由兩者的互相抑制來維持人體血管內穩定的血糖指數，這兩種荷爾蒙同時也是調節體重的主要指標。

這個僅有十五公分長的器官又稱為胰臟。它就位在身體腹部上方的胃的後側，除了分泌荷爾蒙之外，也同時分泌消化酶來分解碳水化合物（澱粉酶）、蛋白質（蛋白酶）以及脂肪（脂肪酶）。這幾項物質會經過導管進入小腸的十二指腸，然後被消化分解。而胰臟所分泌的荷爾蒙，則會透過所謂的朗格漢斯島（Langerhans-Inseln，以發現其存在的醫學院學生保羅．朗格漢斯命名）製造分泌並直接注入血液中。

升糖素：胰島素的抑制劑

升糖素最重要的任務，就是將血液裡的血糖值盡可能地永遠維持在穩定的狀態。如果有需要的話，升糖素能下指令讓肝細胞將長鍊糖分子（也就是所謂的肝醣）釋放出來並將肝醣分解成小單位。這就是肝醣還原成葡萄糖的方式，葡萄糖是最簡單的糖型態，能夠直接釋放到血液中讓身體細胞立刻得到需要消耗的能量。這個功能之所以相當重要的原因，是因為我們的大腦及紅血球只能使用葡萄糖來進行循環代謝。而升糖素就是能確保這項功能如常進行的荷爾蒙，即便在身體有強烈的胰島素反應下，升糖素也會照常執行任務。若升糖素沒有正常發揮作用，將會導致體內的血糖含量過低，並造成大腦能量的嚴重缺乏。

升糖素與胰島素彼此的關係就像是互相的阻斷劑一樣，換句話說，它們的功能正是彼此的剋星：升糖素負責提高血液中的血糖值、胰島素負責將它降下來。促效劑與阻斷劑之間合作無間的協調是如此地絲絲緊扣，才能讓我們的血糖值一直保持在平衡的狀態，讓身體能一直保有足夠的能量可以使用。如何讓這兩個荷爾蒙保持完美的運作，首要的前提當然是我們要保持健康及均衡的飲食。偶爾為之的下午茶咖啡甜點或是大快朵頤的晚餐，人體體內的循環機制依舊能憑藉高度的適應力及伸縮自如的彈性將血糖平衡過來，但若是長時間一直維持這樣糟糕的飲食習慣，將會對體內這套精緻細膩的系統產生永久性的破壞：你將會在接下來的章節讀到，這將如何導致胰島素長期過量分泌並引發一連串災難性的後果。

胰島素：增肥荷爾蒙

能對身體新陳代謝循環發揮強大影響力的荷爾蒙，非胰島素莫屬。許多健康養生專家甚至直言不諱地將胰島素戲稱為增肥荷爾蒙，這是因為胰島素正是養殖場加在飼料中的生長激素。實際上來看，養殖場也沒有做錯，因為胰島素的確在協調動物體內血糖值上扮演著舉足輕重的角色，然而若只把它理解為一個用來降低血糖值的荷爾蒙的話，就太過小看它了。讓我們先看一下胰島素在我們的身體裡究竟負責解決哪些問題，這一來一定能稍微扳正它在你心裡的地位。

■肌肉細胞、脂肪細胞：胰島素能促進這兩種組織吸收血液裡的葡萄糖，好讓這兩者能有足夠的能量使用，透過這個反應，胰島素也間接地降低了血液裡的葡萄糖含量。

■肝臟：胰島素正是促使肝臟成為葡萄糖臨時儲藏站的原因，它能讓葡萄糖轉換成肝醣的形式而儲存在肝臟裡，並藉此抑制肝醣異生作用、協調糖解作用。（參見本節的「胰島素阻礙脂肪分解」及第二章第二節）

■ 肌肉細胞：胰島素能促進蛋白質合成。

■ 脂肪細胞：胰島素能抑制脂肪分解作用、促進身體從攝取的食物內分離出三酸甘油脂並儲存起來。如果人體的血液裡沒有胰島素的話，那麼脂肪分解作用，也就是將脂肪轉換成能量的循環作用，就必須高度運轉才行——畢竟若是血液裡沒了常用的碳水化合物的話，那只好同時升高脂肪分解作用才能提供同樣的能量了。

■ 礦物質代謝：胰島素能促進身體細胞吸收鉀。

■ 蛋白質代謝：胰島素能促進蛋白質的生成，也就是同化代謝作用，比方說蛋白質以及脂肪酸的合成。同時，胰島素能抑制異化代謝作用，也就是分解作用，比方說脂肪分解作用（脂肪燃燒）。

■ 生長：胰島素和類胰島素生長因子（IGF-1，insulin-like-growth-factor 1是一個主要由肝臟所分泌的生長荷爾蒙）能共同促進多方面人體架構的發展。正是因為胰島素的這項功用，養殖業才將胰島素加入動物肥育期的飼料中，這樣一來就能加速養殖動物的生長速度。不好意思的說，胰島素在人體上的功效和在養殖場的肉畜一樣好。當幼童從小就長期吃進許多碳水化合物，導致在血液中的胰島素一直處於高點的話，這個小孩通常就會長得比同齡小孩平均身高還高，且體型偏胖。五十歲以上的人體內若長時間持續進行碳水化合物代謝的話，將不可避免地一併影響其他的新陳代謝循環，而最終導致快速的體重上升。

現在你瞭解了：胰島素能發揮的功用遠不只是讓體重增加而已。在營養代謝中，它有著特別重要的關鍵功能，畢竟它原本就不只是單純負責醣類（也就是碳水化合物）代謝而已。它更負責讓所有進入到血液的養分能迅速且直接地被運輸到肌肉細胞裡，這些被運輸的養分可不是只有葡萄糖而已，還包含蛋白質與脂肪。

對於胰臟而言，血液中升高的營養數值只意味著一個訊號，就是釋放胰島素，這是因為胰島素才能告訴細胞正確的訊息：「麻煩派些運輸營養素的車輛過來。」為了要能夠成功地傳遞和接受這些訊息，我們的肌肉、脂肪及肝臟細胞在它們的表皮上都安排了特殊的接收單位，也就是所謂的受體。胰島素會直接和這些受體對接並直接將訊息灌入細胞裡。運輸訊息鏈於是展開。合適的運輸細胞們，也就是所謂的載體們（請溫習本章第二節裡的「身體裡的運輸程序」）將會出發去搜尋碳水化合物、胺基酸及脂肪酸（三酸甘油脂），將它們吸收並帶回細胞內。這些營養素在細胞內若不是被當成新建組織、新細胞的建材來使用，就是被丟進細胞的發電廠（粒線體）當成燃料來製造能量，這些能量將會用來支持人體勞力或腦力的活動與運動（參見第五章第三節裡的「透過勞力消耗能量：功率轉換與代謝當量」），有時即便是身體什麼也不做，也會需要這些額外的能量（參見第五章第三節裡的「躺著什麼都不做就能消耗能量：基礎代謝率與靜態能量消耗值」）。

飢餓素：飢餓荷爾蒙

在我們的胃內壁上，存在著許多的感應器，這些感應器無時無刻都在監測胃裡的狀況：是不是太滿了？是不是太空了？如果太空了，胃黏膜及胰臟就會分泌飢餓素。飢餓素這個荷爾蒙會讓我們感到飢餓，並同時刺激我們的食欲。這時候的我們若恰巧經過香氣四溢的麵包店或是炭烤燒肉店，就很難抗拒這些香味的誘惑了。

血液裡過高的飢餓素能間接地影響胰島素的分泌量。飢餓素能與促生長素一起作用，促進分泌生長激素，最終刺激小腸內分泌出類胰島素生長因子。小腸受到刺激後將間接且即時地釋放出胰島素到身體裡。換句話說，整個胰島素代謝循環繞了一大圈，卻正是由最尾端的飢餓素開始帶頭作用。

飢餓素不只是在胃裡存在而已，身體的其他器官同樣也能製造出飢餓素，這個荷爾蒙與人體器官組織的關係遠比這裡解釋的還更為多樣化。很可惜的是，關於這一點的研究，在醫學界裡仍處於剛起步的階段。目前已知的是，飢餓素也會影響我們的記憶能力、睡眠品質以及大腦獎勵系統。

當身體細胞從我們吃入肚子的上一餐裡，慢慢地吸收所有的養分並加以處理之後，人體內的血糖指數就會開始降低——這是理所當然的，因為載體已經把所有血液裡的糖分都搬進細胞裡了。只要細胞裡擁有足夠的材料，能供應它們運作時需要的能量，那人體就能繼續維持良好的運作，而且肚子也會感到飽足。一頓營養均衡的餐點，大約能夠幫助人體維持這樣的感覺直到四到六個小時久，在這段期間，細胞忙著先將長鍊碳水化合物分解開來，接著再把分解後形成的葡萄糖分批有序地慢慢搬進血液裡。如此進行下去，總會達到某個血糖指數低到不能再低的時刻，這時細胞裡再也掏不出什麼材料來繼續製造能量了。胃內壁黏膜這時就會下令所有的「飢餓荷爾蒙」，也就是飢餓素，從它身上分離出來，它給的訊息只有一個，清楚又明確：「抓起食物！」我們開始感到飢餓，該是時候找下一頓均衡營養的餐點了。如果這就是你身體裡每天發生的狀況，那麼一切都運作完美，恭喜你！

很可惜地，在相當多人身上，這套運作程序並不總是這麼一回事，而這一切紊亂的後果就是胰島素阻抗，接著是第二型糖尿病，直到最後演變成代謝症候群。所謂的「代謝症候群」所包含的範圍包括醣類代謝障礙、血脂代謝異常，一般通常伴隨著肥胖、體重過重及高血壓。這個疾病目前正困擾著德國五成以上的成年人——而且數字仍在持續增加中（參見第三章第一節裡的「代謝症候群：一個有害健康又充滿風險的連結」）。

胰島素阻抗：細胞啟動的保護程式

一小塊巧克力、一小口水果優格，或是一杯瑪其朵拿鐵加糖，或許餐與餐中間再來一塊蛋糕好了，除此之外還有各式各樣的軟性飲料、各種口味的果汁以及水果冰沙和冰紅茶，當然還有最近流行的新玩意——看起來相當健康又新鮮現榨的各種特濃排毒飲——時不時地吃這些東西以及喝這些飲料，對於我們許多人都是再正常不過的事，但是這卻會導致人體內血糖與胰島素之間的平衡關係大亂。假如我們每次都是將糖分以這樣的形式，也就是相當簡單的碳水化合物型態，直接注入到身體裡，而當這些糖分抵達我們的腸道時，它幾乎沒辦法對這些糖分做任何動作。於是它只好原封不動地將這些糖分大批地再往後送，結果是什麼？當然是身體的血糖濃度急速上升。胰臟一接受到訊息，當然是立刻以大批強力的胰島素反應來回應這樣急速的緊急狀況。正因為胰島素傾巢而出的緣故，血液裡的血糖值又再度急速降下，於是我們很快就又感到飢餓——接著就會抓點零食甜點來充飢。有些人一整天的進食就是這樣不停地鬼打牆循環著：他們不停地要吃些什麼東西，甚至會經常如此但卻沒覺得有什麼不對勁。反正吃的都只是些小點心，不是嗎？

如果身體長時間下來，經常性地必須應付重量級的胰島素阻抗狀況，就因為我們不停地給自己餵食碳水化合物的緣故，這就意味著我們的細胞及大腦必須不停地承受壓力，而這樣的壓力情況會對健康的新陳代謝循環造成兩種反效果：

一、胰島素強迫幾乎數以億計的全部肝臟細胞、肌肉細胞及脂肪細胞敞開大門，將數量龐大的葡萄糖毫無節制地灌入細胞裡的粒線體，多到以致於粒線體根本來不及消化與處理：導致粒線體過熱、過度運作的危險升高。細胞內的氧化逆境現象開始形成，接著將摧毀細胞。

二、胰島素大量釋放之後，血液裡的血糖值理所當然快速地大幅下降，突然感受到糖分缺乏的大腦（畢竟大腦只能使用葡萄糖來製造能量），為了回應這個變化，於是釋放出壓力荷爾蒙腎上腺素。要知道腎上腺素這個東西唯一能傳達的訊息，就是把身體裡的戰備儲存糧食肝醣盡快地動員起來，好釋放出來平衡血液裡現在的糖分缺口。腎上腺素則會迫使人體的心跳加速、汗腺分泌爆發、肌肉顫抖，或者很簡單地，突然拚命大量地抓取甜食來吃。

對人體器官組織而言，血糖指數的劇烈下降，是最強烈、最緊急的刺激，促使身體想要立刻越快越好地大量進食。如果每天習慣要在喝了加糖的濃縮咖啡之後，還要再喝一罐含糖飲料，或者再吃一塊蛋糕，血糖值每天像是坐雲霄飛車一樣上衝下洗，那麼長期下來我們的胰臟天天都得與各種荷爾蒙壓力搏鬥，也就不是太奇怪的狀況了。

因此，我們的細胞必須要站起來自己保護自己，而針對這點，細胞也早就發展出一套相當獨特的方法：它們一概不再理會胰島素所傳來的訊息，也就是對胰島素產生抗拒行為，不再應聲派送運輸車去細胞膜外接收糖分。這些糖分於是只能留在血液裡，而眼前這個光景，就是大家最不願意見到的胰島素阻抗。

如果細胞對於荷爾蒙所需要的效果來個相應不理，這將對我們的身體產生相當不舒服的後果：我們的體型開始改變，我們的體重一飛沖天。這是因為慢慢高升的胰島素指數將著手和性激素，也就是雌激素與雄激素，聯手找出一個解決方法，逼迫血液裡這麼多的葡萄糖找到宣洩的出口。所以就只能在身體裡四處找空位，把這些多餘的能量塞到各式各樣的器官組織裡。這就形成了年過五十的人最常見的幾種體型：

- 男性最常擁有因睪固酮失調而產生的肥胖肚子，而女性的大腹便便則很常是受更年期到來影響而產生過高的睪固酮所造成。

■ 在雌激素分泌失調的女性身上，最常見到大腿、臀部及腰部肥胖的體型。
■ 許多看來相當纖細的女性也有同樣的問題，這些女性通常沒什麼肌肉（典型的孕酮類型），一般來說，所有的脂肪分布在全身上下各處。這種女性通常並不會肥胖得太過明顯，但她們身材所面臨的問題也一樣嚴重。

附帶一提，通常有著雌激素失調的女性病患，由於明顯較能承受身體脂肪率，也較能儲存脂肪，也因此在面對像是新陳代謝疾病這類的慢性疾病時，能較好地保護細胞。在這些女性身上的健康問題，例如第二型糖尿病，通常會比起其他的體型晚上五到六年才浮現出來。

胰島素阻抗及其引起的脂肪儲存問題，會衍伸出各式各樣的新陳代謝疾病，而這所有的疾病幾乎都不可避免地會出現代謝症候群的症狀，它幾乎成了五十歲後最普遍的新陳代謝疾病。

胰島素阻礙脂肪分解

在人體的脂肪組織裡，脂肪會自行不停地製造、重整、分解出來，就如同你在前面所讀到的一樣，胰島素甚至會命令脂肪細胞打開來以接受與儲存葡萄糖。只要身體需求，這裡的糖分就會透過糖解作用（參見第二章第二節裡的「糖解」）轉換為能量以供使用，或是透過脂肪合成作用重整為脂肪，接著儲存在脂肪組織裡以備不時之需。正因為胰島素能促使脂肪酸形成的緣故，因此胰島素也大量地參與了所有身體脂肪圈、脂肪儲存庫、脂肪小肥肚的形成。

不只如此，胰島素同時也試著大力阻止分解形成，也就是所謂的脂肪分解作用（參見第三章第一節裡的「脂肪分解：一連串複雜的能量轉換程序」）。理由很簡單，因為大自然是個相當重視經濟效率的體系：要去分解已經儲存好的脂肪，讓它們轉換成為能量，這實在太過大費周章了，既然血液裡就有現成的能量可以使用的話，何不就用血液裡的就好了。每次當我們吃完甜食後或是吃了一頓較甜的餐點後，血液裡的胰島素就會升高，一般來說，專門負責把脂肪儲存室裡的三酸甘油脂分解成一小塊、一小塊個體的酶素，這時就會再次被阻斷而無法繼續工作。

不論今天這塊點心有多小，不論它只是塊小餅乾、小熊軟糖，還是一塊巧克力或水果，或者只是杯甜飲，它就能激發胰島素分泌。就算這些甜食的分量根本就不能和一般的正常餐點相比，它們仍然可以阻斷酶素分解脂肪——反正現在血液裡有足夠的糖分了啊。

這就是大家都該理解的基本新陳代謝原則，而且應該要依照這個基本原則為自己制定正確有效的策略。只有當我們在餐與餐之間間隔四到六小時，不再進食任何東西之後，人體的器官組織才會開始啟動分解脂肪的程序。換句話說，這意味著這中間的四到六小時，請絕對不要喝甜飲，不能有濃縮咖啡，不能來杯頂著精緻細密奶泡的卡布奇諾及任何會帶來糖分的甜點。若真的想要吃這些東西，和進餐餐點同一時間吃，或者直接在飯後吃，就不會造成問題，這是因為體內的胰島素濃度反正在餐後都已經升高了的緣故。

荷爾蒙日常測量結果：多數人都缺乏！

對新陳代謝的循環及功能，人體內大量種類繁多的荷爾蒙會產生各式各樣的影響。這些荷爾蒙並不是個別獨自作業的系統，它們的分泌結果也會影響其他相關聯的信息傳導體的後續工作。因此最理想的檢測方式是一次檢查完整的荷爾蒙狀態，這必須包括至少三十種各式各樣的荷爾蒙才行。很可惜的是，現行的德國公家保險系統（GKV）只願意承擔保戶健檢時甲狀腺荷爾蒙的檢查費用。如果也想檢查其他的荷爾蒙指數，保戶就必須額外申請並明列有檢測必要的原因，也就是必須得到醫生證明才行。如果沒有醫生證明，剩下的二十九種荷爾蒙檢測費用，保戶就得自己掏錢了。

雖然透過這樣的方式，公保保險能夠省下相當多的花費，然而從我的觀點來看，卻是省在不該省的地方，省了小錢賠了大錢：最常見的結果就是病患因此得到了一份有缺陷的治療方案，就因為在診斷之前並沒有將最基本數量的荷爾蒙檢測納入考量。從下面兩個例子中，大家可以理解到，人體荷爾蒙系統複雜的程度，遠超過一個基於一、兩個簡單數字做出來的分析與解釋。

治療所謂「幾乎無從醫起」的橋本氏甲狀腺炎（參見本章第三節裡的「橋本氏甲狀腺炎：可怕的故障事件？」）時，需要不時地測量病患的甲狀腺荷爾蒙數值，如此才能精準地判斷正確的荷爾蒙治療劑量，或許從公保保險的觀點來看，看到醫生證明才承擔費用是比較經濟的請保方式，但是從醫生治療及科學的角度來看卻是一點效率也沒有。比較好的作法應該是，捨棄荷爾蒙指數測量或是除了荷爾蒙指數測量之外，再額外加測病患體內經常高低起伏的抗體指數，畢竟抗體在橋本氏甲狀腺炎患者身上的病徵，就是出現高低不均的數值，這樣一來才能從病患身上獲得足夠的數據來做出診斷。當然，這樣的檢測就會讓公保花費更多了。

另一個例子則是不孕症的治療，假如一個求子長期未果的婦女身上檢測出過高的催乳素，許多醫生並不會直接聯想到複雜的荷爾蒙失調，反而會直接按照症狀認為是棘手的腦垂體變化。（腦垂體會產生催乳素，催乳素會促進母親在哺乳期間製造母乳並抑制排卵。）雖然這樣診斷看起來是簡單多了，不過這樣的療程卻通常沒什麼效用。

經驗老到的內分泌科醫生想必相當明白我的意思，然而高額的費用壓力經常成為醫生無法好好工作的原因。因此，如果你恰好身為病患，當醫生不停開給你荷爾蒙治療的藥單時，請務必一定要詢問醫生，自己是否有其他荷爾蒙的問題。很可能一項荷爾蒙在你身上顯示不足，不過單純是因為另一項荷爾蒙在你身體裡有了變化後的合理反應而已，或許這樣的改變甚至是正確且健康、必要的。如果不進一步觀察這中間許多其他荷爾蒙的關聯，並繼續忽略身體隱藏的荷爾蒙缺失的話，那身體還會出現其他的毛病。因此在荷爾蒙治療上，請務必注意單單基於一項檢驗數值的治療方式！

我們不該將任何荷爾蒙與其他荷爾蒙分開來觀察，同理也適用於內分泌腺體，任何內分泌腺體都不該被獨立分開來觀察。每個甲狀腺腺體都和副甲狀腺腺體的功能息息相關，甚至有時與腎上腺分泌也有關聯。我們不該將這些緊密錯綜的關聯簡化，若忽略它們之間互相影響的關係，我們將永遠無法讓複雜的新陳代謝循環，特別是荷爾蒙代謝，如我們所願地回歸正常平穩。

正確檢測：談何容易！

我們能在人體的血清、唾液、甚至尿液裡，檢測到荷爾蒙的存在。但在大多數的情況下，這些體液裡只剩下相當低濃度的荷爾蒙，這是因為泰半的荷爾蒙早在器官組織的運作中就被消耗使用完了。為了要能感應出這些殘留不多、濃度又低的荷爾蒙，醫生需要使用相當敏感的測量方法才行。除了這點以外，檢測的時間點也相當重要，因為荷爾蒙並不是隨時隨地都會分泌出來，另外就算身體確實正在分泌荷爾蒙，也很容易迅速地被酶素及體溫分解掉。

我在這裡提到這點的最大意義，就是要告訴大家，荷爾蒙在身體裡的數值會每天依時間而有所差異，因此測量的時間點，對取得正確數值有很大的影響。更進一步來說，其實測量當下的生活環境、人體的狀態與生活習慣（是否處在高壓下、剛做完運動之類）都必須一併考量。因此，真正可以正確測量荷爾蒙的時間段並不多。

若想要正確測量某些特定的荷爾蒙，例如降鈣素或是副甲狀腺素，那甚至在抽血完成時就必須立刻將血液樣本冷藏保存，因為只有這樣才能在分析時獲得正確且有效的結果。若按照診所一般所使用的傳送方式，等到血液樣本送到實驗室時，通常已經過去好幾個小時了，在這運輸過程中血液樣本若有什麼變化，就會對樣本檢測結果造成偏差及影響。就算只是檢測唾液裡的荷爾蒙數值都會產生不同的結果。這是因為這些血液樣本多數時候是透過郵車傳送，經過了一路的運輸路途、行駛晃動，實驗室也只能基於真實數據再視情況做出分析。如果診斷的醫生也不太清楚這些影響因素，而且沒有將這些因素加入考量的話，很可能就會做出錯誤的判斷。

我衷心地建議：若想得到真正確切可靠的荷爾蒙數值，最佳的方法是直接開車前往實驗室，在實驗室當地抽血、進行唾液或尿液取樣。

第4節　酶素與輔酶：新陳代謝的加速器

酶素因為時常和荷爾蒙一起發揮作用，也就經常在談論時被大家和荷爾蒙混為一談。正確來說，荷爾蒙是左右我們循環代謝以及可以改變循環代謝反應的東西，而酶素則是控制循環代謝這項工作的東西。它就像是催化劑一樣，功用差不多就像是細胞的「清醒劑」，能夠讓細胞內的粒線體瞬間回歸到準備反應的最佳狀態。

從生物化學的角度來看，酶素其實應該歸類在蛋白質裡。但是有部分的蛋白質要發揮功效時所需要的並非酶素，而是輔酶。輔酶是相當輕易能和酶素區別開來的非蛋白類。不論如何，這兩者的共同主要任務，就是加速循環代謝的化學反應，並且提升特定粒線體的反應速度。酶素和輔酶在人體組織器官有著無數種不同的組合變化，不過不論是哪一種，通常它們的名字就代表著它們的作用。舉例來說，如果今天這個酶素是用來催生刺激氧化作用（Oxidation）的話，那麼這個酶素的名字就叫做「氧化還原酶」（Oxidasen），而如果今天這個酶素會對分解蛋白質產生影響的話，我們就稱它為「蛋白酶」（Protease）。

酶素和輔酶可以說是我們細胞的天然「非法興奮劑」。也正因如此，對於酶素的診斷學，這幾年也慢慢變成顯學之一。這類診斷學的效用就在於能夠相當精準地判斷出循環代謝的正常與否，甚至能夠判斷器官組織的功能是否正常，肝臟的酶素數值就是個例子。

酶素及輔酶的特殊之處，就在於每一項組合而成的變化，都只會剛剛好適合身體裡一個特定的物質（學術上稱為培養基〔Substrat〕），而且只有在身體的特定器官組織裡，才能發揮它應該發揮的作用，換句話說，一項酶素與輔酶的合成變化是不可能在不該屬於它的地方被發現的。在我們的各處器官組織內，也因此存在著各式各樣適得其所得的酶素：目前為止醫學上所知的已經有大約三千種，學者甚至估計，人體裡大約存在著五萬種左右的酶素。

更有意義的是，透過酶素所引起的反應相當受限於溫度。對人體而言，這項特別之處的意義便是：在人體正常體溫三十七度之下，是啟動酶素反應相當適合且良好的溫度。如果溫度太高，例如發燒的情況下，那麼酶素的蛋白質結構就會受到損害，酶素的功能也因此失效。

更實際上來看，這對運動及運動員有著相當實在的意義。運動前的暖身當然能夠有效地幫助啟動酶素反應並活化人體內的許多生物化學運作程序，但這些都只有在溫度不要過高的時候才有效果。這點特別可以在耐力運動的比賽項目中觀察到：當氣溫過高時，通常運動員的表現都不會太好，這是因為當身體經過了長時間的運動之後，體溫已經過熱，所以酶素反應活動也通常非常低下。這也是為什麼專業頂尖的馬拉松跑者通常傾向在較冷的天氣比賽，這是為了能讓身體的酶素反應及其他生物化學運作程序能發揮它們真正效用的緣故。

大受喜愛的輔酶 Q10

最有名的輔酶，莫過於輔酶 Q10了，它也稱為泛醌（Ubichinon-10），這是因為藥妝店為輔酶 Q10冠上了許多能夠明亮肌膚、撫平皺紋的功效。輔酶 Q10能夠直接影響粒線體，並藉此直接影響細胞的能量生產，這是因為它會直接參與氧化磷酸化作用（藉由使用在分子上傳送過來的焦磷酸鹽以及磷酸裡的氧氣）的過程，透過這樣的過程，就能滿足我們細胞裡絕大多數（大約百分之九十五）的三磷酸腺苷需求。一般成人在正常飲食情況下，每天會攝取到大約三到五毫克的三磷酸腺苷，以及足夠的Q10。人體幾乎不會有缺乏輔酶Q10的情況發生，唯一的例外是病人，例如體肌病（肌肉疾病）。就算是有循環代謝問題或甲狀腺分泌問題的人，也幾乎很少會引發輔酶Q10不足。能獲得相當良好且豐富的Q10的天然食物來源有肉類、油脂豐富的魚類、雞蛋、奶油、天然植物油、堅果、豆莢果類以及馬鈴薯。只要保持均衡且多樣豐富的飲食習慣，你就不需要為體內的輔酶Q10數量擔心。

第5節　細胞的出生到死亡：間接核分裂、自噬、細胞凋亡

細胞是人體裡最小的運作單位，而這些細胞的循環代謝就是塑造我們健康的基礎。每個成年人身體裡大約有六十兆到八十兆的細胞數量，這些細胞大約可被歸納成兩百種類別。全部的種類合在一起就創造了這個世界上最神奇的機器——人體，如果一切維護正常，這台機器能夠運作一百年，不，甚至是一百三十年也不會出什麼差錯。這一切能夠實現，都是由於我們的細胞不停地藉由循環代謝在分解、重整及組建的原因。大自然構想出了一套鬼斧神工的系統，能讓這個循環代謝運作順暢無誤，不停地進行細胞組建與細胞分解，這套系統就是間接核分裂、自噬與細胞凋亡。

我們體內多數的細胞，都有著下表所列出來的有限保存期限，過了保存期限之後，它們會死亡，然後被重組。我們的身體就是透過這套品管系統來維持細胞的工作，並讓身體攸關生死的重要器官能夠幾乎一生保持在與青少年時幾近一模一樣的年輕狀態——前提是你的生活習慣正常，以及沒有永遠處在極端的壓力環境下。

身體細胞的生命年限

所有細胞的生命週期當然不完全相同，但平均而言我們可以得出如下的生命年限：	
小腸細胞	2天
白血球	少許幾天
胃壁粘膜細胞	7天
肺細胞	8天
大腸細胞	10天
唇部細胞	14天
皮膚細胞	14～50天

紅血球	120天
心臟細胞	每年心臟會更新百分之一到二的心臟細胞
骨骼細胞	10、15年
肌肉細胞	15年
眼球的水晶體細胞	終生
耳朵內的感應細胞	終生
汗腺	終生
頭皮細胞	終生

細胞分裂：新陳代謝中最困難的工作

細胞分裂（學名Zytokinese）是個絕佳的妙語，它完美地描述了新細胞形成的過程：一個原始的細胞的胞質溶膠以及所有其他的細胞組成部分，將分開變成兩個、甚至更多個子細胞，這些子細胞將會接手原始細胞的任務。對於生長（骨骼、肌肉、頭髮、指甲）與發展，以及生育繁衍，還有細胞永久持續的順暢運作而言，這項過程是無可取代、至關重要的一項程序。

細胞分裂的方式可以區分為幾種。減數分裂（Meiose）是一種特殊的細胞分裂方式，能形成單倍體細胞（又稱配子）。另一種方式則是間接核分裂（Mitose），是形成身體細胞的方法，對我們的健康狀態以及老年生活能否維持健康，具有相當大的影響力。細胞分裂的一開始多是由細胞自己主動發生，有時也會由鄰近細胞所啟動。除此以外，我們的荷爾蒙也在細胞分裂上有著絕對的主導權力。舉例來說，要是沒有睪固酮的存在，人體肌肉的生長就會受到相當大的限制。

細胞必須不停分裂，好讓失能的身體組織能夠代換淘汰，新鮮的細胞得以形成。為了達到這項成果，細胞的外殼會隨著時間越來越緊縮，直到束成一束，最後切成兩個細胞並彼此分開為止。這就是如何從一個細胞生成兩個全新的「新鮮」子細胞的方式。舉例來說，我們的皮膚週期最長每五十天會全新更換一次，還有我們即便處於老齡，每年身體裡的全部血液也會完全更新三次，以全新的血球替我們「換血」，而上面這個流程就是這些細胞更換的基本方式。

細胞分裂時首先會由母細胞內的細胞核開始分裂，接著母細胞其餘的組成部分

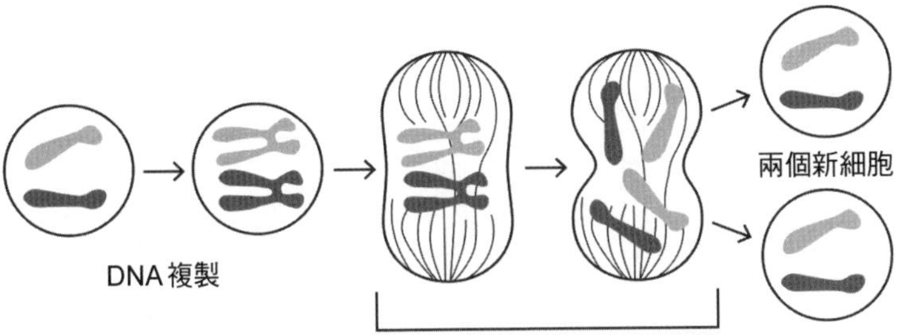

間接核分裂

會逐漸轉型成兩個子細胞。這樣的核心分裂順序是產生良好的細胞分裂流程的前提，這是因為只有這樣，才能確保形成的兩個子細胞能擁有和母細胞完全一致的基因組（DNA）。細胞分裂一開始的時候，母細胞裡的基因組會從中間分裂成一半，接著這些缺了一半的基因組，會漸漸地自己重新長出另外的半邊，這樣就能在細胞核內形成兩條序列一模一樣的基因組了。接著細胞會自己切成一半，形成兩個新的細胞，感謝這組基因序列，接著胞器也能藉由基因序列重新製造出來，最後我們就有了兩個一模一樣的新生年輕細胞了。（細胞胞器是細胞內一個具有一定型態結構的部分，它能執行特定的生理功能——就如同我們身體內的器官一樣。）不過隨著年紀增長，這個分裂與複製的程序會越來越常出現複製失誤，一旦出現複製失誤的情形，通常就會導致退化。

此外，很可惜地，我們的細胞並不能無限地永久不停分裂下去——如果可以的話，這就意味著永生是可能的了。染色體的最終極限週期數字，也就是所謂的端粒，在每次細胞分裂後都會再縮短一點並藉此控制細胞分裂的次數。因此，如果端粒到達了一個長度極限，細胞就會進入細胞凋亡的程序或是走向細胞老化。意思就是它們會開始死去（細胞凋亡，也就是細胞在基因上計畫地系統性死亡，請見接下來的解釋），或是它們不再繼續分裂下去並開始老化（細胞老化）。因此，端粒通常被當作是細胞老化程序的一項觀察指標。當然，染色體兩端越趨減短的速度並非永遠總是天生的，大多數時候也取決於我們的生活習慣。

萊比錫醫學大學（Universitätsklinikums Leipzig）心臟科在二〇一八年所發表的研究裡清楚地指出，有目標的耐力訓練不僅能防止細胞老化發生，甚至還能延長端粒！這項研究由烏里希・勞夫教授（Prof. Ulrich Laufs）指導的研究團隊完成，研究基礎為兩百六十六位健康的受試者，這些受試者年齡皆為五十歲上下，受試者必須參與為期六個月、每週三次四十五分鐘的耐力訓練。受試者中再分成許多更小的群組，有些進行耐力訓練、高強度間歇訓練（HIT）或是重量訓練。在受測期間，研究人員不停地將參加耐力訓練及高強度間歇訓練的受測人的端粒酶，也就是負責促成端粒再生的酶素，與其他只單純參加重量訓練的受測者的端粒酶的活動量做對比，這才發現，就連端粒的長度也顯著地加長了。這項實驗證實，透過有目的的耐力訓練，並從而優化我們的免疫及心血管系統狀態，的確能逆轉細胞內的老化過程。研究證實，這套訓練甚至成了真實的細胞返老還童療程。

知名的德國運動醫學期刊也在二〇一〇年報導了埃爾朗根大學（Universität Erlangen）沃夫岡．克門樂博士教授（Prof. Dr. Wolfgang Kemmler）的一篇研究，研究中相當完美地證實了運動能改善並控制細胞分裂及細胞凋亡的規律，這份研究的根據是為期十二週長的肌肉電刺激訓練。這個研究團隊發現，特殊的「運動敏感」基因對細胞發展有著相當正面的影響，而且在癌症治療上的效果更好，甚至能夠改善並影響細胞的脫軌行為。

自噬：細胞淨化以及回收再利用

為了讓細胞在它生存的期間能夠良好又健康地進行循環代謝，我們的身體其實還具備了另一項神奇的機能：自噬，你也可以將它理解為細胞的垃圾車。這個細胞清潔程序能確保所有在循環代謝時所產生的老廢物質通通被清除乾淨，它同時也會將損壞的細胞組織一起分解掉。原則上來說，自噬就像是一個天然的資源回收再利用程序，或者像是廢物利用，因為細胞其實並不會真的排放出些什麼垃圾，取而代之的比較像是「消化」這些垃圾，把這些資源重新組合成脂肪、碳水化合物以及蛋白質組成成分，這些物質都是接下來能夠在細胞建構過程中再次被使用的。這正是自噬這個詞的由來：字面上來看的意思正是「自己吃掉自己」的意思。確切地來說，就是胞器和蛋白質會分解成各自的化學組成物質，好讓新陳代謝作用能再度有可以使用的材料來組建新的細胞。

科學界大約在一九六〇年就描寫出細胞自噬的現象了，不過在那之後的數十年裡都沒有更詳細的深入研究，以致於至今為止我們對這個現象的理解仍舊不完全。直到最近十年醫學界才對此有了新的觀點，認為這其實是細胞程序中最重要的一環。對此貢獻最大的莫過於日本東京大學的大隅良典教授，二〇一六年他因細胞自噬機制的研究而獲得諾貝爾獎。

我們可以在顯微鏡下相當清楚地觀察這個程序：一開始的時候，在細胞廢棄物的外圍會生成一層薄膜，這是所謂的自噬體（autophagosome），這層薄膜最長的生存時間紀錄大約是十到二十分鐘。接著它會與溶酶體相遇並溶解成渾圓微小的囊泡。在這個迷你的微小胞器裡，大約含有五百個酶素以及磷酸酶。這些酶素與磷酸酶能夠將所有汰換下來的細胞廢物分解成單一的組成物質，比如說將蛋白質分解成胺基酸。至於能夠再次使用的物質就會被送回細胞的胞漿裡。這些物質能夠在細胞循環代謝時，再製造成其亟需的養分或其他分子。就如同掉髮專門研究者法蘭克．馬德歐教授（Prof. Frank Madeo）在二〇一四年所描述的一樣，在這個程序上，大約有三十五組不同的基因在輔佐幫忙，並統整控制著這個內部的分子消化程序。至於其餘無法再被使用或重組的老廢物質，則會隨著淋巴液被排出細胞。

在這項回收再利用循環程序裡，蛋白酶體扮演著重要的角色。蛋白酶體是個擁有許多不同蛋白質的迷你複合體。它能將細胞裡已經使用過的物質分割成個別部位，接著遵照這種方式不停地將這些物質分解。分解出來的東西有縮胺酸、短鏈胺基酸。這類型的胺基酸對人體有很好的價值，因為這類型的胺基酸可以再被分解得更小，最後它們就能順利地再游回細胞中的血漿，在那裡再次被用來組織成新的蛋白質或是用來製造能量。

這個細胞零件自行分解、再組織的程序，將會以保持和諧的細胞體內動態平衡狀態為前提，如此永久地持續進行下去，完全就是個鬼斧神工的生態平衡系統。當細胞處在壓力之下時，這套平衡系統會更為強壯。細胞壓力情況主要來自幾種原因，例如明顯的進食過少（齋戒時）、過高的能量負荷（運動時），以及環境壓力或是被病毒與細菌感染。

關於齋戒是否真能刺激細胞進行細胞自噬行為，並藉此達到淨化清理細胞的作用，在人體的研究結果上還無法證明，這是因為大多數的研究目前為止都僅是建立在動物實驗的結果上而已。不過，齋戒的確能夠對細胞帶來真實的壓力。在老鼠及大型鼠的實驗上，研究者已經證明，超過二十四小時沒有給予飼料的情況下，可在實驗老鼠大腦裡觀察到更強大的細胞自噬活動。胰臟、肝臟及膽囊的反應甚至比二十四小時更短。至於實施間歇性斷食，也就是所謂的一六：八方法，是不是也能夠有效地刺激細胞進行自噬行為並協調細胞循環作用，這點目前尚沒有足夠的資料可以證明。不過，多數的科學家對此抱持懷疑的態度。

目前我們所知道的是，長時間保持細胞能量在一個相對偏低的數值時，就能夠刺激細胞進行細胞自噬作用。巴賽隆納大學的知名教授費德利克．皮特洛可拉

（Federico Pietrocola）的研究結果更強力證實了這點，當人體攝入的卡路里量限制在約七、八成原本必需的總卡路里量時，就能對身體的回收再生程序發揮相當大的作用。目前學界尚無法確定的是，究竟這個限制飲食的措施至少要持續多久，才能順利啟動細胞自噬程序。根據目前最新的研究報告顯示，一般會建議要持續四十八到七十二小時，才能讓細胞自噬發揮徹底修復及青春返老的效果。由於胰島素會強烈地壓制細胞自噬，在這段時間內保持血液內胰島素濃度低下就更為重要。

根據西班牙學者的研究，減少攝入碳水化合物，將能幫助人體更快啟動損壞細胞組織的重新回收再利用程序，如果能再加上肌肉運動的話，則更是事半功倍。這是因為運動正是完全天然的能量消耗方式，它能不停地讓組織器官處在營養缺乏的狀態。這時候細胞自噬的運作速度加快，並且主動將多餘或損壞的細胞部位分解，好釋放多餘的材料轉換成能量供細胞使用。細胞接著還會使用這批能量，來生成迫切需要的分子。短短幾天的齋戒斷食或是低碳飲食（Low-Carb），完全切斷所有的碳水化合物來源，這對細胞的效果就像是嗑了非法興奮劑一樣，相反地，如果不停吃入富含能量的食品或含有高度糖分的飲料，就會壓制細胞自噬作用，並因此阻礙體內細胞回收再生的循環。

如果今天細胞已經嚴重受損，或是它們已然到達了細胞生命的極限，組織器官無法再透過細胞自噬將這些廢料轉換成什麼有用的東西的話，那麼身體就會啟動另一個機制：細胞凋亡。

細胞凋亡：細胞的自殺計畫

在我們身體內，每一秒都有數以百萬的細胞正計畫著自我滅亡，好讓其他的細胞能夠繼續生存下去，或是重新形成。這個型態下的細胞死亡就稱為細胞凋亡（Apoptose），這是一個計畫縝密而周全的生理過程，這趟過程對人體器官組織的發展、再生、供養——尤其是老化——具有極其深遠的意義：在這趟過程中，每個細胞都會按造計畫被逐一篩選過濾，接著按照計畫被新生細胞取代。這全部的過程是如此繁複精細，涉及許多單一特別的程序，至今科學界也不敢說已經掌握了整個細胞凋亡的全部相關知識。細胞凋亡行為首次出現在醫學紀錄裡，是在一八八五年華爾瑟・弗萊明教授（Prof. Walther Flemming）一份關於計算細胞死亡過程的研究裡，時至今日，醫學界裡對相關主題的討論仍舊意見不一。

唯一能夠相當確定的是，細胞死亡是由一個獨立自主運行的基因程序所主導的過程，基於這項關鍵因素，細胞死亡和許多其他程序例如細胞壞死（參見「細胞壞死：提前到來的細胞死亡」）是從基礎上就完全不同的事情。一個細胞是否會在經歷了極端的外界壓力因素（炙熱、物理刺激、毒素、營養失衡等等）而被損壞到完全壞死，這多半和外界的壓力程度與壓力對細胞產生的反應有關。一般情況之下，輕微的壓力會刺激細胞的自我修復機制並啟動細胞自噬活動，好讓細胞能夠在壓力狀態下為了存活下去，可在脆弱或受損之處自行重新組建或整體送交細胞自噬活動以再生出新細胞。中強程度的壓力也可能會誘發細胞凋亡活動，但是過度強力的壓力則會直接讓細胞壞死。這是兩者基本上的差別。

細胞壞死：提前到來的細胞死亡

強度過高的壓力，在大多數的情形下會超過細胞自我修復機制及細胞自噬所能夠承受的範圍，因此不會發生上述的活動，反而導致細胞壞死。褥瘡便是一個相當淺顯易懂的例子，皮膚因臥躺習慣不正確而承受壓力以致最後潰爛，便是一場細胞轉變到壞死的過程。細胞壞死絕對是一個疾病的過程，而且總是起因於組織受損、營養缺乏或毒素沉積，在這些影響因素下，細胞漸漸失去了它們控制循環代謝的能力。它們沒有照著計畫啟動細胞凋亡，反而是讓細胞自我膨脹，直到再也無法承受而爆裂為止。爆裂後，細胞碎塊不受控制地往各個器官組織飛散。我們的身體當然不會允許這種事情發生，於是啟動我們的免疫系統，好抵抗這個被誤認的入侵者。就如同細胞自噬活動一樣，這時大批的巨噬細胞冒出來搶著清除這些細胞廢物，但是沒想到細胞壞死之時除了爆裂之外，還會另外刺激人體產生發炎反應——這些發炎反應尤其在引起中長期免疫問題上非常在行。這類的小型發炎反應也稱作「無徵兆的發炎疾病」（silent inflammations），通常不會被察覺，但若發生的頻率過高，就會在器官組織裡形成許多傷害：它們會不停地干擾身體的防衛機制並弱化免疫系統，身體將變得越來越容易生病。

如同先前提過的，我們大多數的細胞都有一定的生命長度。一旦細胞活到了生命終止的時刻，就會自動自發地啟動基因裡已經計畫好的循環代謝程序來啟動死亡，這就是所謂的細胞凋亡：這些細胞會越縮越小，直到它們系統性地一起分解為最初成為細胞之前的基本物質為止。巨噬細胞，也就是免疫系統的吞噬細胞，會將這些細胞廢物完全且一點也不剩地分解殆盡。不同於細胞壞死，這個過程並不會誘發身體的發炎反應。細胞壞死必然會導致身體組織的毀滅，而細胞凋亡卻會刺激細胞新生並取代死亡的細胞。在整個循環代謝系統中，還有對整體器官組織而言，這就是細胞凋亡最重要的功能：

- 它能刺激細胞與組織返老回春。
- 它能協助保持細胞數量穩定，並以此功能保護並維持組織健全。
- 它能分解無用的、特別是帶有風險的細胞；免疫系統裡的細胞尤其需要這項功能。
- 它能幫助中樞神經系統的生長與發展，更能維持神經系統良好的適應能力。

在五十歲後的新陳代謝中，特別容易被自由基（參見第二章第四節），也就是所謂的活性氧，誘發氧化逆境，這又會刺激老舊細胞啟動細胞凋亡活動以及新細胞的間接核分裂活動。規律的耐力訓練能夠形成完美的刺激，好誘發身體產生新鮮、健康又有活力的新細胞：因為在做耐力運動的時候，細胞內的粒線體必須加倍運作，這樣一來就會形成更多的自由基。許多研究都認為，啟動這項過程的主要角色，非粒線體莫屬。最大的原因就是因為粒線體擁有獨特的粒線體蛋白質，即所謂的凋亡誘導因子（AIF）。凋亡誘導因子被視為細胞凋亡活動的天然啟動器。藉由人體規律的耐力訓練能夠讓細胞更有效率、更快地自我更新，如此一來我們就能保有年輕的細胞與活力，換句話說，透過這個方式，我們就能擺脫伴隨細胞老化而形成的外表老化的自然現象。

重點是，所有上述的老廢物質清理及新生細胞組建程序，都是視每個人的身體需求而定。例如，如果身體正在進行高強度的肌肉訓練，這時肌肉系統會需要進行相當多的修復及分解程序，那麼上述的整套活動就會全速地動員。因此對於我們的細胞裝備來說，體能活動及運動是真正的青春泉源——和長時間維持久坐或平躺的人，也就是較為怠惰的人相比，擁有規律運動習慣的人，他們的身體細胞有著天壤之別。

此外，同樣的道理也適用於齋戒斷食、長時間限制碳水化合物攝取的器官組織上，這時這些器官組織所獲得的養分和建築材料相當少，於是細胞自我消化便會立即啟動，所有細胞裡不是迫切需要的東西，都會被支離分解並轉換成能量，以支持循環代謝的基礎功能（請參見第五章第三節裡的「躺著什麼都不做就能消耗能量：基礎代謝率與靜態能量消耗值」），好讓我們的身體能夠繼續維持活力。這樣的肌肉細胞自溶情形，也可能發生在一個人生活型態相當懶惰的時候，這是因為對於身體而言，閒置不用的肌肉組織，看起來就是一座相當龐大的能量及基礎建材來源。我們的器官組織雖然可以在短時間以這樣的方式暫緩我們進食的基本需求，但是長時間而言，這種行為仍舊會損害我們的新陳代謝系統，這是因為斷食情況下的循環代謝缺少有效質量的關係。對身體而言，這當然不是一個大家樂見的狀態，也因此長時間的營養攝取不足，特別是遠低於新陳代謝所需的基礎熱量，對身體（閒置不用的）肌肉組織而言，是件相當危險的事情。

老化：細胞更新程式罷工中

即便我們能透過良好的生活方式來對身體的老化現象產生相當大的正面改善，但許多研究仍舊指出，人體在五十歲以後的老化，大多數是因為細胞清潔、除去老廢物質的功能受到限制，甚至是因為失去這項功能。老化後的細胞顯然不再有能力將廢棄物質全部排除出去或是回收再利用。這些老化細胞反而會「堆積垃圾」在體內，因此漸漸喪失它們原本的循環代謝運作能力。

對於生命週期非常短的皮膚細胞、血液細胞或腸道細胞而言，這並不是什麼很嚴重的問題，反正它們會依循自己相對快速的生命週期。但對於骨骼細胞、肌肉細胞，這些平均壽命長達十二到十五年左右的細胞而言，這就是個干擾了：假設今天我們因為生活習慣較為被動，等於基本上在長期損害這套循環代謝系統，並導致循環代謝作用長期處在低效率的狀態下的話，那麼這些細胞極為可能就無法再像「年輕」的細胞那樣正常地發揮作用。這點在心臟細胞上的影響尤其顯著，因為我們的心臟細胞每年只會更新其中百分之一至二的細胞而已。換句話說，在心臟部位裡，絕大多數的細胞會生存超過十年以上，那理所當然地，如果老化細胞無法正常地將廢棄物質清運出去，而總是囤積在細胞裡的話，絕對會直接對器官造成問題。一種極端的狀況，是每個細胞終其一生都沒有更新過。這種極端狀況會發生在我們的感官細胞，像是眼睛、耳朵及平衡感細胞，它們都是終其一生不會更新的細胞。這個細胞老化現象會在我們老年時真實殘酷地體現出來，於是我們的視力越來越差、聽力越來越差、步履漸漸蹣跚。就連嗅覺及味覺都會因此出現遲鈍反應。細胞回收再利用以及細胞新生，不再會理所當然地運作無礙，不再是在所有需要的地方都會順利更新。神經細胞也會面臨同樣的命運，很可惜地，我們也必須推測，這裡的細胞也是終其一生不會更新的，因此在我們漫長的人生之中，它們遲早有一天會因為堆積垃圾在細胞裡而發生問題。

二〇一三年，義大利帕多瓦大學和波隆那大學、杜林大學的共同研究發現，在特定的情況下，我們或許有能力可對神經細胞產生影響。研究者將老鼠的神經細胞移植到大型鼠的大腦裡。一般來說，大型鼠的大腦有三年的壽命，而老鼠的神經細胞最長卻只有一年半的壽命。實驗結果顯示，老鼠神經細胞能夠更改自己以適應新的環境，最後神經細胞的生命延長：直到大型鼠的自然壽命結束為止，神經細胞都維持著相當良好的運作效率。從這項研究結果來看，研究者認為，透過特殊的治療方式，或是透過特殊的健康生活習慣，例如大量的運動、健康的飲食以及較少的壓力，老化的人類大腦一樣能夠繼續保持良好的運作效率。

這項研究結果特別適用於治療罹患失智症的病人。而現下德國這類的病患已經約有兩百萬人，而且有持續增加的趨勢。失智症的成因雖然每個病例皆不同，但是所有病患的共同點都是喪失功能健全的神經細胞，有些甚至是整片大腦的神經細胞全數消失殆盡。追根究底的起始原因，大多數都是由於腦神經細胞裡的不堪再使用、老化或甚至有缺陷的蛋白質複合物所產生的細胞廢物堆積與沉積。

失智症與阿茲海默症是兩種相當嚴重的結果，真實地呈現細胞自噬功能缺失或失能後對人體的影響。如果受損的細胞組成部分不能即時快速地被排除到細胞外的話，整個細胞系統及其循環代謝作用都將因此亂成一團。這時如果又有細胞外的垃圾進入到細胞裡，譬如細菌膜，因為循環代謝的運輸功能已不再像之前一樣順暢無礙的關係，垃圾堆積的問題就會在每個器官裡越演越烈，而在失智症病人身上，就是在大腦裡發生了這樣極端的情況。

就連對我們生命活力及生活品質有著極大掌控權的粒線體，在人體超過五十歲後也會開始顯現出一些不尋常的現象。這些現象尤其好發在年紀較大的細胞身上，例如神經、心臟、肝臟或腎臟細胞上，這些地方的粒線體將產生嚴重的問題：它們會隨著人體壽命增長而一起跟著老化，當年紀增長後，它們的分裂能力也受到負面影響。隨著年紀增長，它們的體積變得越來越龐大。在神經細胞或某些內臟器官細胞內，時常能發現隨著年齡增長而發展出的超大粒線體。這些粒線體大多數都是因為膨脹而體積變大，都已無法行使正常的功能。然而，這些粒線體所含有的大量蛋白質，卻不是細胞自噬（特別是溶酶體）能夠消化的。因此這些細胞裡不會有回收再生的活動發生，也不會有清潔排出的活動，所有的細胞廢物都無法被清運出去。這些細胞因此成了「一團混亂」，直到某天再也無法被使用。整個細胞的內部反應程序以及與鄰近細胞的溝通渠道一併被封死，也就是細胞壞死。

幸好，要克服這個問題的解決方法非常簡單。從無數的動物實驗結果裡我們得知，熱量限制能夠促進細胞自噬活動產生；生活在日本小島沖繩上的高齡老人，正是執行這個飲食方法而成功長壽的榜樣。只要減少大約百分之二十到三十的熱量，就能有效地使細胞自噬這項程序再次動起來。這方法成功的原因，或許是因為血液裡的胰島素濃度將會因此明顯降低吧。因為我們已經知道，高濃度的胰島素分泌，會強力抑制或減緩身體自發性的細胞回收再利用程序。

想要促進細胞清潔程序，除了限制攝取熱量之外，同樣重要的還有規律的有氧耐力訓練，這項方法能夠長久地協調葡萄糖與胰島素的循環代謝規律。透過有氧耐力訓練，能夠讓相對重要的器官細胞，例如神經細胞、心臟細胞及大腦細胞的老化程序緩慢下來，而這項結果已有大量研究支持。

澳洲墨爾本維多利亞大學所屬的健康與運動學機構就在二〇一九年發表了一份統合分析指出，每週僅需五十分鐘的慢跑，就能明顯地降低死亡機率。這份由契爾克．裴狄希克教授（Prof. Zeljko Pedisic）指導的研究結果發現，與完全不慢跑的人相比，有慢跑習慣的人

- 平均來說，死亡風險減少百分之二十七，
- 平均來說，罹患心血管疾病並因此致死的風險減少百分之三十，
- 以及，罹患癌症並因此致死的風險減少百分之二十三。

這些統計結果也同樣適用於一週僅慢跑一次，或是每週慢跑時間比五十分鐘更短的

人。此外，研究者並沒有發現任何其他的證據足以顯示，拉長慢跑時間有助於提高這項數值（如果你是慢跑運動的熱愛者，請千萬不要被這份數據澆熄熱情），研究者只是保守地認為，目前能夠取得的研究樣本數目實在過少，因此不足以做出這個結論。然而研究者依舊認為，不論運動的「劑量」有多大，如果今天能有更多的人開始慢跑的話，絕對會對整體人類的健康及壽命有顯著的提升。同理，我們可以推想，這份研究結果不只適用於有慢跑習慣的人而已，同樣也適用於進行其他種類的耐力訓練的人們。

第6節　生理節律與循環代謝

人類在夏天時比在冬天時更活躍，女性每個月經歷一次月經，還有早上及傍晚時，我們的身體及心智效率，會比中午或晚上來得更好。這些明顯的身體功能及新陳代謝功能變化，相信每個人都察覺到了。我們也已經知道，身體在白天時主要進行的是能量循環代謝作用，而夜晚時主要進行的是新生與再生修復循環代謝。這些循環及其他更多的循環代謝日以繼夜永不停息地循環著，也因此稱為生理節律（Biorhythmus）。

但是循環代謝這樣的生理節律究竟是從何而來？一九九九年，倫敦帝國學院（Londoner Imperial College）的英國科學家羅素．福斯特（Russel Forster）首先發現生理節律的可能形成原因。福斯特證明了，在我們的眼球內，除了目前已知的視錐細胞與視桿細胞之外，還有第三種類型的細胞存在：感光細胞。這是一個具有高度光敏感的視網膜神經節細胞，它存在的唯一功能，便是感受光亮以及區分白晝與夜晚。接收到訊息的感光細胞，將這個資訊傳達給我們的大腦，而且是傳遞到大腦下視丘內兩個小小的、大約只有大頭針尺寸般的神經束裡，這裡就是所謂的視交叉上核。兩條神經束各自負責「它所屬的」半邊大腦，它們以這種方法共同控制並管理我們的生理節律，也就是人體所有的荷爾蒙與生命活力創造程序。它們就像是人體內建的鬧鐘與節拍器一樣，負責告訴身體「天亮了，我們必須起床」，或是「天黑了，我們最好躺下來休息」。基本上這兩個在眼睛裡小小的接收器，主導著人體循環代謝的節奏，而且會對人體生物化學與荷爾蒙程序的節奏與順序產生影響。換句話說，對於人體日常生活中的新陳代謝，天黑與天亮是兩個相當具有決定性的影響要素。

時間生物學家，是研究生命時間節律的研究學者，至今已經在人體內找出了無數個更多的身體時鐘與節拍器：不論是在心臟、腎臟、肝臟、消化器官、脂肪組織裡，就連在肌肉裡，都有特殊的接收器，這些接收器都有自己的時間計畫，並按照著這個計畫管控著我們的荷爾蒙以及其他的生物化學程序。就如同下圖所解釋的，這些接收器決定器官何時應該特別活躍、何時最好休息。

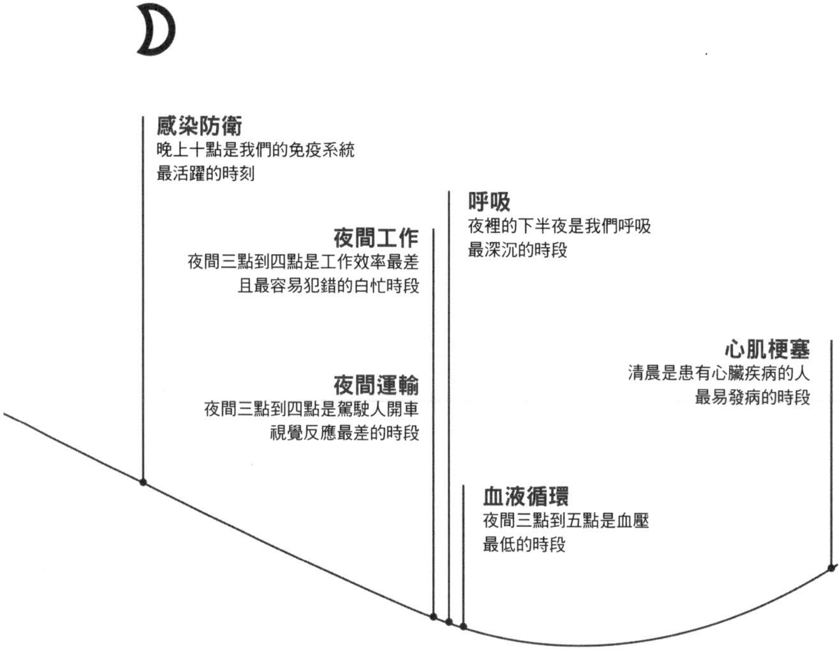
感染防衛
晚上十點是我們的免疫系統
最活躍的時刻
夜間工作
夜間三點到四點是工作效率最差
且最容易犯錯的白忙時段
夜間運輸
夜間三點到四點是駕駛人開車
視覺反應最差的時段
呼吸
夜裡的下半夜是我們呼吸
最深沉的時段
心肌梗塞
清晨是患有心臟疾病的人
最易發病的時段
血液循環
夜間三點到五點是血壓
最低的時段

在這個過程中，有一個主要的參與者相當重要，它是荷爾蒙麥拉托寧（Melatonin），它能形成褪黑激素。這就是我們熟知的睡眠荷爾蒙，當然除了這項荷爾蒙之外，我們的睡眠還受到許多其他荷爾蒙的影響。不過對身體而言，褪黑激素明顯是個大師級的荷爾蒙，因為它居然能夠直接或間接地對循環代謝的其他功能施加影響。目前針對麥拉托寧的研究在學術界正如火如荼地進行著，幾乎每天學

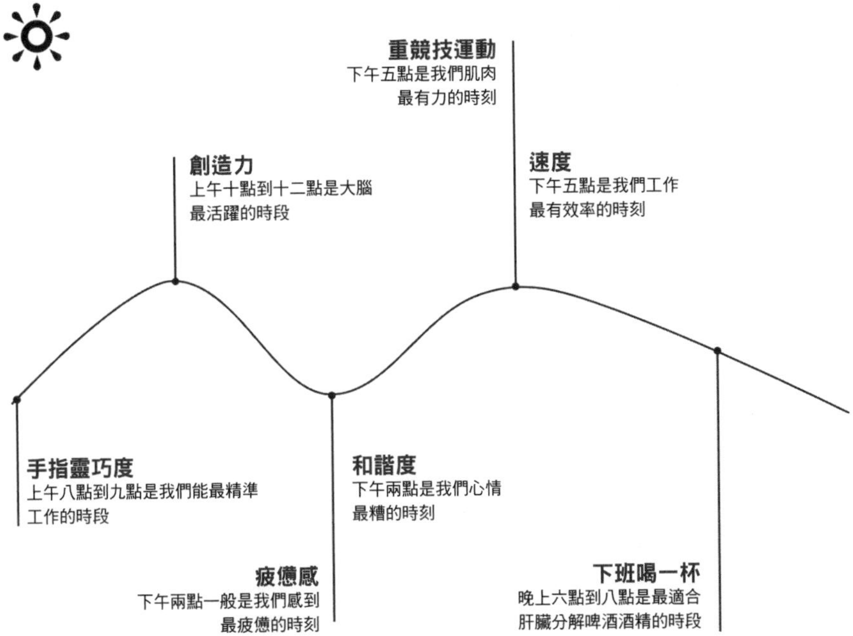
重競技運動
下午五點是我們肌肉最有力的時刻
創造力
上午十點到十二點是大腦最活躍的時段
速度
下午五點是我們工作最有效率的時刻
手指靈巧度
上午八點到九點是我們能最精準工作的時段
和諧度
下午兩點是我們心情最糟的時刻
疲憊感
下午兩點一般是我們感到最疲憊的時刻
下班喝一杯
晚上六點到八點是最適合肝臟分解啤酒酒精的時段

白天與夜晚的生理節律高低點

界對它都有新的發現。目前我們確切知道的是，一旦黑夜降臨，麥拉托寧就會急速上升，而在夜深的時刻（大約是半夜兩點到三點）則是濃度最高的時刻。過了這段時間之後，由於麥拉托寧的濃度逐漸下降的緣故，其他的新陳代謝程序才能漸漸地又重回主導權。麥拉托寧所控制的，顯然遠比單純地讓我們想睡還要多出許多。然而學界在動物界所觀察到的現象卻相當奇特：即便是夜行性動物也會分泌麥拉托寧，而且同樣是在夜晚時達到最高峰，而這個高峰時間點正是夜行性動物最為活躍的時刻。光是這點就足以證明，麥拉托寧所主導的，絕對不只有睡眠而已。至今為止，學界的認知仍舊無法清楚說明，究竟麥拉托寧在人體內又發動了多少反應、間接支撐著多少功能，或是藉此抑制了什麼功能。

過了五十歲後，人體內的麥拉托寧產量會以相當緩慢的速度減少，即便如此，人體依舊會有相當明顯的感受：與二十歲的青年人體內分泌的麥拉托寧數量相比，七十到七十五歲的人體平均只會分泌大約百分之二十五的量而已。科學家至今仍無法解釋，這究竟會導致什麼結果，以及究竟是如何引起的。

總之，我們的內在生理時鐘決定了我們的生活節奏。即便我們今天沒有外在的時鐘，也沒有外界的資訊，我們的身體仍舊會發展出自己的生活節奏，而這個生活節奏大致上也會和一般正常的生活節奏相當類似。我們會遵循大約二十四到二十五小時的節律，而整體的荷爾蒙與生物化學循環作用也會繼續在一個相當和諧的節奏中進行。這點已被大量研究證實。

即便是感光細胞今天接收到更多的資訊，我們每日進行的循環代謝也會據此每天和最新資訊校準。也正因如此，即便我們進行跨洲、跨時區的長途旅行，我們的生理節律差異依舊能在短短幾日內平衡回來。想想你經歷過的時差以及它對我們與體內循環代謝的影響：大約四到五天後，這些影響通常就能完全校正了。

青少年的每日生理節律也時常和父母的節律不大相同。如果青少年每日早晨要起床都好像是一項艱鉅任務，這並不是他們沒有興趣起床做任何事或是正值青春期想要反抗。這是生物學的緣故，在這個時間段，青少年體內的循環作用所要完成的任務，比起更晚一點的人生階段還要來得多很多，這些循環代謝任務，都是為了要幫助這個即將成熟轉為成人的身體做好所有轉變的準備。

雖然說我們普遍在夜晚感到困倦，而且比較沒有工作效率，但這點絕對不是只和麥拉托寧的活躍度或是視交叉上核有關。當然還有許多其他的天然睡眠壓力，促使我們自然而然地想要上床睡覺。例如其中最重要的，就是所謂的體內環境動態平衡，它負責協調平衡我們體內組織器官與循環代謝的生物及生物化學作用。除此之外，一整天下來，我們的體內也累積了許多不同的物質以及新陳代謝所造成的「老廢物質」。特別是腺苷，這是一項三磷酸腺苷（參見第二章第五節）進行新陳代謝所產生的副產品，隨著它堆積在大腦內的數量越多，就越會讓我們感到嗜睡與疲累。如果大腦內腺苷的濃度超過了一定的比例之後，我們體內的平衡狀態就會開始改變，我們感到自己想休息的需求越來越強大，並且越來越想躺平下來，而不是坐在桌前完成該做的工作。

咖啡因雖然能夠稍微抑制這個反應，提振我們的精神，不過這個興奮劑的效果是短暫的。在維持身體健康的前提之下，我們是無法用任何方式來阻礙身體遵循循環代謝的節律的。如果我們持續規律地進行晝夜顛倒的作息，例如許多不得不輪班的工作人員，長時間下來總有一天會出差錯，接著身體就會面臨許多疾病。

基礎作息週期：未知的循環

請你挑選一日並好好地記錄下來，究竟在你一天的日程當中，你能夠心無旁騖地好好工作幾個小時，以及多久過後你會需要起身休息片刻。一般而言，在經過七十到九十分鐘勞累的工作後，我們會主動察覺自己的工作效率漸漸地不行了，這是因為在這段時間內，我們的身體器官已經轉換進入了修復程序的緣故。我們的心跳頻率逐漸減低、血壓下降，就連我們的體溫都會稍微下降一些。我們的生理程序逐漸地緩慢下來，我們將會注意到自己的工作效率也緩緩慢下來。

如果在這個時候仔細觀察人體內的礦物質變化，例如鈉與鉀，則會發現這兩個礦物質元素，在九十分鐘前大腦還非常清醒的狀態下，所消耗的比例遠比現在九十分鐘過後來得高許多。在成年人身上，最遲在專心工作九十到一百二十分鐘（在孩童身上則是四十五到五十分鐘）後，這兩種礦物質在血液內的濃度將逐漸降低，接著浮現的就是難以專注、疲累感以及輕微的效率低落。現下我們的工作效率是較差的，但是我們體內的循環代謝卻非常活躍，這是人體正試圖抽取備用庫存量，來將血液內的鈉、鉀分子及其餘物質再度拉回應有的水平。除了礦物質之外，其他的功能如心跳頻率、體溫及血壓也會試著重新拉回到原有的高水準，接著下一輪的高效率與活動率循環再次啟動。

人體會在休息與活動現象中不停循環的生理節律，是納瑟尼爾．克萊特曼（Nathaniel Kleitman）在約莫七十年前所發現的現象，克萊特曼將這個現象命名為基礎作息週期（Basic Rest Activity Cycle），常見縮寫為ＢＲＡＣ。處在壓力下的人們，顯然只有在特定的條件環境下，才會體驗到這項重要的生理節律，因為壓力龐大下的人體會釋放壓力荷爾蒙，也就是皮質醇，而皮質醇的分泌會抑制這項生理節律，基本上來說，皮質醇會阻止身體的循環代謝程序出現效率下滑的現象，也不會允許器官功能出現效率趨緩的現象，也因此，像基礎作息週期這種其實算是相當必要的再生修復循環，皮質醇幾乎不可能會允許它發生。

不過實際上，忤逆器官生理需求的方式，繼續活躍地「工作」下去，卻是人類很常做的事情，我們時常利用興奮劑，例如喝咖啡、吃甜食，來填塞這段身體需要休息的時間，而這段休息時間也正是再生修復發生的時段。如果偶爾為之，並不會造成什麼損害。但如果我們長時間下來一直違背身體的基本需求，也就是循環代謝運行所必須依循的生理節律的話，長遠下來依舊會對新陳代謝功能產生不可逆的傷害。

很可惜地，在科學上，基礎作息週期目前只有在某些特定的情況下才會被提出來討論。不過目前為止我們可以確定的是，我們的器官在夜間睡眠時期顯然遵循著相當多不同的節律，而人體在白天的作息中是否也有遵循的生理節律，則尚未有較不具爭議的研究結果能當作參考依歸。基於這項原因，克萊特曼的研究假說至今也尚未被正式地列入醫學教科書之中。不過，我們可以在科隆體育學院所發表的研究中，見到較為清楚的對比成果，在這份研究中，人體即便是在白天的循環裡，也有著所謂七十／九十分鐘到九十／一百二十分鐘的節律，換句話說，人體在清醒時的白天節奏裡，同樣有著高效率現象以及再生修復現象，而這些身體效率高低起伏的節律，也應該被正視並在日常生活與行為的安排上被一併考量進去。

永不歇息的物質代謝：但它亟需睡眠！

只要經歷一週睡眠不足，就足以讓我們身體的循環代謝活動、我們的基因以及我們的細胞完全天翻地覆。睡眠的功用，是為了能讓全身的生物流程、內臟器官及新陳代謝流程再次重新校準協調。夜晚的時候，循環代謝會把自己的程式切換成再生、修復及組建模式。沒有了睡眠的協調，新陳代謝的循環運作將會開始斷斷續續地逐漸不靈光。大家一定有過失眠一夜的親身體驗，也一定都清楚隔天一早起床還要再生出能應付一整天工作的活力，是件多麼困難的事。同理大家一定也可以想像，連續好幾日或是好幾週不足的睡眠量，會對身體造成什麼樣的後果。很可惜的是，從多份研究報告中，我們可以看到，全德國約四分之一的民眾都長期受到慢性睡眠問題的困擾，夜晚時經常無法得到足夠的休養。調查更指出，輪班作業的人甚至每兩人中就有一人被睡眠問題所擾。根據德國僱員健康保險公司（Deutsche

Angestellten-Krankenkasse）二〇一七年的統計報告，十八歲以上的上班族，有大約百分之三十五在調查時間迄點的過去四週內有經常性無法入睡或徹夜難眠的困擾。

加州史丹佛大學的威廉．戴蒙教授（Prof. William Dement）是睡眠研究的先驅者，早在一九七〇年便成立了第一個專門針對該主題的研究中心。當時戴蒙教授所發表的第一份學術研究就已經指出下列的事實：當大腦無法在夜間獲得充足的睡眠與休息時，大腦便會試著在白天時繼續睡眠，而輕忽這項器官的基本需求的人，會對自己的大腦造成長久性的傷害。這位美國教授的研究結論，正是剝奪睡眠會讓人變笨。失眠有許多面向，現今醫學界已將失眠問題分析出了八十多種不同的型態。

就如同你現在已經知道的一樣，身體裡大多數的循環代謝程序都是由荷爾蒙一手主導的，其中更有好幾項的功能會在夜裡持續深度展開。這也是為何失眠問題會引發許多循環代謝病症，例如第二型糖尿病或是體重控制困難與失衡。二〇一三年，美國健康營養調查報告（National Health and Nutrition Examination Survey）的科學家也得出同樣結論。與每天正常睡眠七到九小時的對照組相比，夜間睡眠時段只有四小時的實驗組罹患肥胖症的機率，大幅升高約百分之七十三。如果睡眠時間只有六小時，罹患肥胖症的機率仍會比一般正常睡眠的對照組還要高出百分之二十三。

研究學者從實驗中得出的結論，便是睡眠會直接地影響我們的荷爾蒙系統，同時也會影響荷爾蒙瘦蛋白與飢餓素的分泌，而這兩者正是協調我們飢餓感的荷爾蒙。受到干擾以及缺乏睡眠時，飢餓素的濃度會升高，並間接抑制可抑制食欲的瘦蛋白分泌。換句話說，睡眠時間越長，或許不一定會讓大家變得比較苗條，但可以確定的是，睡太少，絕對會影響飢餓素與瘦蛋白這兩個荷爾蒙之間的平衡，接著當然會影響身體體重。

規律的夜間工作也同樣會深深影響循環代謝。除了瘦蛋白荷爾蒙的分泌受到影響外，壓力荷爾蒙皮質醇也是一樣：早在二〇〇九年，美國哈佛大學的法蘭克．舍爾教授（Prof. Frank Scheer）便證實，只要稍稍推延人體的清醒與睡眠節律幾天，就足以對循環代謝系統產生明顯且可測量到的影響。在這份實驗中，研究人員記錄到，受試者血液中的葡萄糖濃度出現了如同罹患糖尿病患者一樣的數值。研究中並推測，這種現象應該與每次進入睡眠週期時也同樣測得到的高濃度壓力荷爾蒙皮質醇有關。（皮質醇負責讓身體釋放出更多的葡萄糖，這樣才能為了即將面對的壓力情況做充分準備。）同時，研究人員也測得，只要更動日夜節律，我們體內的天然胃口抑制器，也就是瘦蛋白荷爾蒙的濃度就會明顯下降。因此，當實驗結束後，許多受試者都罹患了過重、糖尿病及高血壓等疾病，就一點也不令人意外了。

晚上睡眠時間不足的人，隔天一早的咖啡自然就會喝得比較多。二〇二〇年，英國巴斯大學（University of Bath）的詹姆斯．貝茲教授（Prof. James Betts）便在《英國營養學雜誌》（*British Journal of Nutrition*）對此發表研究。一個前晚的睡眠時間相當短淺的人，若在隔日一早吃早餐前三十分鐘直接喝下一杯咖啡（濃縮黑咖啡，並且必須與早餐有三十分鐘的間隔），這個行為將會瞬間衝高體內的血糖值。嘗試這麼做的人必須知道，一杯濃縮黑咖啡，將會使這時自己體內的血糖值瞬間飆高百分之五十。但若是受試者在喝下這杯咖啡之前，先吃下一小份的早餐餐點，則這個令人緊張的影響就會大幅減少。根據這份研究報告，我們可以得知，對於前晚或是長期睡眠不足的人而言，他們該奉行的箴言如下：先吃點什麼東西墊肚子當早餐，接著再喝咖啡，如此才能避免對血糖及胰島素循環代謝造成影響。

一份二〇一七年來自俄亥俄州肯特州立大學（Kent State University）的研究報告指出，睡眠對人體的影響無遠弗屆，遠比我們至今為止所知道的還要更廣泛，這份研究報告的受試者為五十歲以上長年為睡眠不足所苦的人。在這些受試者身上可以觀察到，他們的腸道活動力及腸道微生菌叢的品質，居然和患有肥胖症的病人以及第二型糖尿病的病人大同小異。研究人員指出，光是連續兩晚睡眠不足，就會在腸道的微生菌叢裡測出明顯的變化。腸道細菌對於吸收營養以供給循環代謝足夠的養分有多大的貢獻，大家已經在本章第一節裡的「微生物群系：腸道活蹦亂跳的助手」讀過了。

大家一定沒有想到的是，睡眠不足竟然會直接影響上百組我們的基因，而這些基因更會直接影響人體體內的發炎反應、壓力反應、荷爾蒙生產製造以及免疫系統。二〇一三年薩里大學（University of Surrey）的英國睡眠研究學者卡拉・莫樂里凡博士（Dr. Carla Möller-Levet）在其研究中發現了這項事實。莫樂里凡博士發現，人體總共有七百一十一對基因在睡眠缺乏與睡眠不足時會受到直接的影響與改變。人體具有遺傳特徵的基因共有兩萬三千對，這數字相當於其中的百分之三・一，而其中更有許多是直接負責人體循環代謝的基因。受到影響以及改變程度特別大的，正是負責控制人體生理節律的基因。正因為生理節律受到影響，人體每日規律的循環代謝流程也會明顯受到波及，這當然也會造成損害。

失眠：高度危險的長期症狀

科學家曾經比較睡眠不足與徹夜通宵狂歡這兩種行為在人體上表現出的影響。研究結果發現，睡眠時間頻繁少於六小時的人，其精神狀態就如同酒精血液濃度千分之一的醉漢一樣：判斷能力、反應速度及記憶能力都明顯呈現大幅下降的狀態。此外，經常被忽略的還有受創同樣嚴重的免疫系統。人體內的防衛能力在睡眠時期，特別是夜晚十點到深夜兩點之間，是最活躍的時刻，免疫系統能有效地在這段時間阻絕與抵抗侵入身體潛藏的病源。相信大家一定體驗過，當你覺得自己感冒時，如果能早一點上床睡覺，身體的感覺會有多舒服。這就對了，這正是因為提早上床睡覺能夠有效地提升抗體的數量，這些抗體能有效率地將體內躲藏的細菌及病毒繩之以法，並且將之逮捕交付給免疫系統中負責「處決」的殺手細胞。施打疫苗後，如果能夠提早休息補足睡眠，也會大幅增強疫苗的效用：在施打疫苗後的當晚，如果能有充足的睡眠，可以有效地提升疫苗反應，產生更多抗體，有效對抗病原體。反之，即便接種疫苗，如果睡眠不足的話，一樣會大幅減低疫苗的效用。

將睡眠時間提前，並安排充足的睡眠時間，就能保持身體健康，因為唯有如此，免疫系統才能好好地完成它該做的工作。現代人當下的生活型態總是將睡眠的時間往後推到非常晚的時間點，長期而言，這會對身體健康造成永久的影響，因為免疫系統將處在長期規律性的低效能狀態，而人體內的抵抗力也就越來越弱。

睡眠不足會對健康造成相當大威脅的另一個原因，則與淋巴細胞有關。人體內的淋巴細胞負責到處搜尋貌似可能發展為癌症樣貌的細胞，這些細胞可能不久後會發展成腫瘤細胞，而在睡眠不足的情況下，淋巴細胞的形成會戲劇性地大幅縮減。換句話說，睡眠不足不只會導致免疫系統的工作效率越來越差、效能越來越低，同時也會大幅提高罹患癌症的風險。

研究報告早已指出，即便是每晚只少睡一到兩小時而已，人體的心跳頻律及血壓就會明顯升高：這表示我們的神經系統對於睡眠缺乏所做出的反應，就如同人體在面對來自外界的生命威脅一樣，是以壓力、警覺性及準戰鬥姿態來應付失眠。此時即便身體已經疲憊，卻仍無法獲得平靜的睡眠，會使得循環代謝持續高速運轉，而且轉速過快。

第 2 章

碳水化合物新陳代謝

血糖俗名又稱葡萄糖，是碳水化合物的最小單位，也是人體細胞的最主要能量來源。正因如此，葡萄糖在人體新陳代謝中扮演著中心角色。譬如人類大腦及紅血球的全部物質代謝（參見第五章第二節），幾乎都只能使用葡萄糖作為能量材料。這就是為什麼紅血球甚至能夠直接從血液裡抽取葡萄糖當作養分的原因。只要你曾經在工作或運動時因血糖低下而感到疲憊，你只需要吃進一小塊葡萄糖，就能察覺到紅血球從血液裡吸收葡萄糖的速度有多快：只要短短幾分鐘，你就馬上感到清醒許多。（人體的器官組織當然也能從脂肪與蛋白質吸收能量，但是整個過程相對冗長複雜，這些我們在稍後的章節會再提到。這就是組織器官偏向採用碳水化合物循環代謝的原因。）

人類透過飲食所攝取的碳水化合物大多數都是來自植物性澱粉，例如深具飽足感又備受喜愛的馬鈴薯、白米飯及麵食。澱粉的主要組成成分就是所謂的多醣體，也就是長鍊碳水化合物。這些長鍊碳水化合物需要透過特定的酶素（醣苷水解酶）才能分解為寡醣，這是一個較為短鏈的碳水化合物型態，接著再分解成雙醣（這是僅由兩個碳水化合物所合成的分子），最後這兩個單醣分子分開，再繼續拆成更小的單位。

這個分解的重要過程早在我們在口腔內咀嚼食物時便已開始（參見第一章第一節裡的「口腔：良好結果的事前準備作業」），因為口腔中的酶素澱粉酶在食物進入時就已經開始著手分解多醣體。這就是碳水化合物物質代謝的第一道加工手續：你也可以親身嘗到這道加工手續的滋味，只要你仔細咀嚼麵包，就會發現居然會越嚼越甜——這是因為咀嚼這個動作，就是在形成越來越多的糖分！等到加工後的食物稍晚進入小腸之後，將只剩下單醣體的碳水化合物型態，例如血糖（葡萄糖）、半乳糖或果糖，它們會被吸收並再繼續交付給細胞。

聽起來似乎很簡單，可惜從整體來看卻完全不是這麼回事，因為我們的營養攝取程序如果沒有荷爾蒙的參與根本無法完成。大家在第一章第三節裡的「胰島素：增肥荷爾蒙」就已經認知到這點：沒有胰島素幫忙的話，糖分根本無法進到細胞裡。只要糖分在我們的血液中達到一定的濃度比例，我們的胰臟就會立刻分泌出胰島素。如果胰臟的分泌效果成效顯著，葡萄糖就能被帶進細胞裡，而透過這個作用，血液裡的血糖值便會降低。除此之外，當肝醣異生作用（肝臟自己生產葡萄糖的作用）因此被抑制時，肝醣合成作用（將葡萄糖轉換成肝醣的作用）也會大幅提高。這裡的肝醣又是寡醣的一種，而且肝醣這種形態的寡醣，正好非常適合在身體器官還不需要特別將多餘的養分立刻轉換為能量來使用時，被以葡萄糖的形式暫時儲存在組織器官裡當作緊急備用能量。

第1節　葡萄糖攸關生死！

循環代謝，尤其是最重要的中樞神經系統的循環代謝，幾乎完全只依賴葡萄糖來供給養分！每一個你所做的微小改變，例如因為加強運動而大幅提高葡萄糖的消耗量、或是因為減肥而更少攝取或完全不攝取碳水化合物，就會完全破壞我們神經系統裡細胞的完美平衡。我們的組織器官因此會竭盡所能，力求務必保持血液中葡萄糖濃度的穩定。在這項任務上，我們的肝臟扮演著重要的角色。假如我們在餐與餐之間的血糖值下降得太快，那麼身體就會加倍分泌升糖素，升糖素正是胰島素的抑制劑（請見第一章第三節裡的「胰島素：增肥荷爾蒙」）。人體內有兩種循環方式能夠讓身體啟動自己製造葡萄糖的程序：一是糖原分解，好讓肝醣分解轉換回葡萄糖；另一種則是肝醣異生作用，主要發生在肝臟，不過腎臟也同樣能夠透過使用所謂的非碳水化合物前導物例如丙酮酸來自行生產葡萄糖。

如果不再攝取任何糖分的話，我們體內的肝醣儲存量大約能撐過一天——但這是指人體靜止不動的狀態下！如果是在一般正常的日常生活節奏裡，這個儲存在肝臟裡的戰備能量很快就會消耗殆盡，如果這時還恰好在進行高強度體能運動或是進行訓練的話，那麼肝醣的存量甚至只夠撐上九十到一百二十分鐘。運動員對這個現象絕對不陌生，這個概念稱作「遇到極點」（Hungerast）：意思是運動時疲憊到了一定的程度，體能突然完全崩潰，這是因為體內已經沒有足夠的肝醣可以使用的緣故。這時候，唯有立刻飲用可以被快速攝取的簡單糖分，例如含糖汽水，運動員才能馬上補充體力，再度回歸正常訓練。

另一種特意排除碳水化合物的飲食方式則完全不同。在進行刻意排除碳水化合物的飲食方式時，肝醣異生作用會逐漸被所謂的β-氧化所取代。與此同時，越來越多的脂肪酸被從肝臟中分離出來，並且分解成乙醯輔酶A（Acetyl-CoA），乙醯輔酶A特別容易讓肝臟中的酮體轉換成能量來源並被當作能量來使用（請參見第三章第二節裡的「間歇性斷食：透過生酮減輕體重」）。只消短短幾天的時間，就如同齋戒斷食一樣，我們的中樞神經系統就能將大部分的循環代謝調整為只需要消化酮體就能運作的模式。當然，整個中樞神經的循環過程不可能完全不靠一部分的葡萄糖來完成，但是在這樣的飲食習慣下，葡萄糖只是被當作啟動能量來使用而已。沒有葡萄糖的人體很快便會陷入一種所謂的代謝性酸中毒狀態：身體組織器官裡充滿了酸，這時數量龐大——而且攸關性命——的器官功能都將嚴重受到危害。

沒了葡萄糖的身體，就等於完全沒有糖分，這在身體裡，特別是中樞神經系統，確實是完全行不通的狀況！要維持功能運作良好的循環代謝，我們只需要問自己下列兩個核心問題：

■我們每天攝入的碳水化合物總量總共多少？

如果人體攝取的碳水化合物明顯過多，它會造成健康問題——很可惜這正是大多數人的飲食狀況。要是攝取太多，過量的碳水化合物很可能會造成肝臟的負擔，因為最終肝臟必須承擔這個後果，超時運作地將所有多餘的碳水化合物轉換成脂肪，各處找地方儲存起來。

■我們每天攝取的都是什麼形式的碳水化合物？

第二個重要的問題，就是從食物攝取中所取得的碳水化合物的性質：這些吃進去的食物到了腸道之後，能夠很快地被劈成碎片，還是需要花很長的時間？還有分解碎化之後的養分，會不會很容易立刻引發胰島素分泌的過度反應，還是可以成功讓胰島素緩慢地分泌？

問題的關鍵永遠是相同的：劑量和品質才是決定的重要條件——即便是碳水化合物也不會在這個原則上妥協，劑量和品質並不是「二選一」，其中一個好就好，而是必須「兩者」都正確，才能維持健康正常的循環代謝。換句話說，請務必捨棄零醣減肥飲食法，改換成攝取長鍊碳水化合物，至少這樣的食品仍舊保有相當多循環代謝可使用的養分。

第2節　葡萄糖如何轉換成能量

碳水化合物循環代謝的主要任務，就是把葡萄糖轉換成可以使用的能量，畢竟沒有能量的話，身體就活不下去。就算是我們今天躺著不動，都還是需要消耗能量，這點在第五章第三節裡的「躺著什麼都不做就能消耗能量：基礎代謝率與靜態能量消耗值」會詳加解釋。既然能量對於存活下去是如此重要，大自然為了確保這項存活條件，賦予了人體不只一種生產能量的方法，而是許多種各式各樣的方法。

透過氧氣的幫助，葡萄糖能夠直接燃燒轉換成二氧化碳與水，而在這道轉換程序的最終點，就是能量的形成。生物化學家將這道轉換程序精簡成以下的化學式：

$$C_6H_{12}O_6 + 6\,O_2 \rightarrow 6\,CO_2 + 6\,H_2O + 28.22\ \text{kJ/mol}$$（千焦耳／莫耳）

化學式的意思為，從原先的葡萄糖與六個氧氣分子轉換成為六個二氧化碳分子、六個水分子以及大約二十九千焦耳的能量。（千焦耳／莫耳是用來表示能量單位千焦耳〔kJ〕與物質單位莫耳〔mol〕之間的關係。）換句話說，每一毫克的葡萄糖可能可以為細胞內的粒線體生產出大約九十八莫耳的人類細胞汽油燃料三磷酸腺苷（ATP），而磷酸鹽要能連接上二磷酸腺苷（Adenosindiphosphat，縮寫ADP），就大約需要二十九千焦耳的能量。我使用「可能」這兩個字是完全經過考量的，因為上述的化學式完全僅是理論而已：事實上在階段式地分解葡萄糖的同時，大約有百分之六十的能量就已經以熱能的型態先消耗掉了，但人體也需要這些熱能才能生存下去（參見第五章第一節）。事實是，一莫耳的葡萄糖其實只能提共三十八莫耳的三磷酸腺苷而已。從葡萄糖轉換成能量之前，它將會在循環代謝中以三種不同的生物化學形式在各個轉換階段中存在：糖解、檸檬酸循環以及呼吸傳遞鏈，我們接下來將仔細地介紹它們。

糖解

「分解糖分」，是糖解的直接字面解釋，這樣的理解甚至相當符合糖解作用在循環代謝中扮演的真實角色。糖解作用的特色就是，它能夠透過兩種全然不同的方式來運作：一種是藉由消耗氧氣（好氧生物），而另一種則是完全沒有氧氣（厭氧生物）。

不論你現在是坐在書桌前或是正在行走運動中：只要不是剛好喘不過氣來，那麼你的身體組織器官就能透過氧氣（好氧生物）獲得能量。這是生產效率最佳的能量產品。在有足夠氧氣供應、有好氧生物在體內運作的情況之下，可以讓糖解作用的發揮最佳化，從一個分子的葡萄糖生產出兩個丙酮酸鹽（也就是苯甲酸化學式中的鹽）。而這兩個丙酮酸鹽分子接著就會一部分被草乙酸取走，另一部分被碳取走，結合成乙醯輔酶A。乙醯輔酶A是活化的乙酸，基本上含有遠比三磷酸腺苷更多的能量。乙醯輔酶A將會在接下來的檸檬酸循環繼續被混合（參見本章第三節）並在下個階段中繼續被氧化。

如果你有因為快趕不上而必須在街上拔腿狂奔追趕公車的經驗，或是突然必須快速爬上好幾層樓樓梯的經驗的話，想必你對藉由厭氧生物來產生能量的方法並不陌生。人類的身體肌肉組織不需要事先啟動身體的其他功能，例如大口吸氣或是先衝高心跳頻率，就能立刻供給你所需要的能量。這就是因為你的器官組織此時正以大量直接分解在肌肉中的儲存物，也就是糖分的儲存型態——肝醣——來提供細胞可燃燒的能量。

如果你也曾經歷過在一瞬間必須要一口氣奔跑好長一段路，或是到了樓梯間之後不只要爬上一層樓，而是好多層樓的話，你一定在這些時刻都能感覺到體內拉動著的這些肌肉突然萬般地沉重起來。運動員對這些能量被掏空的肌肉有個專業的行話，叫做「發紫」。這樣的稱呼其來有自，和好氧生物相較，依靠厭氧生物進行糖解作用，大約只能生產前者二十分之一的能量，換句話說，每莫耳的葡萄糖只能產生兩莫耳的三磷酸腺苷——所以這些為數不多的能量很快就被消耗殆盡了。

除此之外，依靠以厭氧生物的方式來進行糖解作用，最先也會生產出丙酮酸。但這些丙酮酸不會馬上被轉化成為乙醯輔酶A，而是會先透過乳酸去氫酶酶素（Laktatdehydrogenase）轉化成乳酸。換句話說，無氧氣參與的糖解作用不只會從兩個葡萄糖分子生產出兩個三磷酸腺苷來當作能量使用，還會生產出兩個丙酮酸形式的分子。

此外，依靠厭氧方式形成的糖解作用，還會從兩個葡萄糖分子裡產生出兩個乳酸鹽——這便是乳酸化學式中的鹽分。乳酸鹽這個概念大家一定在運動時經常聽

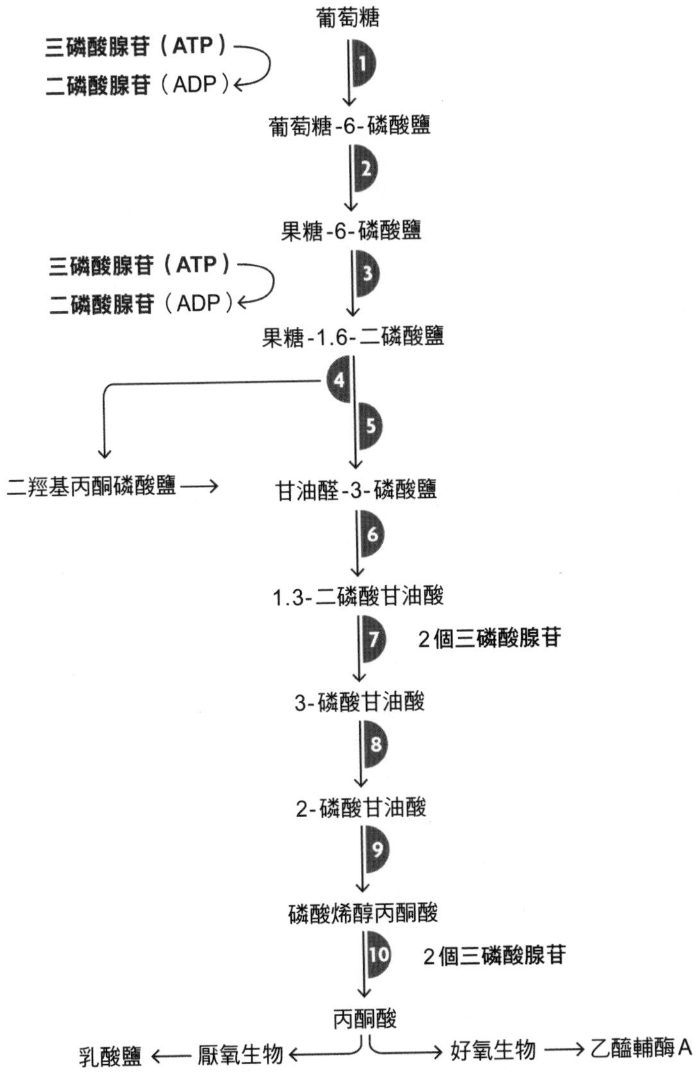

糖解作用：人體各種形成能量方式中最重要的方式

到。以往為了測驗高效運動員的承受力反應及疲憊度，以確認運動員的訓練程度與狀態是否足夠，經常以手指滴血測驗或耳際滴血測驗血液中的乳酸鹽濃度來幫助確認。過去這種測驗方法仍然盛行時，每每在放完夏季長假之後，所有的足球員都相當懼怕這個乳酸鹽測驗，因為只要一滴血的測驗結果，就能發現這些足球員整個暑假是不是只有待在家裡發懶而已，還是繼續主動地維持自主訓練來保持狀態。如今這種聞乳酸鹽測驗色變的現象在體育界已不復見，除了因為生物化學界對於乳酸鹽測驗呈現陽性反應有了不一樣的解釋與定義之外（目前發現，乳酸鹽能夠透過氧化作用轉換成為心臟肌肉細胞及肝臟細胞的能量），當然也更是因為今天科學界已經發展出其他更簡單、更低科技需求的檢測方式，來丈量運動員的體能表現變化。

磷酸戊醣途徑

身體處理碳水化合物的循環代謝方式還有另一條蹊徑，叫做磷酸戊醣途徑。磷酸戊醣途徑的存在主要是為了生產核糖核酸（RNA），這是形成人類基因（DNA）的前段步驟，也就是形成我們遺傳基因訊息的重要階段。因此，對於仍在發育中的兒童與青少年而言，磷酸戊醣途徑對於細胞分裂與蛋白質的生物合成過程都是相當重要的代謝作用。但對於成年人而言，就沒有這麼重要。

第3節　檸檬酸循環：物質代謝中央樞紐

在學術界中，檸檬酸循環也稱為三羧酸循環，檸檬酸循環毫無疑問是人體循環代謝的中央樞紐，因為所有循環代謝的廢棄物，不論是碳水化合物代謝、脂肪代謝或是蛋白質代謝的，最後通通都會流入檸檬酸循環裡。在檸檬酸循環中，所有的營養物質會再次被轉換成其他物質。透過檸檬酸循環，前面所準備好的循環代謝活動，順利地將在循環代謝中生成的乙醯輔酶A轉換成水分，這個得出來的水分才能將其他的輔酶，例如NAD（菸鹼醯胺腺嘌呤二核苷酸，簡稱輔酶I）或是二氧化碳結合在一起。

檸檬酸循環在呼吸鏈中有著不可替代的作用，兩個作用結合在一起就共同形成了這道細胞物質代謝的終極目標：從一莫耳的活性乙酸生產出十二莫耳的三磷酸腺苷以及兩莫耳的二氧化碳。檸檬酸循環至此完成功能，並且成為眾多從攝取食物生

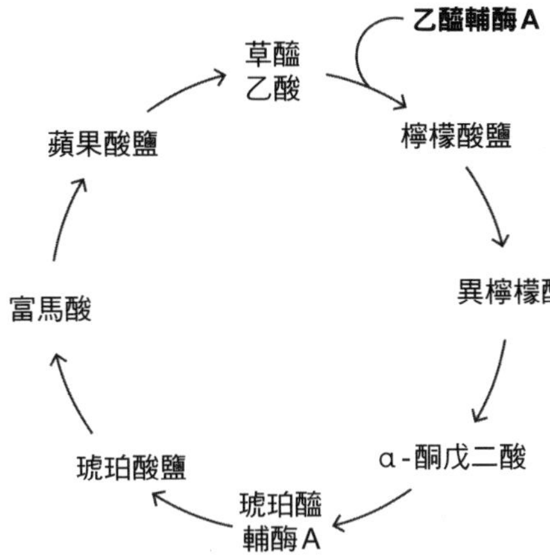

檸檬酸循環

產出能量的轉換方式中，另一個不可缺少的重要方式。

第4節　呼吸鏈：我們的主要能量供應來源

在對於身體獲得能量至關重要的粒線體裡（參見本章第六節），不知不覺地發生著重大的事情。身體透過呼吸鏈獲得主要的能量，而這些能量就是在粒線體內製成，但人體本身卻對製成過程毫無感覺。呼吸鏈會將所有的物質匯合在一起：呼吸鏈的任務正是將和輔酶綁在一起的水分加入到氧氣裡，同時也一併將電子加入，這裡的電子便是從前端糖解作用中的脫水反應、檸檬酸循環以及其他的循環代謝方法中所集結出來的。從粒線體中就形成了水與能量，而這兩樣物質便是以三磷酸腺苷的型態出現。

將生物形態的碳水化合物連結分解成二氧化碳與水分的過程，並不是僅僅透過加入氧氣與熱量形成一道燃燒程序就可以完成的。真正的氧化過程遠比想像的更為繁複。氧化過程不論如何都會形成熱量及其他的能量化學合成，而三磷酸腺苷更是

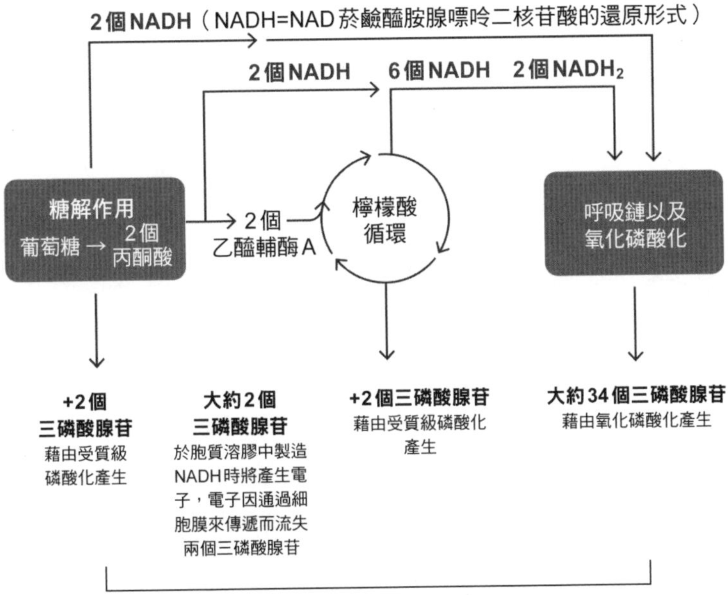

一單位葡萄糖轉換成三磷酸腺苷之製程（最佳結果）

細胞能量轉換過程

其中最重要的身體能量來源。

要描述氧化過程最好的方法，就是從電子分離開始說起。幾乎在所有的循環代謝程序中（約涵蓋全身百分之九十的身體日常活動），都會從氧氣的成分裡形成一個活性的中間產品：游離基，也稱為自由基。幾乎所有的人都認為，它對人體老化過程有著絕對的負面影響力。特別是對粒線體而言，自由基的存在就是個危害，因為這些不成對的游離電子會攻擊粒線體的黏膜層，進而摧毀粒線體（參見本章第五節）。

不過，只要我們維持均衡且健康有營養的飲食方式，其實人類完全有能力可以掌握自由基的數量。自由基的存在當然仍舊有其功能和必要性，因此我們並不想完全消滅自由基：最新的研究結果指出，自由基能夠鍛鍊我們的免疫系統。特別是我們熟知的抗氧化劑，例如維生素C、維生素E以及胡蘿蔔素β，都具有壓抑自由基的功能。特別是體內每天都會製造出相當大量自由基的耐力運動員，更需要注意自己每天是否真的攝取了足夠的抗氧化物。

不過就算人體每天攝取了比身體真正需要還要更多的能量，仍舊不能保證身體能量轉換可以運作順暢。如果我們攝取了超高卡路里的食物，但是依舊維持著一個相當被動及靜態的生活習慣，這時的呼吸鏈反而會得到過多的基礎營養物質，這些基礎營養物質的分量已經遠遠超過了人體所需要用來製造三磷酸腺苷的數量。在年輕的時候，身體組織器官即便處在這種令人詬病的生活型態下，依舊能夠應付得來，可是一旦過了五十歲之後，身體就不再能全盤接收了：人體的新陳代謝系統已經不再如以往靈活，若攝取過多的營養物質，最後呼吸鏈就會反應出問題——它會製造出比平時更多的自由基。這種後果會長久地損害細胞內的粒線體，這樣的損害甚至透過電子顯微鏡就能夠清楚觀察到，長期暴飲暴食的人體細胞中，其粒線體內部膜壁將產生破損。這類的粒線體膜壁破損狀況，幾乎在所有患有肥胖症及第二型糖尿病的病人身上都能見到，這是因為這兩種類型的病患，其體內的宏觀營養素氧化作用已經受到損害，而其整個新陳代謝循環當然也會無法避免地受到影響。

第5節　三磷酸腺苷：生命的燃料

三磷酸腺苷，簡稱ＡＴＰ，絕對是人體循環代謝中最重要也最有意義的能量來源。三磷酸腺苷是每個健康細胞中的能量儲存庫。這就是為什麼我在書中將它暱稱為人類細胞汽油燃料。現在時刻中的每一秒，身體細胞都會製造出令人無法想像的大量三磷酸腺苷分子，每秒大約產能九乘以十的二十次方（$9x10^{20}$）那麼多——就算是人體靜止不動的狀態下，一天也會製造出總量約七十公斤的三磷酸腺苷產值！

早晨時間在空腹未食用任何食物，且身體保持靜態的情況下，大約就會消耗掉百分之二十五到三十左右的能量，這些能量都是透過體內蛋白質轉換合成製造而來。另外百分之三十的能量則是在鈉鉀幫浦作用中消耗掉，鈉鉀幫浦是一種酶素，它能幫忙將鈉離子攜帶出細胞，並幫忙將鉀離子擠入細胞內。另外的百分之四到八左右的能量則會在鈣幫浦（Ca^{2+}-ATPase）中消耗掉，鈣幫浦也是一種酶素，它也能協助肌肉細胞、神經細胞及心臟細胞將鈣離子不停地回收回來。肌球蛋白幫浦（Aktomyosin-ATPase）是負責為肌肉細胞準備好能量的酶素，這裡也會消耗掉百分之二到四的能量，最後百分之七到十左右的能量則是在肝醣異生作用時消耗掉，尿素的形成也會消耗百分之三的能量。

如此一來大致上解釋了，為什麼人體即使在靜止休息狀態下，依舊會消耗掉相當多能量的原因。當然在人體從事耗費體力的活動時，以及特別是在運動時，無可避免地會需要製造出更多的能量。當粒線體，這個人體的迷你發電廠運作良好的時候，要提供額外的能量當然一點問題也沒有。

三磷酸腺苷的主要製造方式是透過宏觀營養素，即碳水化合物、脂肪以及蛋白質，在粒線體內合成而來。其中主要是食物中的碳水化合物及蛋白質會在攝取之後，立刻被人體氧化吸收，而食物中的脂肪則大部分會被人體儲存起來。進行氧化作用時，器官內的粒線體中載滿正極的質子（水離子中的氫（H^+））與負極的電子（e^-）將會在能量生產被使用掉。這些載滿電質的細胞部分便是在身體細胞處理食物物質（質子或基礎物質）的生物化學過程中所分解出來的。若是這些質子是在糖解作用、β-氧化作用、檸檬酸循環或是醇脫氫酶（看來酒精也是能提供身體能量的）

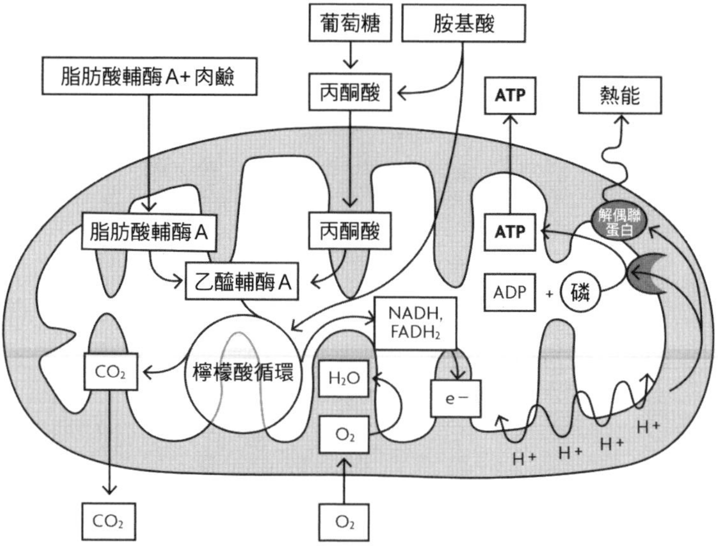

粒線體中宏觀營養素的最終分解過程

時分解出來的，那麼就會隨著分解過程中所謂的還原當量公式，一併生產出例如NADH或是黃素腺嘌呤二核苷酸（$FADH_2$）的副產品。這些輔酶物質都是身體進行呼吸鏈所需的基礎物質。

例如在厭氧生物的糖解作用中，當糖分分離時便會發生這樣的還原當量情形——這可以稱得上是人體器官中，最頻繁發生的生物化學反應了。透過級聯反應（Kaskade）與各樣多種的酶素複合物，能讓乘載負極的電子繼續被傳遞到下一個能夠比較輕鬆承接負極電子的物質上好繼續使用——而這個物質就是氧氣。到這個階段，我們便得到結合了負極電子的氧氣。這個合成元素接著會被細胞小心翼翼地再加上兩個正極的質子——接著自然而然產生爆炸性的生物反應，然後產生水分子及氧氣（氫氧混合氣反應）。至此，粒線體中便無聲無息地形成了水分子與三磷酸腺苷。如同以下的生物化學反應式：

$$O_2 + 4e^- + 4H^+ = 2H_2O$$

三磷酸腺苷也是所謂的腺嘌呤—核苷酸，是核苷酸的一種，它是由一個核苷酸剩餘物（為形成去氧核醣核酸時的四個組成物質之一）與一個核糖（為一種特殊具有五個碳水化合物的醛醣，為碳水化合物生化代謝中所需的原料）再加上三個磷酸鹽所組成：

Ade-Rib-P-P-P

這些原料能組合成一體，主要就是靠三個磷酸鹽的連接才得以形成。當三磷酸腺苷透過酶促水解反應（enzymkatalysierte Hydrolyse）被分解開來時，其中的磷酸鹽群組便會一一分裂或是兩兩成對分裂開來。分裂之後，原本用來維持三磷酸腺苷群組組合在一起的能量於是得到解放，通常每一個連結分解之後，每一莫耳能產生三十二焦耳的能量釋放，這些能量就能被身體使用。這些能量主要供給細胞薄膜間的物質運輸所使用，也會當作人體肌肉運作時的燃燒原料來使用。

透過分裂產生能量釋放的同時，這個過程也一併生成二磷酸腺苷（ADP）及單磷酸腺苷（AMP）。這些原料裡所含有的能量，若再有形成三磷酸腺苷的必要，也可以再次被當作組合能量來使用，這樣的還原過程可以以化學式表示：

2 ADP →← ATP + AMP

單磷酸腺苷能透過本身的磷酸剩餘物直接與核糖連接在一起，當物質代謝中要以脂肪酸及胺基酸合成蛋白質時，單磷酸腺苷就能產生一定的影響力。除此之外，單磷酸腺苷更可以當作特定荷爾蒙需要發揮作用時的替代信息傳導物，因此某個程度上來看，它同時也具有訊息傳遞的功能，例如身體需要分解肝臟裡的肝醣時，或是從脂肪組織中分離出脂肪來使用時，便會利用單磷酸腺苷作為信息傳導體。

就如同新陳代謝系統裡的許多大大小小物質一樣，三磷酸腺苷也不只是單純的能量供應者而已。不管是在血液循環調節時、發炎反應中、以及在神經細胞生長的過程中，都能見到三磷酸腺苷的參與。

我們的細胞多數都想維持一個適合自己循環代謝的能量平衡方式。也是基於這個原因，每個消耗掉的能量空缺都會自動被再生的能量補齊，細胞裡這樣的能量平衡狀態，稱之為「動態平衡」。這股追求能量平衡的渴望，正是所有細胞內反應以及生物化學程序的推動力，這些化學程序不停地進行並消耗能量，但同時也釋放出能量。透過細胞薄膜，更是可以不停地吸收營養物質，接著再次釋放物質。

釋放能量的過程，例如分解細胞內糖分這樣的程序，醫學界稱為「放能」。要能讓這個程序動起來，一開始時必須先注入一點啟動能量才行，這就如同我們在發動或點燃汽車引擎時，也需要先用電瓶來發動一樣。從一個能量收支平衡表的角度來看，這股用來啟動的能量算是一筆永遠的損失。當然，人體內一部分的啟動能量也能以催化劑來取代以加快反應速度，並達到節約身體能量的目的。這個廣為人知的催化劑，就是我們的酶素及輔酶，這兩個元素大家在第一章第四節已經認識了。

有別於放能反應，人體也能從低能量的製造原料轉換出高能量，這樣的反應過程就是所謂吸能反應過程。這在三磷酸腺苷分裂的過程就相當常見。例如身體將脂肪酸轉化為脂肪，再存入細胞內就是個絕佳的例子。

第6節　粒線體：我們的能量生產器

到這裡為止，相信你對於身體器官，或是確切的說，我們的物質循環代謝系統，如何從我們攝取的食物中取得營養並製造能量，好支持你的身體每天能達成新的任務及展現效率，已經瞭解得相當詳盡。不過你可曾想過，究竟身體的能量從何而來？是在身體裡的哪處製造出來？可能這一切看起來對你一點也不重要，你甚至會說：管它的——重要的是它管用就好。我相當能理解你的態度和想法，不過我仍舊想建議你，最好仔細地再想一想。因為，隨著年紀的增長，我們身體的能量將緩慢但堅定不移地逐漸減少與下降。一開始的時候，這種能量走下坡的情況幾乎完全沒有徵兆，直到有一天，你會驚覺，自己的確比以往需要更多的休息才能繼續完成行程，無奈發現時已為時已晚。科學上甚至認為這個體能走下坡的徵兆，至少在邁入三十歲時就能被觀察到——而三十歲還是大家公認人體身體器官效率與效能的巔峰時期。

充沛與足夠的能量是身體高效能的保證，這不僅是對於依靠勞力工作的人或是運動員相當重要而已。充沛能量的良好基礎就建立在效能運作完好的粒線體上，粒線體更是因此經常得到人體細胞發電機的美稱。如果大家能理解這個小型細胞發電廠的運作模式及如何運作，就能輕鬆有效地加強自己的工作效率以及體內細胞粒線體的數量，透過這樣的正面影響，我們能主導並提高自己的能量等級，更長時間地維持高效能、高效率的身體，不只讓你天天都像全新的一天一樣，更能延長大家的生命長度。這意味著，更少一點疲累感、更少的精疲力盡感、更多的能量與活力給身邊周遭所有的事物、以及所有生活中有趣的事情——換言之，更好的生活品質。

稱呼粒線體為人體能量的製造中心完全當之無愧——畢竟沒有粒線體，所有運作就寸步難行。不過很可惜的是，粒線體是個相當脆弱又容易受攻擊的東西，它還會隨著人體年紀增長一起變得緩慢下來，開始不停地出差錯，甚至最後再也無法正常運作。我們或許無法逃避它一定會逐漸衰弱的這個事實。畢竟打從我們一出生開始，粒線體就刻不容緩地運作著，好提供我們所有必需的能量：身體成長需要能量，生命進行需要能量，呼吸需要能量，我們的肌肉、心臟及所有其他器官都需要能量，甚至我們的一顰一笑及喜怒哀樂都依賴粒線體輸送燃料才得以發生，這些美好的事物都是拜粒線體所賜而存在。尤其是我們心臟、神經、所有感官器官以及肌肉裡的活動細胞，這些細胞每天都需要大量的能量，好讓微小的細胞器器能把人體狀態一輩子維持在最佳效能狀態，並讓人體體內至少三十兆到一百兆左右的細胞都能獲得充分的養分以及所需的燃料。

人體幾乎每一個細胞內都能發現粒線體的蹤影，當然每個細胞擁有粒線體的數量會隨著該細胞負責的任務而有多寡的不同。例如像是肌肉及肝臟這些重要器官的細胞裡，就含有高達一千個這樣神奇的小發電廠在裡頭。越是訓練精實的肌肉，裡頭所擁有的小型發電廠就越多——從這裡大家就不難看出，我們的確能夠透過生活方式，不論是正面或是負面，來影響粒線體的品質和數量——只有紅血球是特例，紅血球無一含有粒線體：這是因為紅血球會跟隨著血液一塊在身體裡流動，所以本身不需要自行生產任何能量的緣故。我們的心臟則和紅血球完全不同，心臟必須每天沒日沒夜地毫不間斷替我們工作（以每分鐘六十到八十下不等的速度），而為了要不間斷地維持這樣的幫浦效能，心臟當然需要不間斷的大量能量補給。因此，每個心臟細胞裡的體積大約有百分之三十是完全塞滿了粒線體。

這個小小的東西的體積大約是一微米大而已，然而時至今日，科學界對於它的完整功能及任務依舊不能完全掌握。首先，粒線體這個東西在每個不同的細胞裡都長得不太一樣。例如，在肌肉細胞裡，粒線體會集中成一小堆，而且特別喜愛集中在肌肉細胞內最需要大量能量的地方。然而在神經系統裡，粒線體卻會在跨細胞之間依舊井然有序地排列成一條長長的隊伍，這個排隊串連成一條線的情況可不是只發生在幾個細胞之間而已，有時甚至會串連成幾尺長。或許是以這樣的形式，粒線體才能在大腦神經細胞中的突觸上順利無礙地替我們所有的思考、行為以及整個感官過程適時地提供能量。不論如何，關於粒線體，有一件事是科學界相當確定的：沒有粒線體的話，人類的生命就不可能存在！

粒線體被包裹在一個結構清楚透明的雙層殼裡，透過電子顯微鏡來看，這個雙層殼甚至和我們的雙層玻璃窗看起來相當神似。外殼，或者是更準確地說，粒線體外膜，是一層相當堅固的硬殼，所有的胞器都面向外層以防止任何損害。在這層粒線體外膜之內，則是所有物質交換程序的發生地，這些程序能透過這層外膜將產量由內而外輸出，反之也能由外而內吸入。

粒線體的內膜，也就是雙層玻璃窗的內層，則是這座迷你發電廠的真正廠區：

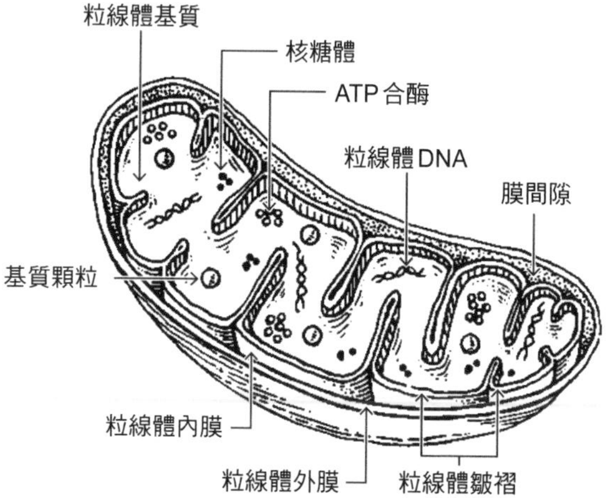

粒線體剖面圖

這裡就是各項能源供應物質日以繼夜不停排列上產線的真正所在地，我們的「迷你加工爐灶」。粒線體的組成物質為雙鍊蛋白質。此外，在粒線體內也建造有特殊的運輸蛋白質，這些運輸蛋白質負責將燃料運輸進廠。換句話說，它們負責從我們攝取的營養中將分子夾帶穿越外殼，進入粒線體的內層，而且也負責將內層裡不需要的廢料夾帶出去。有了運輸蛋白質的協助，我們的粒線體廠區才得以永遠保持清爽乾淨。除此之外，粒線體內部更有另一種蛋白質存在，這類蛋白質專門負責檢查是否有較為老舊的粒線體可以和其他的粒線體一起運作，是機會與時機將這類的粒線體互相融合在一起、或者是分離廠區並區分兩個廠區的任務。當細胞裡的胞器逐漸老化且效率減弱時，這樣的功能與檢查特別重要。

粒線體工廠內的產線一分一秒也不停息地生產著，它永不歇工地製造能量。為了讓這條產線能毫無阻礙地順暢生產，並且確保裡頭的每個單一程序不會互相干擾，粒線體的內膜形狀就長成了一片片小小的皺褶模樣。透過這樣的內部裝潢，小小的內膜牆壁表面面積大幅擴張，有了無限大的表面面積，就能大幅擴大粒線體工廠的產能、製造出數量更多的能量。從外部看來，內膜看起來就像是一把整整齊齊的梳子一樣。這也是為什麼粒線體內膜在人體解剖學裡又稱作粒線體皺褶（Christae）的原因（拉丁文〔christa〕意即梳子）。

在粒線體內層裡存在著基質。藉由基質的存在，粒線體能夠自行製造蛋白質，這都拜粒線體內所存在的特殊基因材料所賜才得以發生，這個特殊的基因材料就是粒線體DNA，英文縮寫寫作「mtDNA」。不過基質所擁有的不單單是粒線體DNA而已：它更含有無數的酶素、能量取得的前導物、燃料剩餘材料，這些都以一種混合濃縮的型態存在於基質裡。

希望閱讀到現在，大家已經相當清楚認知到，粒線體並非單純地只是人體器官進行所有功能時不可或缺的能量供應來源而已，它同時也在我們的物質代謝過程以及其他的生物化學反應過程中，扮演關鍵的角色，而且能發揮直接的影響力。例如它能幫助我們的免疫系統對抗並緩和發炎反應，更是人體細胞內鈣質代謝的主要關鍵因素。

老化的粒線體？

你可曾聽說過「拮抗之基因多效性」（antagonistischen Pleiotropie）的存在？這是個相當特殊的假說理論，它認為在人類老化的生物過程及架構之中，某些基因產物在人體年輕時可以提高人體的成長狀態、健康狀態及生育能力。而隨著人體年紀增加、逐漸老化，這類原先有著正面加強功能的基因，將會產生相反的效果，加速人體的老化程序與速度。

事實上，這個假設並沒有錯，在粒線體內的確有特定的酶素具有類似的功能，它們會在人體前四分之一的生命裡發揮正面影響的功能，促使我們的器官組織更為健康與強大，然而在人體活到五十或六十歲的時候，這些酶素將會開始抑制、甚至摧毀人體的細胞組織架構。在人類的身體架構與器官裡，除了粒線體以外，沒有哪個會像粒線體這樣緊密地與我們的生命效能、能量存取有著直接的關聯，而且不僅是在我們年輕有活力的時期是如此，在我們逐漸老化、體力開始走下坡並衰退時，也同樣和粒線體脫不了關係。粒線體在人體年輕時是如此完美無瑕地支援、維護著我們細胞的健康，然而在我們晚年時，它也是我們體力衰退的罪魁禍首。

這一切都和呼吸鏈裡一個相當不討喜的副產品有著密切的關係，那就是自由基，也叫做游離基，在科學界也稱為「活性氧類」（Reaktive oxygen species）。自由基雖然是產於粒線體內的自有產物，卻也擁有能摧毀粒線體的能量。在這些超級迷你微小的恐怖份子裡，最為危險的類別就是超氧化物負離子（O_2^{x-}），這個東西也稱為超氧離子負離子。在正常的呼吸鏈循環代謝中，這個氧原子不像其他的氧原子一樣會攜帶兩個成對的電子，而是只有攜帶一個電子，因此就有個「未成對」的單一電子存在。這樣一來，這個單一電子就無法和兩個質子結合在一起行成無害的水——而這正是這樣的原子具有攻擊性的原因：它一定得搶到另一個電子，無論什麼都無法阻止它的搶奪、無法讓它停下來，因為只有搶到了，它才可以進行氧化。

如果今天這個自由基在不受控制的情形下，正巧遇上了胺基酸或酶素，甚至是我們的基因密碼DNA，產生的破壞就會更為嚴重。超氧化物不僅有能力破壞細胞組織結構，它甚至也能輕鬆地破壞細胞膜並穿越它！就是這個不受控制的行為，會永久地摧毀粒線體。如果這樣的情況時常發生，細胞裡的能量流失就不難想見，而這項破壞的後果，就是大家不願意見到的細胞老化程序提早到來。

還好，即便如此我們的身體還是有個對應的解決方法。在我們的身體器官裡，存在著某些特殊的酶素，這些酶素能將自由基的強大攻擊力化為無形。超氧化物能透過這樣的酶素轉換成另外一種種類的自由基，也就是過氧化氫（H_2O_2），這東西就比較沒有那麼危險了。過氧化氫就是大家所認識的漂白劑，時常使用來染髮或是美白牙齒——不論是在哪種使用方式上，相信大家都能感受到過氧化氫的強效攻擊力。不過即便如此，這個種類的自由基仍舊是個比較好抑制的自由基，畢竟其餘的酶素，也就是氧化還原活性酵素，它們能夠繼續將過氧化氫轉換成無害的水。

穀胱甘肽（GPx）中的過氧化物酶無疑是所有酶素中最重要的一種，它同時也是人體自產的抗氧化還原酶中最出名的一種。其中更含有胺基酸類中的半胱胺酸，半胱胺酸也存在於許多日常食品中。如果我們在每餐攝取食物的同時，規律地攝取品質良好的胺基酸，那麼我們就能有效地促進體內的酶素去分解自由基。換句話說，

十種富含半胱胺酸的食物

食物	半胱胺酸含量（毫克／一百克）
黃豆	590
腰果	500
花生	430
鯧魚	420
燕麥片	390
雞蛋	310
豬肉	300
無骨牛肉排	280
扁豆	250
埃曼塔起司（Emmentaler）45%脂肪固態	190

我們能夠主動地透過飲食幫助我們的身體器官有效對抗自由基、抑制自由基對細胞產生的傷害。

粒線體生合成：新興動力發電廠的形成

過了五十歲之後，我們還能做些什麼事情來挽救細胞內這些珍貴的迷你發電廠嗎？什麼東西能幫助這些粒線體在人生的下半場依舊繼續運行無阻呢？我們該怎麼做，才能美夢成真，確保這個複雜精緻的細胞修復程序、連結合併其他粒線體、分離淘汰使用完畢的粒線體以及消滅有害物質和重新生產新的細胞與粒線體的這些運作程序，能夠永永遠遠不停地維持在良好的狀態？

針對這個問題，實際上還真的沒什麼需要懷疑的，因為我們的確能夠透過自己的影響力，來確保粒線體的循環代謝永遠維持在最佳狀態之下。就如同我們透過不健康的生活方式能影響並破壞粒線體的循環代謝一樣，同樣的方法反過來操作，我們就能讓粒線體維持它所有的功能及效能，甚至還能透過良好健康的生活習慣繼續地改善與促進這套循環代謝系統。事實上，按照粒線體以及細胞的適應能力，它們能持續地更新自己、分裂自己並進行自我修復，這就賦予了我們絕佳的機會——想要改善細胞和粒線體並修正它們，絕對是可行的。

改善的方法就是運動，其中又以耐力運動最為有效。如果你至今為止的日常生活習慣就是不熱中於運動或是活動力相當低下的話，那麼請試著在頭幾週開始多做一些活動，相信就能發揮不少正面效果。不過直接針對耐力進行訓練以及系統性地建立身體的肌肉組織，才是基本上較為有效、也是長遠看來最佳的改善方式。

比起從不運動的人，耐力運動員不只在細胞內擁有雙倍數量的粒線體，其肌肉細胞內的粒線體也明顯地體積更為碩大、更為強壯有力。比方說按照細胞型態來看，不運動的人通常最多只會有一千個粒線體，但是運動量活躍的人的肌肉裡，卻能擁有兩千到三千不等的粒線體數量。這樣明顯的數量差異，當然能幫助有運動習慣的人保持在更有效率及更高速的循環代謝狀態之中，當然身體的體能表現和精神狀態也會更好。規律的耐力訓練能增加細胞中這些迷你發電廠的數量，因為運動能夠促進細胞增產製造粒線體，抑或是萌芽新生出粒線體。這個新生的過程就稱為粒線體生合成（mitochondriale Biogenese），運動帶來的好處不只如此，它更能幫助身體內不同組織中的碳水化合物與脂肪循環代謝運作得更加順暢。

哪些訓練有助於維持粒線體的健康？

四大類訓練方式能進一步促進身體產生改變並開始改善：

- 負重器材訓練：例如透過健身器材加強肌肉訓練
- 刺激神經細胞：例如學習新的舞蹈或是平衡訓練
- 荷爾蒙改變：例如訓練同時補充睪固酮產品

■新陳代謝干擾：例如進行耐力訓練並耗盡體能

運動及身體活動能長久地促進身體器官機能，特別是循環代謝作用的機能，運動能使它們維持在一個較高的運作水準，因為我們的身體器官將強迫自己去適應運動時所承受的額外體能負荷。對於年過五十的中年人士，認識這一點相當重要，因為運動及身體活動在此時會成為唯一能改善粒線體與細胞品質的方法，只有透過運動和身體活動，才能有效地對抗身體的老化程序。

身體活動及針對性的健身訓練，會對人類所有器官組織系統發揮全面的影響，這股影響力同時會顯現在生理物質代謝程序上：為了應付身體活動，人體於是開始改變生理上的功能（例如呼吸和血液循環）來適應活動，並且改變構造（例如肌肉組織、骨骼及心理想望）來適應活動。這些改變，也可以稱作演化適應（Adaptation），而開始發生改變的地方，通常就是在分子裡：訓練功效會激發身體裡所謂的級聯反應，並開始帶動身體器官開始產生永久的改變與修正。

上面說的這些，對於新陳代謝而言的意義，就是因為人體增加活動的關係，它得要承受額外的壓力，我們刻意去造成新陳代謝裡的能量不平衡，好讓新陳代謝卯起勁來更新改善自己。而對於能量生產和能量運輸而言，就意味著：體能運動突然給身體帶來大量升高的壓力，身體越來越需要大量的能量，需要更強勁快速的血液循環能力，需要更大量的氧氣物質運輸，以及更多的身體效能。這些都會為身體細胞帶來無限的改變。而人體的反應——學術上使用的術語是「回覆」（response）」——就是以許多不同的蛋白質或蛋白質複合物合成作用作為回應。這些合成作用接到了人體運動所產生的大量能量需求，接著透過物質代謝程序繼續往下傳達，大多數是透過磷酸化、乙醯化、甲基化或是泛素來達成訊息的傳達。這些蛋白質類的生物化學改變都會刺激所謂的基因表現（Genexpressionen），而被啟動的基因表現又會接著促進肌肉生長的改變，以及直接導致粒線體數量增生。換句話說，它們能影響身體器官如何落實這些基因資訊。

這段適應與改變的過程之中，最關鍵的角色便是單磷酸腺苷活化蛋白質激酶（AMP-aktivierte Proteinkinase），縮寫為AMPK。AMPK是細胞中調控能量平衡的關鍵酵素，還能在平衡時視需求直接誘發物質代謝中所需要的反應。AMPK同時也是促使粒線體孕育新一代粒線體的主要酵素。受刺激後的粒線體，可能會新生長出小型的粒線體，也可能會就原先的粒線體再成長為更大型的粒線體，不論如何，這些新生的粒線體都會成為獨立運作的能量發電廠，或是與其他的粒線體融合為一個新的且更為有效的發電廠。

此外，耐力訓練也能優化及更新已經老化或提升受損過度的粒線體的修復速度，這些受損與老化的粒線體會更快速地在代謝過程中直接分割移除。這個過程稱為「裂殖」（Fission）。

表觀遺傳學：並非所有基因都會表現出來

在基因學內，表觀遺傳學仍算是一門新興的科學。表觀遺傳學專精在研究單一基因的分子生物變化，相較之下，歷史較為悠久且更知名的基因學，則專注在解鎖遺傳本質的祕密及其互相關聯。這項差異相當重要，它意味著，就算一個人體內有著特定疾病的基因，也不一定就會罹患這個疾病。基本上，各種基因是否真的會表現出來，很大的程度取決於個人的生活方式。這是因為我們的身體細胞，只會從我們基因序列提供的訊息當中，取用細胞認為有需要的訊息而已。生物化學程序，也就是我們的新陳代謝程序，會將其餘不需要的遺傳因素所傳遞的訊息關閉。例如一個基因上已知有四個調控機制，而其中一個和一個或是多個甲基相關聯；當一個基因上所黏附的這類甲基數量越多，這個基因的訊息就越來越難被啟動。因此，身體的器官組織僅僅會使用與接收它認為對當前生活有需要的基因訊息而已。

這些修復新生程序當然不會受年齡與老化的限制，因為即便超過五十歲，新陳代謝程序還是會順暢無礙地運作。研究更顯示，即便是較年長的耐力訓練運動者，和不運動的人相比，其身體細胞內的粒線體數量密集度仍舊遠遠多出百分之五十以上。運動在細胞層面上的功效就在於，它讓五十歲以上的我們長久下來更能控制及平衡自身的活性氧代謝，同時也能間接管理與平衡我們的脂肪與醣類物質代謝。

因此，請你放膽地開始進行耐力訓練吧——這絕對是最值得的投資：你將會看到，你的身體效率大幅改變，變得更為精力充沛，這都是因為開始耐力訓練後，體內的粒線體工作效能變得更好的緣故。如果你不光只是進行耐力訓練，還同時針對性地透過重量訓練來改善肌肉組織的話，你不只會更神采奕奕，還會變得更加苗條精實。在進行重量訓練的同時，就等同在鼓勵你的身體開始塑造出額外的肌肉細胞。這些新生的肌肉細胞理所當然地含有粒線體，而這些新生長出來的粒線體又將在你重量訓練時繁殖出更多的粒線體。除了可以獲得更多粒線體之外，邁過五十歲的中年人之所以需要肌肉訓練還有另一個原因：它能有效對抗肌少症（參見第六章第二節）。我們都該盡力避免讓自己陷入這種病態的肌肉消失症狀，這個疾病會影響我們年老時的生活品質。而這正是粒線體能發揮主要對抗作用的地方。

一旦肌少症這種因年齡增長而形成的肌肉萎縮症狀開始發生，就會立刻影響粒線體的生長效用。其中最主要的罪魁禍首，就是所謂的轉錄因子（Transkriptionsfaktor），因為轉錄因子就是直接控制細胞內是否該新建這些小發電廠的主要角色。從基因因子過氧化物酶體增殖物（Peroxisom-Proliferator）中我們已經知道，轉錄因子會隨著年齡增長而在我們的細胞內逐漸減少。但大量的動物實驗也同時顯示，只要轉錄因子能獲得充分的養分及呵護，它能夠明顯減緩、拖延、甚至成功阻止年長老鼠身上肌肉減少的現象。

不過當肌少症出現的時候，大受打擊的不是只有粒線體的數量而已，粒線體的工作品質也會受到影響。這意味著肌少症會導致粒線體的能量生產總量，也就是三磷酸腺苷的製成量，逐漸下降。主要造成三磷酸腺苷產量減少的原因則是類胰島素生長因子，因為它的製造量以及其餘的生長因子也會在人體年紀增長時開始大幅減少。類胰島素生長因子產量下滑，就意味著細胞中的三磷酸腺苷產量下滑，接著肌肉裡的能量流失也就不難理解了。由於肌肉有能量，也就無法展現出它應有的功能，這項結果又回過頭來再度影響到粒線體的工作效能——一個無限向下循環的肌肉流失風暴就此展開。

第 3 章

脂肪代謝

除了碳水化合物之外，當人體器官組織需要能源的時候，它第二喜歡抓出來使用的替代能源就是脂肪。但身體器官組織不僅僅是把脂肪當作能量來源而已，它也會將脂肪轉變成建造細胞不可或缺的基材。如此看來，脂肪其實是整套系統中最萬用的營養素材，是在我們的三餐飲食中絕對不可缺少的營養素。麻煩丟掉你手上所有的低脂食譜、減肥計畫還是什麼低脂比賽：這些才是真正造成如今社會中，肥胖人口越來越多，人們體重越來越超標，接著引發越來越多疾病的主凶。與其使用這些方式，還不如專心在攝取正確的脂肪，以及維持體內脂肪代謝正常運作，這樣才會更健康。在讀完本章後，你將會理解這其中的關聯，以及為何脂肪代謝是如此重要。

第1節　脂肪，存在我們體內的多變養分

如果你詢問身邊的親朋好友一圈，結果大概是這樣：只有寥寥幾個人可以大概地指出，到底脂肪對於人體器官組織有什麼功用，以及脂肪在其中要完成什麼任務。絕大多數的人都知道，脂肪能夠提供身體能量，但是許多人也同時相信，日常飲食中的脂肪，基本上就是導致身體脂肪贅肉堆積及體重超重的原因。畢竟每公克脂肪可以提供九．二大卡的熱量，是所有營養中最高的啊。脂肪因此獲得了這個負面但不真實（！）的形象，而幾十年來，食品工業更透過推出低脂低熱量減肥產品及各式各樣基於這個錯誤負面形象所生產的商品，繼續加深脂肪和這個負面形象的關聯，將兩者牢牢地綁在一起。誠如廣告名言說的：脂肪讓你胖。要是真有這麼簡單的話，我何必還要寫這本書。

事實和想像的差距相當大：德國人的平均體重的確是一年比一年還高，但上面

那句名言所指出的邏輯卻沒有兌現：很奇怪地，我們的脂肪攝取量並沒有一起漲上來。相反地，全民脂肪攝取量還下降了。在二〇〇〇年時，平均每人所攝取的淨脂肪是每年三十公斤。這個數量在二〇二〇年後居然下降到每人每年二十二．五公斤——足足少了四分之一！到此我們可以斷定：攝取脂肪，根本和肥胖與體重超重完全沒有關係。（形成肥胖最主要的原因是過量的碳水化合物，就如同你在第二章第二節裡讀到的。）

與其將肥胖與超重怪罪在無辜的脂肪頭上，我們更應該要好好地理解與感激脂肪在人體中所背負的任務及功用。因為食用性脂肪有著千變萬化的型態與品質，而這些多樣的脂肪只有一小部分是拿來當作能量載體來使用。脂肪這類的營養素材，基本上正是我們細胞及細胞膜的主要建築材料。現在，讓我們更進一步來觀察這兩者之間的關聯。

三酸甘油脂

甘油的三個羥基裡的三個脂肪在結合三個脂肪酸分子所形成的組合物，就叫做三酸甘油脂（TAG），它也時常被稱為中性脂肪。三酸甘油脂存在於人體內的任務相當明確：它是人體儲存的備用能量資源，它的存在確保人體內儲藏有適合身體各個部位所需的備用能源材料：直到三酸甘油脂被領取出來兌現成能量之前，它們會牢牢地待在身體的各個儲存空間裡。三酸甘油脂算是一項「零」卡路里的能量，這是因為我們的身體器官組織除了將三酸甘油脂拿來生產能量之外，並不能轉換成其他用途。和我們接下來還會見到的其他脂肪相比，這正是三酸甘油脂最大的不同點。

三酸甘油脂能夠從飲食中自然攝取，在進入人體後經由腸道被吸收。肉品、香腸類製品、奶製品或是奶油，都是相當優良的三酸甘油脂攝取來源。不過，人體本身也能自行合成製造三酸甘油脂，我們的肝臟就是主要的合成中心，脂肪組織也能夠合成一小部分。

脂肪分解：一連串複雜的能量轉換程序

完美的三酸甘油脂只有一個小問題。雖然三酸甘油脂是人體內最重要的備用能量，但它無法直接穿透人體器官組織的任何細胞膜，當然也就無法直接輸送進入細胞供其使用。在這個中性脂肪被腸道吸收進入身體並當成能量來使用之前，它首先

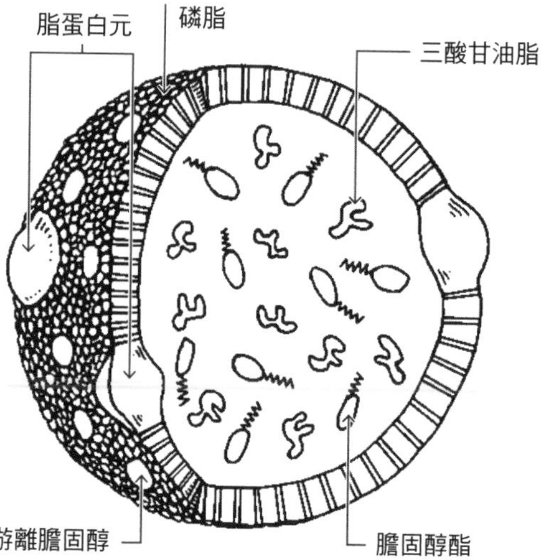

脂蛋白

必須先被拆解分離，接著再經由小腸細胞重新組合起來。這個特殊的任務將交由人體內專門的酶素來處理，這個酶素就是脂肪酶，它能將三酸甘油脂再次分解成最原始的組成材料：甘油與脂肪酸。這些游離脂肪酸將成為能量物質代謝的原料，這時我們的肌肉組織就能輕易地吸收它們來當作燃料了。至於分解出來的甘油將直接供給到血液裡，接著藉由血液直達肝臟，就可以直接當成能量燃料來使用，抑或是合成為肝醣儲存。這個過程就稱為脂肪分解作用。

當身體亟需抽取三酸甘油脂來當作能量供給來源時，最快也還是必須先經過這整套脂肪分解作用才能取得能量。這就是為什麼即便一個人已經做了相當多耗費體力的活動，依舊很難消除身體脂肪的原因。我相信隨便問個曾經立志要減肥的人，每個人大概都能訴說一長篇減脂困難的悲憤。

當一個人已經過了少有體能運動，或甚至是完全沒有運動的多年時光之後，突然想要重新啟動體內這套物質代謝程序，更是難上加難：首先，你的身體需要時間，慢慢地重拾這套程序的運作方法，這是因為我們的身體只有在身體真正需要的時候，才會真的啟動這項程序。畢竟相較於透過眾多繁複困難的工作，將脂肪從它儲存的地方去取出來、再加以加工、最後才能使用，直接燃燒醣類當作能量來源，對於身體來說簡直是簡單好幾百倍的方式。總結來說，當身體被迫要重新建造出脂肪燃燒來取得能量這條路時，你必須給予多一點的時間來讓身體重新習慣。

脂蛋白：脂肪如何學會游泳

眾所皆知，油脂重量比水輕，因此在水裡，所有的油花都會飄浮集結在水的表面——這個現象只要煮過雞湯的人都曾看過，煮好的雞湯表面總是浮著一朵朵滋潤油圈。「體重比較輕」的另一個意思就是「密度比較低」。而由肝臟所製造出來的脂蛋白就有這樣的特徵，它的密度相當低，因為它正是由一層薄薄的「比較重的」蛋白質以及一大部分體重相當輕巧的油脂所組成的。在脂蛋白的中心裡，存在著許多各式各樣單一的脂肪分子，例如三酸甘油脂、膽固醇脂，或是維生素E，這些多樣的油脂緊緊地肩並肩站在一起，形成一個自體油圈。而這個脂蛋白的外層就是由較為鬆散的磷脂（如下文所述）及脂蛋白元所組成。上述的這些分子，就是所有能將在水溶液中浮游的脂肪們用力聚集在一起的特殊分子們，藉由它們的功用，人體系統才得以將脂蛋白藉由血液運往身體各處。

因此，脂蛋白便是由幾千種各樣不同分子一起集合而成的混合體，會因為每個單一脂肪的增加或分解而不停變化。脂蛋白的存在便是為了確保脂肪這個重要的能量資源能夠順暢地被運送出去——如果沒有脂蛋白的存在，我們的細胞就無法透過脂肪來得到能量。透過脂蛋白的例子，我們可以說，人體的物質代謝甚至也能自發地生產出自體需要的物質運輸系統。

三酸甘油脂在成人的血清濃度中應維持在不超過每分升兩百毫克的量（200 mg/dl）。如超標，你的醫生便會通知你應該進行三酸甘油脂血症檢查以策安全。根據研究報告顯示，指數超過每分升一百五十毫克，便代表有潛在形成糖尿病的風險，這時如果你血液裡的檢驗結果又顯示高密度脂蛋白（HDL）指數過低的話，就相當危險。除了糖尿病之外，三酸甘油脂指數過高也代表罹患心血管疾病的高度可能性，若指數超高（例如超過每分升一千毫克），患者可能會有立即的胰臟發炎症狀——不需要我再次提醒，大家已經知道胰臟是飲食物質循環代謝中相當重要的一個器官。不過除了新陳代謝循環出現毛病時，會導致三酸甘油脂指數高升之外，該注意的是，當甲狀腺與腎臟出問題時，也會導致該指數飆高。

膽固醇

膽固醇也有著相當不討喜的負面形象，這都是因為它總是和胰島素及許多其他新陳代謝裡的物質相提並論的緣故：適量的膽固醇是身體組織器官中不可或缺的物質，但若太多或是太少，就會打亂身體物質代謝的平衡。血液中含有過量的膽固醇，更會特別危害人體的心臟健康。

膽固醇並不是身體取得能量的來源之一，因此並不會被脂肪組織儲存起來。但膽固醇是人體組織結構中相當重要的組成元素，它被使用在建構細胞膜上，它能讓細胞膜這層油潤又薄如蟬翼的組織，在結構上更加能夠承受重量與壓力且更加穩固。膽固醇因此可說是建構細胞相當重要的材料之一，依細胞膜與組織體積大小不同，其所含有的膽固醇量為百分之十到五十不等。

就連肝臟都相當需要膽固醇，只有使用膽固醇，才能順利地製造出膽汁酸（又稱膽鹽），膽鹽正是用來消化脂肪不可或缺的元素。除此之外，在人體內分泌腺中，例如腎上腺、睪丸及卵巢內，膽固醇也是用來製造生產類固醇激素（雄激素、雌激素、皮質醇及其餘四十多樣各式荷爾蒙）必不可缺的元素，更是睪固酮的必需材料。值得特別一提的是，膽固醇也是製造類固醇激素中D類荷爾蒙的元素，這類荷爾蒙也稱為膽鈣化醇或維生素D_3：它能幫助人體在日照光線下，於皮膚表層內生成維生素D。

我們的組織器官其實只需要從食物中攝取少量的膽固醇（外源性脂肪物質代謝）就能維持足夠數量的膽固醇，這是因為人體其實能自行生產大多數所需的膽固醇分量：在內源性脂肪物質代謝的過程中，首先會在肝臟內生成一種稱為極低密度脂蛋白（VLDL）的東西，接著再透過過渡階段轉換成中間密度脂蛋白（IDL）。最後再由中間密度脂蛋白轉換成低密度脂蛋白（LDL）。這個低密度脂蛋白（也常被稱為壞膽固醇）的成分絕大部分已經是膽固醇，血漿中存在的血脂大約有百分之七十的組成成分是低密度脂蛋白。這中間絕大部分的低密度脂蛋白最終還是會回到肝臟裡，其餘小部分的脂蛋白將被人體周邊細胞，例如肌肉細胞，吸收成為建材。

在膽固醇再回收這個步驟上，最關鍵的要素是由肝臟及腸道所生產的高密度脂蛋白（HDL）。高密度脂蛋白這個「好」膽固醇會將多餘、尚未被使用的膽固醇從細胞中再次吸收回來，並將它們再次轉換回極低密度脂蛋白的形式或透過間接的運輸途徑再次傳送回肝臟儲存起來。高密度脂蛋白最寶貴的，就是這個將膽固醇從細胞中運輸出來的特殊功能：多虧了這項功能，才能有效避免血液內的膽固醇指數過高，並且及時避免有害血管健康的多餘脂肪堆積物的形成，也就是醫學上所稱的動脈粥狀硬化的形成。

年過五十後常出現的徵狀，像是脂肪物質代謝紊亂、高膽固醇血症這類疾病，都會升高誘發動脈粥狀硬化的機率，這不只會提高我們罹患心血管疾病的風險，還

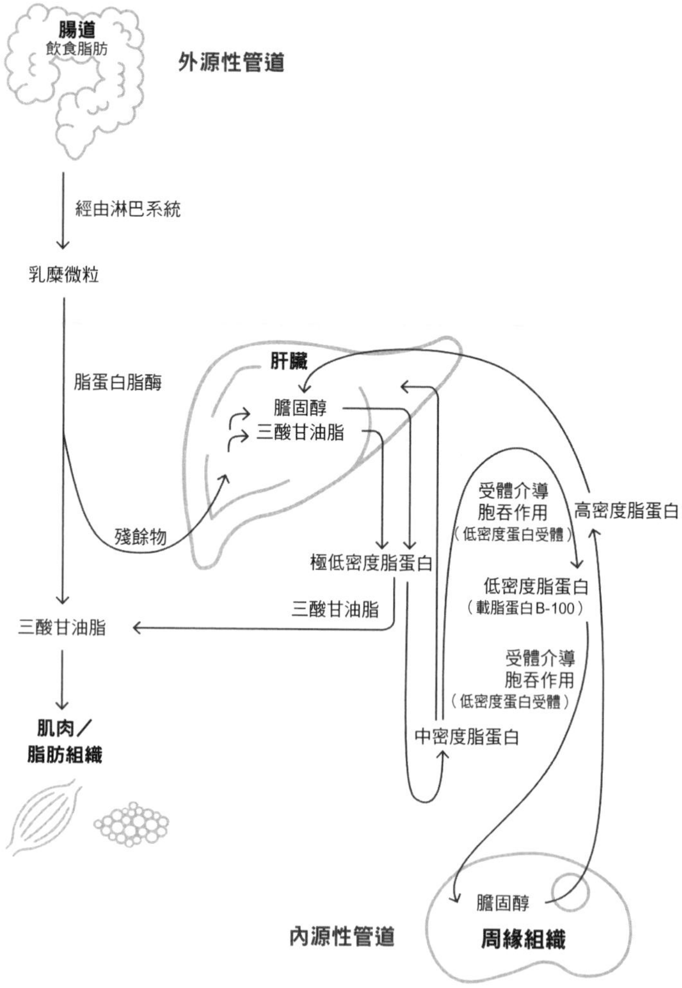

脂肪代謝過程原理的流程圖

特別容易引起心臟病發。

在正常與均衡的物質代謝中，我們透過飲食所攝取的所有膽固醇中，大約有百分之五十會在物質代謝過程中被吸收，這些膽固醇最後將在日常排泄中從身體排出。不過同時也有等同數量的膽固醇會隨著膽汁一路順利地抵達腸道：腸道會重新吸收一部分的膽固醇，並重新利用它們。透過飲食被人體攝取的纖維物質，則會在這道程序中負責阻礙膽固醇的吸收，並利用其大量的纖維物質，盡力將百分之五十左右這些攝取進人體的膽固醇排出人體之外。如果你正受脂肪物質代謝所困擾，或是正好患有膽固醇類的疾病，那麼高纖維物質的飲食絕對能夠幫助你，因為透過大量的纖維飲食，你將能更輕鬆地達到百分之五十這個目標數字。

磷脂

像卵磷脂這類的磷脂，也是塑造人體細胞膜過程中相當重要的組成材料。藉由磷脂，細胞膜才得以建造成水亮透明、富有彈性及油脂般潤滑的結構，這使得細胞膜雖然處在液體環繞的環境之中，卻還是能保持其穩固的構造，不會和周圍的液體混合在一起。就是這樣才得以確保細胞裡裡外外結構的永遠穩固堅定，以及安全無虞。

脂肪代謝困擾：五十歲族群的通病

一旦到了五十歲左右的年紀，絕大多數的我們全都和脂肪過不去了。我指的可不是那些軟趴趴躺在肚腩和屁股上的脂肪，而是血液裡的脂肪。因為我們的脂肪代謝並不會永遠都像先前描寫地那樣順暢無礙。而是正好相反：根據經濟合作暨發展組織（OECD）在二〇二〇年的統計資料顯示，根據當今全部三十七個會員國的國民資料，平均約有百分之十的國民正規律性地服用降低膽固醇指數的藥物，希望可以藉由藥物的方式來降低血液中的脂肪。在德國則大約有百分之九的成人有固定服用該類藥物的習慣。這個統計數字基礎涵蓋人口範圍的各個年齡層群組。然而如果我們更仔細地觀察這項數據，便能看到主要的服用者為五十歲以上的人。

羅伯特．科赫研究所（Robert-Koch-Instituts）在二〇二一年的調查數據也顯示，脂肪物質代謝困擾的病患有年紀越年長數量便越多的傾向：百分之二十七左右的五十歲中年人有著這個困擾——這幾乎已經是五十歲中年人口的三分之一了！而一旦到了六十五歲，受到脂肪代謝問題困擾的病患數量居然來到百分之四十，幾乎每兩個人就有一個深受其擾！

再反過來觀察當今的數據，便會發現這個事態有越來越嚴重的傾向：二〇二〇年時，德國境內五十歲中年人口中，有百分之十・二的女性與百分之十二・三的男性其綜合膽固醇指數為每分升兩百毫克。平均來看，德國五十歲中年人的膽固醇指數約為每分升兩百一十四・二毫克。雖然乍看之下，這不過僅僅超出「許可」範圍一點點而已，但這超過正常值的十個百分點卻相當刺眼。

大多數人的脂肪物質代謝問題，絕大部分都可以追溯回不當的生活習慣所致：譬如，你的飲食習慣太糟以及運動量太少。

開立藥物，是只有在身體運動量以及健康與正常分量的飲食也無法幫上忙的時候，才萬不得已實施的方法。當這種情況發生的時候，很可能病人得病的原因是受到基因遺傳所影響，不過這樣的情況實屬少見。在做出這樣的判斷之前，務必先嘗試透過所有可能的方法來改善飲食及運動的習慣。

代謝症候群：一個有害健康又充滿風險的連結

按照健康保險機構統計，全德國約有百分之三十到三十五的人因代謝症候群而就醫。在性別分布上，男性與女性的發病比例相差無幾，因代謝症候群而就診的病患年紀，卻與以往相當不同，這項疾病顯然不再專屬老年人口。大多數的德國人在五十歲出頭時便開始慢慢出現代謝症候群的傾向，到了六十歲以上則幾乎每兩名成人就有一人有初始病徵或是真正病發。特別令我們警惕的是，資料也顯示，如今也有不少青少年及兒童提早得到了這項疾病。這項資訊傳達了一個相當重要的訊息，那就是代謝症候群的病源絕對和大眾普遍懶散不運動的生活方式有關。研究資料顯示，在罹患代謝症候群的人之中，僅有百分之三的病患為基因先天弱勢而誘發。

根據全國膽固醇教育計畫（National Cholesterol Education Program, NCEP 2001）的標準值顯示，形成脂肪代謝疾病的風險因子與影響心血管循環的風險因子有著相當緊密的關聯：

■ 脂肪過剩或是體重明顯過重者，且體內內臟脂肪比偏高者以及臀圍肥胖者

（女性超過八十八公分、男性超過一百零二公分視為臀圍肥胖）

■ 高血壓者，血壓超出一百三十／八十五毫米水銀柱（mmHg）

■ 患有胰島素敏感症相關的醣類物質代謝失調者，或是患有胰島素阻抗者，以及空腹血糖高於每分升一百毫克者

■ 高膽固醇血症者或是患有脂肪代謝失調者，且空腹三酸甘油脂超過每分升一百五十毫克，以及女性高密度脂蛋白值低於每分升四十毫克者、男性高密度脂蛋白值低於每分升五十毫克者

如果上述列出的風險因子裡有超過三項以上同時出現時，才是醫藥必須介入的狀況。大多數病例在經過深入研究後，通常還會發現其餘必須一併治療的症狀，例如高於平均值的尿酸值、異於常人的貧血症狀或是微量（容易被忽略）但全身系統性的發炎症狀，以及細胞內皮功能失調（醫學上稱為內皮細胞功能異常）。這通常和血管擴張功能失調有著連帶關係，而這項血管功能失能的主要原因則是缺少一氧化氮（NO）所造成的，而缺乏一氧化氮的緣故，則是起因於一大串不同的生物化學發病機制，它們都是可能令病患發病的原因，例如缺乏左旋精胺酸之類。

上述這四個誘發因素被稱為「致命四重奏」絕非浪得虛名，因為這四種徵狀的結合，會明顯大幅提高心血管循環疾病的重病風險，而所謂的心血管循環疾病，就是鼎鼎大名的致死凶手心臟病與中風。罹患代謝症候群所可能導致的另一個後果，就是罹患第二型糖尿病，或是更令人避之唯恐不及的動脈粥狀硬化症。這兩項疾病最後都會讓病患的心臟功能逐漸衰弱。這兩項疾病甚至會改變大腦血液流通的狀態，而這將會大幅干擾大腦細胞的正常運作。同時，病人的腎臟功能也會受到強烈的攻擊，直到最後甚至需要洗腎。

大多數的代謝症候群通常是透過家庭醫生發現的，而在多數病例中，這恐怕都已為時已晚，有時病患甚至是在已經發生過一次心臟病或中風之後，才驚覺自己的新陳代謝異常，這種情況下要治療其實也太慢了。因此，年過四十後，規律地到家醫科進行全身健康檢查是相當重要的習慣，德國所有的健康醫療保險都會承擔這項預防檢查的費用。一旦檢查出代謝症候群的病徵，那麼首要任務就是執行一個最具成效的醫療措施：減重且著重在減少腹部脂肪上。

減重最佳的方式，就是在日常的飲食計畫中設法減低碳水化合物的攝取量。同時並提高身體的活動量：一方面加強耐力訓練，如此一來才能優化脂肪物質代謝的速度，另一方面應該增加重量訓練，如此一來才能增加身體肌肉的含量，藉由兩種活動量雙管齊下，才能正面地影響與改善胰島素阻抗的狀況。實施這項治療方式的一開頭，最好每天能達到讓身體總需求熱量一直維持在三百到五百的熱量赤字狀態，這點在療程中相當重要，只有如此才能甩掉多餘的體重。

特別是當脂肪代謝作用與醣類代謝作用同時出問題時，這套減重方法的成效更為顯著，多份研究報告都證明，這種情況下執行高脂肪量但極低碳水化合物量飲食方式，並配合耐力訓練，會產生大幅優於平均水準的減重效果。除了這幾點之外，病患也應該避免飲酒，因為酒精不但含有相當高的熱量，更會大幅推高體內的三酸甘油脂指數。實施這套減重方法時，更應該搭配食用大量的纖維物質，因為纖維物質能夠大幅降低體內的膽固醇指數，還能夠平衡穩定血糖。

如果病徵為血壓高升，則應該減少飲食中食用鹽的含量：病患所攝取的每日食用鹽量應以不超過五到七公克為準，食品中隱藏的已含鹽量也須一併納入計算。

多數患有代謝症候群的人，同時也會因為體重過重而附帶產生睡眠呼吸中止症的情況，這種症狀指的是患者在夜間睡眠時會突然停止呼吸，而這個停止呼吸的中斷期越長，對身體健康造成的永久損害就越大、越不可逆。這種呼吸中止的症狀會大幅影響身體的荷爾蒙狀態，因為它會在人體夜間睡眠時對身體形成極大的壓力，而且斷然阻止身體在夜間進行任何的器官組織再生修復作用。睡眠呼吸中止症的患者通常早上一覺醒來都會覺得精神相當疲乏，而且通常一整天都會覺得身體非常疲累。如果你有夜間睡眠呼吸中止症的問題，請務必諮詢相關的醫生。例如睡眠醫療實驗室就能提供相關的幫助與建議。

科學實驗已多次證明耐力訓練對身體各方面的正面影響，包括血液品質、體重控制、胰島素敏感度及血壓數值都能得到改善。新的研究結果更顯示，不只是耐力訓練，規律的肌肉訓練也同樣具有正面影響，能夠有效預防代謝症候群，對於正在接受治療中的病患也有相當良好的效果，這些正面的效果正是透過肌肉組織型態改變而產生。特別是肌肉量的成長與增加、伴隨而來日益明顯的游離脂肪酸代謝變化、肌肉增加變化以及肌肉組織中的血糖下降，這些都對代謝症候群有著相當良好的改善作用，即便是新陳代謝循環相當健康的人，也能從中獲益並達到預防疾病的效果。

第2節　現在來談脂肪酸

所有的脂肪都是由脂肪酸組成，這中間各式各樣不同的組成方式則決定了它們在人體組織器官中會有什麼效用。關於它們之間的差異，近幾年來最廣為人知的，莫過於ω-3脂肪酸、ω-6脂肪酸，還有反式脂肪酸。ω-3脂肪酸正是對於保持人體細胞健康與苗條的重要脂肪。

像是三酸甘油脂、磷脂或是膽固醇脂這類的脂肪酸，通常具有十八、偶而十六或是二十個碳原子的組成鏈長：這類的脂肪酸我們稱為長鏈脂肪酸。許多生鮮食品（例如牛奶脂肪）所含有的，通常是最大長度十二個碳原子的短鏈以及中鏈脂肪酸。

除了分成短鏈、中鏈與長鏈之外，脂肪酸也可區分為飽和脂肪酸以及不飽和脂肪酸：

■從生物化學角度來看，飽和脂肪酸是單純指組成較為簡單的脂肪酸。這些脂肪能凝固為較堅硬的固體狀態，例如奶油與豬油，此外，這些脂肪酸的固態形狀通常能在室溫下、甚至體溫左右的溫度融化。這類脂肪酸油脂的來源通常是陸地動物。這類脂肪在身體溫度上下大多都會溶解成液態或油類的狀態，而當處在環境溫度十五到二十五度左右時，又能恢復到固態的狀態。

■從生物化學角度來看，不飽和脂肪酸是指含有至少一個雙鍵脂肪。也因此這類的脂肪酸通常為液體型態，呈現油脂狀。這類的油脂主要來自海洋動物，尤其是魚類與鯨類，當然在植物中也可以見到，例如橄欖油與亞麻油。

當身體為了獲得能量而開始抽取脂肪來燃燒時，不論是上述的哪一種脂肪，其物理所得的燃燒熱量都相同，燃燒每公克脂肪可得九．二大卡。這個效能可是比燃燒蛋白質與碳水化合物所得的能量還要高出一倍（兩者所得熱量都差不多是每克四．一大卡）。脂肪可說是真正的能量炸彈——很可惜，這也是脂肪聲名狼藉的原因：單從計算式來看，減少脂肪量似乎才是減重最速效的方法，這也是為什麼低脂風潮聽起來非常合理的原因。

不過如同你先前已經讀到的：我們的身體器官組織實際上並無法完全摒棄脂肪，因為它需要脂肪來幫助維持物質代謝循環並建造健康的細胞。德國飲食協會（Deutsche Gesellschaft für Ernährung）也有相同見解，並建議每人應該每天攝取百分之二十五到三十左右的脂肪。該協會更仔細地分配兩種類型脂肪所該攝取的數量，並鼓吹大眾於每天該攝取的脂肪分量內，最高含有百分之三十的飽和脂肪酸，而其餘的分量則應該分配給不飽和脂肪酸。

單純以物質代謝的角度所需的脂肪量來看，我認為該協會所建議的脂肪攝取量還不太足夠，每天攝取的必要脂肪應該要到百分之三十到百分之三十五左右，而其分配就像該協會所建議的一樣，將重點放在不飽和脂肪酸上。有鑑於德國罹患過重、肥胖症及糖尿病的人口數逐年增長的情況，在我看來，攝取健康的好油並減少攝取碳水化合物，是一件相當合理且值得推廣的行為，如此一來才能有效地控制越來越普遍的新陳代謝問題。

平反聲譽：飽和脂肪酸

至今為止，飽和脂肪酸在市面上仍舊不斷地被妖魔化，矛頭全都指向它是提高心血管疾病機率的元凶，因此也會增加人類的致死率。美國心臟病學會（American College of Cardiology）是一個擁有五萬四千名頂尖心臟病專家的學會，該學會對這項假設進行了統計整合研究。它在二〇二〇年所發表的研究結果堪稱令人驚艷：這項數十年來廣為流傳的風險，並不具有足夠的科學證據。實際上，科學的觀察結果正好相反：奶油、鮮奶油、乳酪、肥肉、肉品、香腸及該類肉製品內所含的飽和脂肪酸，對於幫助預防中風甚至相當有效。食用該類產品雖然會提高低密度脂蛋白的數量，但這只會提高相當無害的高大面積低密度脂蛋白，而真正會引發動脈粥狀硬化症的小面積低密度脂蛋白數量卻不會因此升高。這項重要的研究結果想必讓許多人都大大鬆了一口氣——最終，就如同我們對固態脂肪該注意的一樣：所有的食物攝取都該適可而止，過量不宜。

不飽和脂肪酸，還是飽和脂肪酸？差異在哪裡

現在你已經知道：我們吃下肚的脂肪，並非全都是一樣的脂肪。由於這些脂肪酸在人體新陳代謝中有著各式各樣不同的任務要完成，我們吃進去的這些脂肪的品質也就對自身的健康有著巨大的影響力。不飽和脂肪酸在執行這些任務中扮演著相當吃重的角色，正因如此，它應該占你每天食用的脂肪分量的三分之二。

不飽和脂肪酸當然也是用來提供身體能量的一種脂肪。但是除此之外，它還背負其他更多的任務：

■ 不飽和脂肪酸是形成細胞膜相當重要的一個組成特點，這是因為不飽和脂肪酸會長久地以油脂的型態存在於細胞膜架構之中（如前所述）。這點造就了細胞的可塑性，例如紅血球就是因為這個特點而可以伸縮自如地游過狹小的血管。

■ 不飽和脂肪酸也是組成細胞中信息傳導物質的重要原料，人體內特定的荷爾

蒙作用辨識因此才得以適時地啟動與發揮作用，這都得拜不飽和脂肪酸的共同合作所賜。

不飽和脂肪酸中，最被推崇的莫過於ω脂肪酸。對於人體物質代謝最有效益的，則是基礎脂肪酸亞麻酸（LA，一種ω-6脂肪酸）與α-亞麻酸（ALA，一種ω-3脂肪酸）。所謂的ω-3或ω-6脂肪酸的差別，端看兩者在生物化學反應中的第一個雙鍵原子來決定。ω-3的第一個雙鍵會和第三個碳原子連結在一起，而ω-6則是和第六個碳原子連結在一起。不過這和物質代謝的具體任務沒有太大的關聯，因為會對新陳代謝及組織器官發揮作用的，其實是這兩樣不飽和脂肪酸的「後續產品」。

從亞麻油中形成的花生四烯酸正是前列腺素的基本原料。（但過多的花生四烯酸對人體絕對有害，這點將在接下來的篇幅繼續解釋。）α-亞麻酸則能形成二十碳五烯酸（EPA）與二十二碳六烯酸（DHA）：這兩者肩負照顧免疫系統、血液凝固作用及協調穩固心臟血液循環功能的重責大任。近期的研究報告甚至指出，這兩種脂肪酸還能對人體的情緒狀態發揮正面的影響力，可以有效防止憂鬱傾向。針對這兩種脂肪酸，目前還有許多研究正在進行中。究竟它們的功效在科學的檢驗下是否能站得住腳，還留待時間來證明。

行文至此，我想特別在這裡再次清楚地強調一個觀念：就我看來，依靠單獨一種的脂肪酸，就能為物質代謝循環帶來全面性的總體改善，這是絕對不可能的（這點也適用於維生素），物質代謝的改善，是身體裡所有物質代謝組成要素反應出來的整體結果。這和長期攝取不足或缺乏某個特定物質不同：如果是這種情況，那麼當然在短期、甚至中長期就會對物質代謝產生顯而易見的負面影響。正因如此，對於想維持身體健康的人而言，保持均衡的飲食、選擇天然的食材，才是確保自己能攝取所有必需營養素的最安全策略。假如你出於任何原因，例如健康因素、宗教因素、社會道德規範或是生態友善的種種原因，有特定不能食用的食材種類，請你務必要再多花一點時間檢查自己所攝取的營養是否均衡。例如純素食主義者幾乎清一色地都必須額外補充維生素B_{12}，這是因為維生素B_{12}幾乎不存在於任何植物的緣故。

給予ω-3脂肪酸更多重視

基礎的亞麻酸（等同於ω-6脂肪酸）幾乎存在於所有的植物性用油中，又屬葵花油、薊油、核桃油的含量最為豐富。而從亞麻酸中生成的花生四烯酸，人們也可

十大富含大量ω-3脂肪酸的食品

食品	每一百克的ω-3脂肪酸含量
亞麻油	54.2克
亞麻籽	6.7克
菜籽油	9.0克
大豆油	7.7克
核桃	7.5克
鮭魚	3.1克
油漬沙丁魚	2.8克
白斑角鯊魚肚條	3.0克
鯡魚	2.3克

以輕易地在日常的動物性衍生產品中攝取到，例如蛋黃、香腸或是肉製品。因此，缺乏ω-6脂肪酸的狀況在大多數人身上並不常見。事實還剛好相反：比起ω-3脂肪酸，我們反而攝取了太多的ω-6脂肪酸。根據專業研究機構的建議，理想的ω-6脂肪酸與ω-3脂肪酸攝取比例應該是五比一。

在我們的日常飲食中，應該要更加注意是否攝取到足夠的α-亞麻酸，也就是基礎的ω-3脂肪酸。菜籽油及芝麻油都是攝取ω-3脂肪酸相當好的來源。不過，請你務必無時無刻記住另一點：這類不飽和脂肪酸的油類通常經不起長時間加熱，因此比較適合拿來作為製作沙拉的調理油或是烹煮完畢後再當作調味油淋上。這其中只有菜籽油比較適合高溫烹炒與煎煮，這是因為它的雙鍵鏈在高溫下仍舊可以維持得相當穩定的緣故。

特別是EPA與DHA這兩項從α-亞麻酸衍生出來的產品，都可以在大多數的魚類油中找到，例如大西洋鯖魚、鮭魚、沙丁魚及鯡魚。很可惜地，我至今還記得，當我還小的時候，我的母親曾在早餐時硬是塞給我魚肝油，威逼不成之後又改成魚油膠囊，如今我回想起來真的只能對自己搖頭。當時的我並不喜愛吃魚，所以在我母親眼裡看來，直接吃魚油大概是最簡單的解決方法了。不過幸好如今各式各樣的魚類餐點，已經成了我最喜愛的食物之一。究竟魚油膠囊是不是能夠完全取代海洋魚類這個複雜食物的營養品質，至今為止尚沒有廠商能夠真的下定論。不過唯一可以確定的是，看來在我身上也沒有造成什麼危害就是了。

油類中的脂肪酸

ω-6脂肪酸與ω-3脂肪酸的比例：

亞麻油（0.2：1）

菜籽油（2.2：1）

大麻籽油（2.7：1）

核桃油（4.7：1）

大豆油（6.9：1）

橄欖油（8.4：1）

榛果油（14：1）

棕櫚油（21：1）

芝麻油（22：1）

玉米油（57.8：1）

南瓜籽油（102：1）

葵花油（120：1）

葡萄籽油（137：1）

薊油（150：1）

那麼究竟一天我們該攝取多少ω-3脂肪酸？德國飲食協會的建議，是每天只需要攝取一公克的ω-3脂肪酸就算足夠。從上面的表單換算過來，這正好是每週兩份一百公克鮮美的海洋魚類。這個標準值在我看來仍然有點偏低，我會建議至少每天要攝取一公克半的ω-3脂肪酸才夠，換算過來就是一週三百公克的魚肉。在德國，最多只有百分之十的人達到這個攝取量。換算過來，我們至少每天需要十到十二公克半的α-亞麻酸，才能製造出身體物質代謝所需要的EPA與DHA營養素數量。

氫化脂肪與反式脂肪：健康風險在哪裡

不飽和脂肪酸更需要重視的一點，便是注意它是從食物中天然提煉出來的，還是經由工業加工添加更改過而形成的。這個細微的改變通常會在化學凝固過程中產生。透過這道化學程序，能讓液態的油脂成形，變得更加穩固而且能保存得更長久，換句話說，它更方便當作商品來處理：透過固態形成的手續，不飽和脂肪產品變得更容易塗抹開來、而且它的燃點也會變得更高，這樣一來就更能輕易地被加熱使用。但是在這一切進行之間，該油脂原來含有的基礎脂肪酸和各類維生素成分也會逐漸失去原先的功效。科學家已在動物實驗中證實，即便實驗中動物所攝取的總卡路里量維持相同，與食用良好不飽和脂肪酸的對照組相比，食用化學加工油脂的實驗組動物罹患肥胖症與糖尿病的機率依舊比較高。

加工製成的人工產品能夠更簡單地被製作成更多樣化的產品，這點是天然產品如奶油或豬油所辦不到的。人工產品的另一個好處，就是它們的價錢更平價，這是因為它是使用一般油品再加工製成的。加工氫化（部分固化）的脂肪特別常被使用在洋芋片、廉價的乳瑪琳油類製品、炸薯條、冷凍披薩及許多香腸類製品。現已規定食品包裝必須直接標示一項食物——假如你還願意稱呼這些變性後的可食物品為食物的話——是否含有「完全氫化」或「部分氫化」的脂肪。

盡量避免反式脂肪

在部分氫化及完全氫化脂肪在製造生成的同時，或是當這兩種脂肪被加熱使用時，就會轉化成所謂的反式脂肪。萬幸的是在過去二十年裡，這類脂肪用油在德國已大量減少：從原先的百分之三十降為百分之二。這都要歸功於歐洲健康政策與消費者保護政策的巨大努力。自二〇二一年四月開始，德國也終於通過禁令，禁止所有的加工食品中添加超過百分之二這類會令人致病的脂肪酸。很可惜的是，至今德國還未能貫徹所有廠商都必須在這類加工食品的外包裝標示是否添加反式脂肪的政策。

反式脂肪也會徹底改變人體內油脂的物質代謝方式：體內各類油脂的相互平衡機制會完全失控，接著對身體健康有害的低密度脂蛋白大幅升高，而對心血管有著顯著保護作用的高密度脂蛋白膽固醇數值急劇下降。其實我們對這個巨大改變不該太過驚訝，畢竟當平衡狀態中的一個地方有了巨大改變時，理所當然就會引起骨牌效應般的連鎖改變……。

由羅素・德・蘇沙教授（Prof. Russell de Souza）所領導的加拿大團隊，在二〇一五年時首次對此做了一項綜合分析，分析結果明確指出：如果每天所攝取的食物中含有高於百分之二的反式脂肪量，就會提高人體罹患心臟病的風險機率約百分之二十到百分之三十二。世界衛生組織對此發布的警告則更為嚴峻，每年有大約五十萬人的死因可追溯至因為長期超量攝取反式脂肪。

出現在反式脂肪中的反式排列，在大自然界中從未在哪個生物體或植物體上見過。天然的雙鍵連接的存在原因，是為了讓脂肪能互相排列聚集在一起，就如同脂肪聚集在細胞膜上那樣，脂肪與脂肪中間的空間較大，也較有彈性。如此一來，整體脂肪的組織，就不會像反式脂肪那樣緊密與結實，而這正是為何生物細胞膜能和形成它的天然食物脂肪一樣，如此地靈活有彈性又油潤。正是這個特性讓細胞膜的膜壁保有一定的穿透性，也正因如此，人類的細胞才可以隨意變形以適應不同血管的大小，並保有細胞天然的彈性。

工業加工氫化的脂肪，在這點上的適用性便很糟糕，因為反式脂肪會將脂肪原子彼此之間的生物化學連結方式徹底改變。反式脂肪酸具有黏著性，而且會黏附在血管裡柔軟的管壁上，一旦被沾黏上了，血管壁就會因此變得堅硬而難以彎曲變動。這一來就完全阻礙了血管傳送重要養分及氣體以維持細胞健康的功能。血管也會開始因為黏附越來越多的反式脂肪酸而逐漸硬化，這樣一來裡頭的血壓就會越來越高，在越來越難流通的同時就產生了大量的流動阻力，最終，這個原本只是造成身體負擔增加的反式脂肪酸，將會慢慢導致心臟與大腦內的細胞營養長期不良——心臟病及中風此時已開始對我們構成生命威脅。

當今我們每天所攝取的卡路里中，大約有百分之〇・六六為反式脂肪酸。根據德國聯邦風險評估研究所（Bundesinstitut für Risikobewertung）的看法，這個數字聽起來還算好。但如果仔細看這份報告，就會發現它顯示百分之十的德國國民常態性食用的反式脂肪，大幅超過德國飲食協會所建議的百分之二，而超標的人口數在三十五歲以下的年輕人身上竟然更高達近乎三分之一。

對人體的器官組織，特別是我們的細胞而言，反式脂肪是一項非常不天然的營養來源。如果你長時間且經常性地食用這類油脂，長期下來它將對你的細胞及細胞的物質代謝活動造成不可逆的長遠傷害。

牛奶：並非毫無爭議

我們常喝的牛奶在原本的天然成分中也帶有一點反式脂肪，不過感謝人體器官組織中特殊的酶素作用，比起人工反式脂肪，牛奶所含的反式脂肪可以被身體相當容易地處理與分解，而它在身體裡的功能也和人工反式脂肪相當不同。當所有食用脂肪及全部的維生素在走完整趟物質代謝程序之中，完全不需要經過肝臟處理的同時，牛奶脂肪這類的短鏈及中鏈脂肪酸卻不一樣，它一進入身體後，就會直接被送往肝臟。牛奶脂肪不需要膽汁酸浸泡吸收，這個正常步驟在消化牛奶脂肪上，有時甚至在胃黏膜中就開始進行了。這個直接送往肝臟的消化方式有個相當大的優點，那就是就算今天脂肪代謝程序有任何問題產生，牛奶脂肪及其餘的相關衍生產品一樣能照常地繼續被身體使用。而這就是大自然精緻巧妙的原始設定，人類的母奶也同樣具備這項特性。母奶的設計就是要讓嬰兒能夠不需要透過繁複的物質代謝程序，或是特定數量的膽汁酸，抑或是冗長的淋巴腺，就能達到快速獲得大量養分與能量的目的。

各種種類的奶製品（不限於牛乳）都擁有這項絕大的優點，它們能讓我們快速地大量獲得必需的脂肪，特別是短鏈及中鏈的脂肪酸。當然近年來也開始出現越來越多的討論聲浪，探討這種形式的天然反式脂肪是否最終會對人體有害，而假設有害的話，影響會有多深遠。關於這點的討論，醫界還需要投入更多的深入研究。

從脂肪轉化成能量

當我們用餐時吃進了脂肪，絕大部分一抵達小腸就會被分解。三酸甘油脂在小腸內會立刻會被脂肪脢（也就是酶素）分拆成甘油與甘油單脂，接著所有的營養元素在經過腸道黏膜後再重新被組合成三酸甘油脂。從這裡開始，三酸甘油脂才能順利地進入血液與淋巴腺的快速道路，接著變身成超級迷你的脂肪小球，並以這種形式繼續被運輸到身體各處。當抵達目的地細胞裡面的時候，這群迷你脂肪球會在物質代謝的過程中再度透過脂肪分解作用重新分拆為甘油和甘油單脂的型態。

細胞能夠將甘油在糖解作用之中，於磷酸化過後，直接拆解成帶有三個碳原子的碳水化合物（請參考第二章第二節的「糖解」中的化學式）並以此當作能量來使用。在這過程中形成的脂肪酸則無法被身體當作能源使用，必須透過所謂的β-氧化作用再次拆解。接著脂肪酸會逐漸地一次縮減兩個攜帶的碳原子，最後分解完畢得出的終端產物也是乙醯輔酶A。透過這套代謝程序，原本帶有十八個碳原子的脂肪酸可以形成九個活動的醋酸分子，而這些分子最後大多數都會再進入檸檬酸循環，儲存起來好供給接下來其他的代謝程序使用。除了這個標準的能量製造程序之外，另外還有其他不少可以將脂肪轉換成能量的方式，例如生酮。

生酮：飢餓物質代謝法

如果沒有水，我們大約只能存活少少的幾天，但如果只是沒有食物，我們卻還是可以活上數週。這是因為身體在這時會伸長了手，將深深儲存在各處的脂肪撈出來使用的緣故。但這時身體卻不會將脂肪酸如上面所描述的一樣，轉換成「正常的」乙醯輔酶A，而是只轉到一半，變成乙醯乙醯輔酶A（Acetoacetyl-Coenzyme A），這個型態的輔酶只會帶有四個碳原子，而不像一般情況一樣帶有九個碳原子。從這個乙醯乙醯輔酶A在後續的過程中繼續生成所謂的3-丁酮酸，而3-丁酮酸將再經由各種不同的生物化學過程最後透過去酸基作用變成丙酮（請參閱第四章第一節）。3-丁酮酸與丙酮兩者也因此又稱為酮體。當人體處在沒有任何食物來源的緊急飢餓狀態下，或是齋戒中時，身體器官組織就會使用這種能量物質來供應大腦與身體細胞。當身體內的醣類物質代謝作用受到干擾時，例如患有糖尿病的病人身上的狀態，這時身體也會大量分拆三酸甘油脂並以這種形式來供應身體能量，這是因為身體器官無法再索取碳水化合物來當作能量使用的緣故。

患有糖尿病，或是正處在生酮狀態下的人，身上常常會散發出一股醋酸味，當他們在說話或呼吸時，這股酸味特別明顯：這是因為丙酮是個「揮發」型的物質，它也會造成一定程度的口臭。酮體是酸性的，因此大量的酮體會減低人體血液裡的酸鹼平衡度。這麼一來又會引起新陳代謝酸中毒，也就是身體組織器官過酸的症狀。這類的酸中毒症狀在判定是否患有糖尿病上，是一個相當關鍵的指標，因為這正是病人醣類循環代謝受到干擾的最明顯症狀。

間歇性斷食：透過生酮減輕體重

如果想要避免體重過重，或是想要擺脫小腹上的肥油圈的話，我們倒是可以好好利用脂肪代謝這個身體的能量緊急支援計畫來達成目標。間歇性斷食在坊間現已相當流行，例如「一六八減肥法」（十六小時空腹與八小時進食）與「五二」進食法：

■「一六八減肥法」就是你必須在一天內的十六小時完全不進食，而且是相當徹底地一點都不能吃——牛奶及咖啡裡的糖也全部必須捨棄。接著挑選卡路里較低的餐點，在剩餘的一天八小時之內進食。

■「五二」進食法，這種方式是你必須一週五天相當正常地進食，但另外兩天必須嚴格限制自己只能攝取不超過五百大卡的熱量。這個進食法還需要注意的一點，是這個限制熱量攝取的兩天不能前後連續在一起。

上述兩種減重方法都是利用身體在缺乏卡路里或是完全無卡路里的時段，讓物質代謝程序轉換成生酮狀態，讓身體自然地取用體內所儲存的脂肪，也就是酮體，當作製造能量的來源。這就是這兩種減重法依舊能夠保持身體功能健康正常運作的原因。

利用生酮減肥法對抗糖尿病

當今研究結果已經證實：百分之九十五患有第二型糖尿病的患者若配合生酮飲食方式，則可免去胰島素治療。在進行生酮飲食時，必須遵守的原則是攝取熱量中僅有百分之五到十為碳水化合物，百分之三十五為蛋白質，剩餘的比例則必須是油脂。想要進入生酮飲食者，請循序漸進地遞減自己的碳水化合物攝取量，並同時注意攝取足夠的纖維物質，好保持腸道細菌擁有足夠的纖維質。人體的物質代謝方式會漸漸地調整成燃燒脂肪的方式，並在幾週後進入使用酮體取代葡萄糖來當作能量來源的狀態。如此一來胰臟就會大幅減少製造胰島素。

空腹訓練：生酮促進更高的身體效能

慣常進行耐力訓練的運動員都相當清楚生酮的原則，甚至刻意利用生酮來幫助自己達到最佳的效能狀態：如果在空腹狀態下進行耐力訓練，體內的葡萄糖儲存量就會快速地消耗殆盡，身體立刻就得要切換到生酮模式。這種空腹以進入生酮模式的方法，在較長時間段訓練的效果特別顯著，例如超過一百二十分鐘長的體能訓練。這就是競技運動選手可以在不依靠外界的能量補充之下參與長時間競賽項目的原因，例如長跑、單車賽或長泳之類的比賽。由於酮體相當適合大腦與肌肉的能量燃燒方式，因此在生酮狀態之下的身體，比較不容易出現肌肉痠痛或精神困倦之類的副作用，尤其精神困倦更常常是使競賽運動員產生放棄念頭的主因。透過生酮狀態，能讓耐力運動員保有更長久的效能維持力。

第3節　脂肪組織：並非都是同樣的脂肪組織

脂肪並不只是透過飲食進入我們的身體，好讓自己可以透過新陳代謝循環轉換成其他物質而已；脂肪也散布在人體各處，是身體組織的一部分。這些脂肪時常是以脂肪細胞（Adipozyten）單一存在的方式，有時甚至是以一小群群聚的方式，直接覆蓋在身體的結締組織上，並發揮自己的物理功效。當我們說到「脂肪組織」的時候，一般指的通常是一大群群聚結集在器官組織中的脂肪細胞，這些脂肪組織通常會聚集在小腹、臀部或是大腿上，特別是在肥胖症的人身上，這樣的脂肪組織也會在人體中段主要部位聚集。科學上已經——其實是最近才開始——將棕色脂肪細胞、白色脂肪細胞與米色脂肪細胞區分開來，並確認這三種不同顏色的脂肪細胞各自有著完全不同的任務及功能。

脂肪細胞：無窮無盡的能量儲存槽

所有的脂肪細胞都被賦予一項功能：它們在細胞內不只是儲存脂肪而已，同時也儲存一小部分的水分，這兩者都可以在身體需要的時候緊急釋放出來。根據統計，五十歲以上的人平均擁有兩千億個脂肪細胞，這個數字完全無關胖瘦。肥胖人士和苗條人士之間最大的差別，並不在於脂肪細胞的數量，而是脂肪細胞的容納程度：只要我們吃得越多，身體就越會儲存脂肪，也就是把脂肪塞入已經存在的脂肪細胞裡。一旦脂肪細胞容納了太多脂肪而變得體積異常龐大，就稱為肥大症。而比起體重過重的人，身材苗條的人就只是脂肪細胞中儲存的脂肪更少一些而已。

脂肪細胞一旦生成了，就絕對不可能再透過自然的方式自動消失，而是會一輩子被保留在我們的身體裡。這就如同我們身體其他器官組織裡的細胞一樣，會規律地不停被分解，然後再重新建造，不過，脂肪細胞一旦分解之後，就會直接重新建造填補起來。若是現存脂肪細胞的儲存能力被耗盡，人體便會直接從身體自身的幹細胞再次分裂製造出額外的脂肪細胞。這就是所謂的細胞增生（Hyperplasie），也就是組織或細胞的新生建造，這是因為當前所擁有的細胞或組織已不敷使用的緣故。人體在攝取過多的養分時，或是當每個脂肪細胞必須要儲存的脂肪量大幅增加且超過正常比例時，身體也會啟動這個細胞增生的功能。

人體所攝取的過度熱量並不會被浪費掉，或是直接再次排出體外，我們的身體會想盡辦法細心地保存這些熱量。對於大多數生活在西方世界營養過剩的人們，這項身體保護機制實在不太切合實際。不過，暫且不說人類在幾千年來相當依靠這項機制挺過飢餓危急的時刻，就連現今世界中，這項機制對於生活處境頓時陷入困難的人們，以及生活貧困地區的人們，都具有足以拯救生命的功能。

在整套新陳代謝系統中，身體內的能量儲存絕對占有優先的地位。人體對於身體儲存熱量的範圍並沒有任何上限，而且會盡其所能地讓身體各個組織能達成儲存熱量的目的。換句話說，每一克攝取進入身體的卡路里，都對新陳代謝系統無比重要。透過這項功能，某些人的體重就可能在毫無預警之下迅速地朝不健康的方向急速發展。目前德國就有百分之五十以上的成人屬於體重過重的族群，身體質量指數（BMI）遠超過二十五以上。其中的百分之二十甚至已經符合肥胖症的範圍，也就是身體質量指數為三十以上。

當五十歲後的身體循環代謝不再像以前那樣樂觀，身體也不再像年輕時那樣燃燒大量能量時，體內的脂肪儲存量與儲存容納量當然會越來越高。這點也同樣可以在人體決定儲存脂肪的身體部位上觀察到，這時人體會開始在一些身體部位組建新的脂肪細胞，而這些都是以前未曾預料到可以儲存脂肪的身體部位，例如手臂、手掌、腳掌、肩膀及脖子。

這些現象中最值得注意與警戒的一點，是這些儲存容量龐大、過於肥大的「巨型脂肪細胞」大多數都有胰島素阻抗。這個對於循環代謝系統如此重要的荷爾蒙反應逐漸下降的現象，科學家稱之為負調控（Down-Regulation）。負調控的現象會對糖尿病及其他的代謝症候群疾病造成生命威脅（參見第三章第一節裡的「脂肪代謝困擾：五十歲族群的通病」）。

與此相反，新生成的、尚未充滿脂肪的脂肪細胞卻對胰島素相當敏感，因此只要釋放一點胰島素就會感到飢腸轆轆。在這種情況之下，胰島素不只會促進身體吸收葡萄糖，也會促進脂肪酸的吸收與儲存。

早期形塑一樣適用於飲食習慣

如今我們已經知道，最主要影響人體脂肪細胞以及該細胞數量的原因，可以追溯至童年時期的飲食習慣養成。在幼兒一出生頭兩年所養成的習慣更是至關重要。這也是為何肥胖症兒童在長大成人之後，想要變瘦，或是減肥後想要維持苗條體態，會如此困難的原因。因為他們體內所額外生成的脂肪細胞會一輩子長期存在於身體內，每天就只等待著被填滿。

白色脂肪組織：經典口味！

白色脂肪組織是最早被發現、也最典型的脂肪組織，通常只要一提到脂肪，我們就會自動想到白色脂肪組織。當實驗室為了研究脂肪而將它分解之後，清空的脂肪細胞就會呈現白色的樣子——這就是白色脂肪名稱的由來。這類脂肪組織是身體內最常見的種類，因此自然是我們最需要擔心的部分。白色脂肪組織幾乎全是由膨脹變形後聚集在一起的脂肪細胞所組成，多數組成的細胞大小為一百到一百五十微米之間，並透過結締組織而連結組成小葉狀型態。

細胞的內容填充物有百分之九十五為脂肪。其餘的百分之五則是細胞核及胞器，例如粒線體。白色脂肪組織一般來說具有相當良好的血液流通性，細胞內的水分稀少，而且——這點對物質代謝好壞有舉足輕重的影響力！——只需要消耗相當少量的能量、擁有相當低的基礎代謝率。由於脂肪細胞幾乎不會消耗任何能量的緣故，可以想見，肥胖症的患者雖然體重比起正常人超出許多，但所消耗掉的能量卻幾乎和一般人一樣。

體內存在過多白色脂肪的人，大概會覺得它們非常多餘，不過實際上，白色脂肪在人體內有著相當重要的功能：

儲存能量：存放在身體裡的脂肪就是身體的備用能量，在活躍的人身上，例如運動員，這類脂肪的比例大約占體重的百分之十到十五，在一般人身上則約占體重的百分之十五到二十五。女性的脂肪體重比則因為演化需求（為了保留能夠扶養孩童長大所需的額外能量）而有所不同，在平均上會比男性的脂肪體重比高出百分之十。因此女性所擁有的肌肉量比男性少，相差的就是這百分之十的脂肪量。正常體重的男性，體內擁有約十五公斤的脂肪，而女性約十五到二十公斤。這些庫存脂肪位在皮下組織裡（皮下脂肪組織），主要集中在肚子的區域、臀部區域及大腿上。

隔離作用：由於身體的循環作用要確保人體體溫維持在適當溫度，所以才會有三分之二的庫存脂肪都位在皮下組織：循環作用能藉由油脂的保護，避免人體體溫流失。由於脂肪的導熱性相當差，因此可以避免體內的溫度流失。

如果你和肥胖症的人一起做勞動的活動，或是一起用餐的話，你一定能感受到這層油脂對我們人體所具有的保溫作用有多麼優秀：這兩種活動都會提高人體的物質代謝，也會形成額外的熱能。這些額外的熱能因為皮膚底層的強力絕熱防護的關係，會想盡辦法盡快地從皮膚排放出去，這時肥胖的人很快就會開始大量排汗——他們流汗的速度比皮下脂肪層較薄的人更快速且明顯。

保護作用：脂肪，或者該稱呼為「脂肪軟墊」，在身體的某些特定區域上也能被當作撞擊緩衝區，這是用來保護物理上的壓力衝撞，例如腳掌、顴骨、臀部、眼下及關節處的脂肪。這些建築用脂肪是身體能量取用的最後順位，被視為人體永久的備用能量庫存區。

新陳代謝功用：白色脂肪在能量代謝上長期被低估其重要性，但其實它扮演著相當關鍵的角色。在合成與協調荷爾蒙上，脂肪其實有著相當重要的功用，這點我將在本節稍後的「脂肪組織的荷爾蒙」再更深入解釋。

棕色脂肪組織：暖氣供應器

棕色脂肪組織較鮮為人知。棕色脂肪的組成方式相當不同，是由許多不同的小型細胞及數不清的粒線體集結而成。這種脂肪組織特有的棕色顏色，就是從粒線體及脂肪空泡所得來的特殊顏色。棕色脂肪組織的主要任務就是為身體製造熱能，也就是我們體內的發熱器（參見第一章第三節裡的「減肥擾亂甲狀腺功能」）。

棕色脂肪組織占新生兒體重約百分之五。這些組織在嬰兒身上分布的區域主要是脖子、沿著脊椎左右的上胸圍區，以及腹部位有大動脈的附近區域。嬰兒對溫度冷暖的感受特別敏感，棕色脂肪的分布在此段時期就承擔著保護嬰兒不失溫的重責大任。

在應對突然低溫時，成人可以透過肌肉顫抖來產生額外熱能，因此體重正常的成人大約僅有五十克左右的棕色脂肪。這五十克的棕色脂肪就是每天供應我們四百大卡熱量的來源。成人身上的這些棕色脂肪大多分布於動脈位置的附近、腋下區域、肩頸區域、胸腔區域及腎臟區域。

不論是嬰幼兒或是成人，對於寒冷的感受都會相當強烈，我們的神經系統在身體受凍時都會受到強大的影響，這時甲狀腺便會開始驅動荷爾蒙分泌。甲狀腺激素接著開始刺激我們的肌肉：於是粒腺體開始製造能量，肌肉開始顫動而製造熱能！

米色脂肪組織：卡路里的消耗者

二〇一二年開始，陸陸續續有不同的研究團隊開始注意這個第三類的脂肪組織。首先在享譽盛名的科學研究期刊《細胞》（*Cell*）刊登研究結果的，是哈佛醫學院吳琼教授（音譯：Prof. Jun Wu）帶領的團隊。米色脂肪最大的特別之處——同時也是為什麼科學家直到現在才有能力發現它的存在的原因——就是它既是從白色脂肪組織生成的，卻又具有棕色脂肪的物質代謝循環特徵。米色細胞擁有超出平均比例數量的粒線體，這樣的裝備與外觀實在和棕色脂肪組織相當類似。除此之外，米色脂肪組織的藏身之處就是在眾多白色脂肪之間，隱身在白色脂肪裡，讓科學家更難察覺它。

米色脂肪組織的主要功能和棕色脂肪組織相似，主要是透過不停地燃燒能量來維持體溫，也因此可以製造大量的熱能。米色脂肪細胞和棕色與白色脂肪細胞有兩個最大的差異：第一，相較其餘脂肪燃燒而言，我們的新陳代謝循環在使用米色脂肪組織製造能量時，大部分會需要清空熱量，才足夠生產身體所需的基本體溫與熱能。第二，只要我們能夠規律地保持肌肉運動，人體就能協調白色脂肪細胞來轉換成米色脂肪細胞。要讓身體啟動生成米色脂肪細胞的程序，最重要的刺激就是讓身體不處在高於攝氏十七度以上的環境溫度中，並且保持規律的肌肉活動。這兩項要件都能刺激這種米色、高耗能的脂肪細胞形成。

白色脂肪細胞中含有一種特殊的荷爾蒙，這個荷爾蒙能夠刺激Metrnl（Metorin-Like）激素：Metrnl激素能夠促進白色脂肪細胞中的巨噬細胞生成，也因此能有效促進並推動白色脂肪細胞轉化成米色脂肪細胞。而低溫寒冷的狀態又是誘發白色脂肪細胞棕化的最重要誘因。除此之外，值得令人注意的是，在寒冷條件下持續保持著活躍運動的肌肉也能夠促進Metrnl的生成。在這兩項前提條件成立之下，因為身體不但能在活動中燃燒消耗大量卡路里，更會因為即便是在靜止不動狀態下也同時在轉換成米色脂肪的原因而不停消耗卡路里，最後自然而然地就會出現調節體重的效果。在這樣的先決條件下，假如仍然可以繼續身體活動的話，這時你就能達到三倍燃燒卡路里的效果：運動原本就會燃燒的卡路里、提高肌肉內的基礎循環代謝而消耗的卡路里，以及提高脂肪組織基礎代謝而消耗的卡路里。

受冷受凍來減肥？

現在我們知道，米色脂肪組織能夠啟動物質代謝的基礎代謝率，並同時永遠地提高每天身體消耗的卡路里量。這樣看來，對於五十歲以上的人來說，盡量讓白色脂肪組織米化看來絕對是提高物質代謝率的最佳策略。要達到這點再簡單不過，你只需要一整年下來保持規律的運動習慣，以及天氣開始變冷的時候好好把握寒冷的環境，以促進米色脂肪生成就好。例如趁著戶外溫度低寒的時候，規律地呼吸新鮮空氣並在戶外活動，就是個相當簡單又輕鬆的對策，可以好好地讓新陳代謝循環的馬達立刻飆上最高速。

當然也可以透過一些比較特別的方式來調整，例如你可以將室內溫度調到一個一般而言比較不那麼舒服的溫度，例如攝氏二十二度以下。你的身體器官組織這時也會對低溫開始產生反應，並且自然而然地加強生產熱能來維持體溫、這時身體就會啟動脂肪細胞的轉換程序。這招同時有著一舉數得的妙用：你還可以省下為數不少的暖氣電費。

FTO基因：難道都是基因的錯？

FTO基因直到不久前才真正成為科學家的研究重點：如今我們已經知道，這條基因不僅決定著我們身體器官中的脂肪組織比例，另外也影響著身體內白色脂肪組織與米色脂肪組織的數量比例。人體內的幹細胞負責控制並確保體內有著一定協調比例的米色脂肪細胞。多項研究結果顯示，這項某次基因突變的結果，甚至造成了全數西方國家人民近幾十年來普遍體重超標的後果。一般甚至推測，幾乎每兩個歐洲人裡，就有一個身上帶有這個突變的FTO基因，這項突變基因會導致人體所帶有的白色脂肪細胞遠多於米色脂肪細胞。研究中的老鼠實驗結果也同時顯示，比起帶有變種基因的老鼠，具有完好FTO基因的老鼠較少發生體重超重的情況。

不過這裡必須注意的更重要一點，是幾乎全部的研究結果都指出，FTO突變基因並不是造成西方人體重爆炸性增長的單一原因。最終影響最大的，仍舊是生活方式（尤其是西方人普遍飲食分量與運動分量不成正比的生活習慣），這也同樣是真正引發體重問題及物質代謝循環改變的主要原因。基因並不是體重過重的罪魁禍首。此外，在五十歲後，基因更是完全與體重毫無關聯，因為基因可不是過了五十歲後才出現在你體內。因此基因也絕不會是你來到人生下半場時，體重頓時增長的原因。

抗氧化酶可以轉化脂肪細胞？

在有關體重與脂肪組織的新興研究領域裡，每天都出現非常多的變動，但科學家已經有了初步的共識：身體器官中有些特定的抗氧化酶，確實能調節刺激白色脂肪組織米化。丹麥奧胡斯大學（Universtität Aarhus）嚴斯．奧爾宏教授（Prof. Jens Ølholm）的研究團隊就在二〇一〇年發表的研究中指出，真正對此有影響力的其實是多酚類物質，而多酚類物質最常出現在各式各樣的水果與蔬菜之中。不過關於這點的正確性，科學界也仍然在繼續求證中……不過多多攝取各種水果，特別是蔬菜和沙拉，不管怎樣都是對身體相當有利的飲食行為，這些食物絕對多多益善。

脂肪組織與發炎狀態

一般而言，體重過重的人或肥胖症患者，其體內血液的發炎指數都比平常人「稍微」高一些。在多數的血液分析結果中也顯示，這類人士身上的發炎介質會比一般人高出許多，這些介質包含細胞激素白血球介素-6（IL6）、C反應蛋白（CRP）或是腫瘤壞死因子（TNF-alpha）。我們可以將細胞激素視為免疫系統的訊號物質，這些訊號物質不僅會在身體出現局部性發炎反應時大肆快速增加數量，也會在系統性發炎反應產生時開始大量增生，一般來說，發炎程序就是由這些細胞激素帶頭啟動的。

其中最廣為人知的細胞激素莫過於白細胞，也就是大家熟知的白血球，白血球身為細胞激素的一種，就是直接在脂肪組織與脂肪細胞中製造生成的。人體中的脂肪程度越高，這類的細胞激素數值當然也就越高。這些細胞激素會直接影響人體的新陳代謝系統，就拿腫瘤壞死因子為例，腫瘤壞死因子會抑制胰島素的效果，因此會改變血液凝結能力，隨著體重增加，血栓形成的風險也因此同步增加。

這些脂肪組織中的發炎情況究竟從何而來？二〇二〇年，萊比錫大學校屬醫院（Universitätsklinikum Leipzig）彼得・寇沃斯教授（Prof. Peter Kovacs）帶領的研究團隊對這個問題做了深入的研究。這個研究特別著重於第二型糖尿病患者的物質代謝問題，第二型糖尿病患者體內的腸道菌叢相當獨特，其滲透孔隙相當寬鬆，也就是比較容易進出腸道壁。研究中的假說是這樣的：在體重過重的人體內，細菌會從腸道游出來並進入脂肪組織，接著在脂肪組織中引發發炎反應。

為證實這個假說，研究人員從七十五名受試者中取出其脂肪組織，將之以螢光色劑染色，好方便記錄接下來這些色劑所傳達的訊息。實驗結果果然與研究團隊的假說相同，肥胖症患者身上的脂肪裡出現了活生生的腸道細菌！研究人員更發現，游到脂肪中的腸道細菌數目越多，患者的發炎反應就越嚴重。除此之外，研究人員更證實，能夠在實驗者的脂肪組織細胞中發現大量會直接引發發炎反應的細菌基因——這正好與體重過重的人血液分析中含有大量細胞激素的特點吻合。

上述的研究實驗和檢查都顯示，我們的脂肪組織和整套物質代謝過程有著息息相關的緊密關聯。未來在研究領域上更重要的方向，應是繼續挖掘我們的飲食方式以及腸道這個介於身體外界與內在的閘門之間，究竟有些什麼關聯以及能夠發揮多大的影響力。這裡的首要任務，當然就是找出腸道細菌究竟是如何流竄到脂肪細胞並引起發炎反應的合理解釋。

脂肪組織的荷爾蒙

根據最新的醫學研究顯示，脂肪組織其實才是人體內最大的內分泌器官。目前已知從脂肪分泌的誘因大約就有一百多種。這些所謂的脂肪細胞素（Adipokine）不但能左右新陳代謝循環流程，同時也能抑制體內葡萄糖運輸傳達及破壞胰島素功效、干擾心血管循環。這些獨特的訊息分子也會引發人體負面的發展成長問題。例如白血球介素-6就是導致心臟病發作的直接風險因子。正因如此，我們必須瞭解脂肪組織，因為它不僅與負面發炎反應程序有關，也是荷爾蒙及酶素的最大來源處。

瘦蛋白

瘦蛋白（leptin，源自希臘文「leptos」，意思是「瘦」）會被稱為飽足荷爾蒙其來有自：瘦蛋白的作用，便是刺激下視丘內的飽足感。大腦從血液內高濃度的瘦蛋白所接受到的指令訊號就是：「我吃飽了，不需要再攝取更多食物了。」這是大自然界裡一個相當良好且有意義的機制。越是肥胖的人身上就帶有越大量的脂肪量，而體內的脂肪量越大，則血液中的瘦蛋白指數就會越高，高到足以抑制我們的飢餓感。不過很可惜地，在多數體重過重的人身上，這項天然機制已完全失去作用。肥胖人士的身上出現了一種稱為負調控的現象，就像身體在抗拒一樣。在許多肥胖人士身上出現的狀況，是飢餓感雖然會稍微減低，但由於體內的脂肪儲存槽實在太過龐大，因此飢餓感並不會完全消除。天然的飽足感會延遲相當一段時間才產生。

瘦蛋白也會和其他荷爾蒙一起交互影響。例如，其實瘦蛋白會抑制可體松的分泌，同時也會抑制胰島素分泌，因此其實是這兩項荷爾蒙的抑制劑。血液中瘦蛋白濃度過低會導致甲狀腺激素分泌低下，低下的甲狀腺激素則會導致身體基礎代謝率下降，長期下來則會降低身體的能量消耗率。

瘦蛋白膠囊當成減肥膠囊來服用？

市面上當然能買到以保健食品之名來販售的人工合成瘦蛋白膠囊。不過這樣的膠囊並無法達成許多肥胖患者心心念念的願望：瘦蛋白在他們身上並不會產生抑制食欲的效用，這是因為肥胖者本身血液裡就已經帶有相當高濃度的瘦蛋白，而且體內還帶有瘦蛋白抗性。在這種情況下，瘦蛋白膠囊不僅無法達到抑制食欲的效果，反而還會傷腎傷肝，得不償失。

脂聯素

脂聯素是一個只有在脂肪細胞中才能形成的荷爾蒙。它能優化胰島素功效並提升高密度脂蛋白膽固醇，脂聯素更能對醣物質代謝干擾與脂肪物質代謝干擾產生絕佳的主動防護作用，也因此對於物質循環有著相當正面的助益。除了上述功效之外，脂聯素也是協調免疫系統不可或缺的重要元素。

但是在體重過重的人身上，這項「好」荷爾蒙的指數卻滑落到平均比例以下，這便是造成身體失去脂聯素保護功能的原因。體內脂肪量的比例越高，脂聯素的指數反而就越稀薄。即便在少數體重過重的人身上出現脂聯素依舊充沛的情況，其功效也只限於延緩醣類物質代謝問題惡化成為糖尿病症狀的時間而已，偶爾可見到肥胖患者因此沒有出現典型的代謝症候群。不過相當可惜的，這些情況只是相當罕見的案例。

血管收縮素原（高壓素原）

血管收縮素原是轉變成血管收縮素的前階段物質，不僅能在肝臟內生成，在脂肪組織中也能製造，而且更能同時在整個人體範圍內生產。脂肪組織能自行生產血管收縮素原是相當重要的功能，畢竟脂肪組織內也需要血液的流通以及血液所帶來的養分。人體體重在每增加十二公斤時，就會額外再增生出一公升的血液以應付需求。血管收縮素原就是啟動這項製造程序的要素。除此之外，血管收縮素原也負責調節血壓高低。這項從脂肪內部製造而來的荷爾蒙的任務，就是確保我們體內物質循環系統及血液流通能正常運作。

雌激素

雌激素並非只有在其最原本的形成地卵巢、睪丸或腎上腺才能生成，脂肪組織也能直接製造雌激素，雌激素酮尤其如此。雌激素指數更會隨著人體內的脂肪總量一起按比例增長。這個結果導致患有肥胖症的男性會越來越傾向發展出女性特徵：例如肥胖男性的胸膛與腹部原本覆蓋的胸毛、體毛會逐漸脫落，而且不光是腹部，大腿和臀部區域也會累積越來越多的脂肪。

體重過重的女性在停經後會較少感受到更年期的困擾，這是因為身體的豐厚脂肪仍舊不停地製造大量的雌激素，這使得體內的雌激素不會下降得過於快速，反觀纖細的女性，她們在停經後受到的更年期困擾就明顯許多。詳細的研究請參見二〇一二年的〈克羅諾斯早期雌激素預防研究〉（The Kronos Early Estrogen Prevention Study）。

第 4 節　脂肪分布：男女有別

脂肪在女性身體所占的比例大約是百分之二十五到三十，男性則約百分之二十到二十五，男性體脂較低的原因，是因為男性身體的肌肉組織較多。若我們假設人體平均每公斤體重可折合為七千大卡的熱量，那麼一位體重六十公斤、脂肪總量占身體百分之二十五的苗條女性，體內約有十五公斤的脂肪量，等同於約有一萬五千大卡的卡路里庫存儲藏在體內。這樣的卡路里能量已經足夠支撐一個人從德國最北邊的海港城市芙蘭斯堡（Flensburg）到南德邊境的加米施—帕滕基興小鎮（Garmisch-Partenkirchen）約五十天的單程散步：他途中不需再進食，因為身上的能量足以應付所有維持生命所需的必要人體功能、基礎代謝熱量以及人體的正常活動量。我們體內的脂肪備用庫存容量就是如此龐大，即便是看起來比一般人更纖瘦的人，也同樣可以在體內找到大量堆積的能量庫存。

男性身體和女性身體用來儲存脂肪組織的區域分布相當不同：女性的多數脂肪軟墊多分布在大腿區域、胸部及臀部，而男性的脂肪則大部分分布於肚腩、腰部及脖子肩頸區域。大家一定已經料想到，這是大自然預先設想好的原始裝置：女性的腹部由於要避免在懷孕時不要被大片的庫存油脂阻礙的緣故，必須盡可能地越輕便、越無負擔越好。男性的雙腿必須要在狩獵時能夠越快速、越有活動力越好，也因此必須將腿部的油脂庫存往身體的上半部移動。

這典型的男女身形如今在街上已經很難再看到，取而代之的是越來越多混合體態，男女身體上不同的典型脂肪分布已逐漸消失在現代人身上越來越龐大的脂肪量之中。這絕對不單單是外表美不美觀的問題而已，它是嚴肅的新陳代謝循環問題。

多數男性在四十歲，或是最晚到五十歲，就開始慢慢養出了典型的「啤酒肚」。這個歲數左右，剛好是男性進食量漸漸與身體活動量相差越來越遠的時候，原先身體能量消耗和能量攝取的平穩狀態逐漸失衡。恰好也在這個年紀，皮下脂肪組織的脂肪儲存能力也同樣達到極限了，身體必須把多餘攝取的脂肪往其他地方塞，隨便哪裡都好。由於身體想不出其他更好的方法，只好把這些脂肪往內臟和腹腔區域的脂肪細胞塞進去。身體首先會試著把脂肪庫存漸漸往腹部區域的內臟移動，然後擴張到整片腹膜周圍，以及腹膜下器官的外部組織上。

不過對許多人的身體而言，這些儲存地方總有一天會不敷使用，多餘的庫存脂肪甚至會漸漸開始往內部臟器擴散，例如肝臟、胸腔、甚至心臟。而在這些被脂肪圍繞包覆起來，甚至連功能都被「扼殺」的器官結構裡，內部又充斥著之前就已經慢慢塞入的脂肪，想當然耳，器官再也沒辦法正常運作、做出即時反應或是發揮應有的效能。這種情況下，器官的物質代謝運作通常不用多久也會出現大問題。在體重超重特別極端的人身上，甚至不久後連血管壁四周的區域都會被脂肪拿來當成倉庫使用。

問題：腹部空間的內臟脂肪

大自然原先預定的皮下脂肪儲存區域，就是被動地成為唯一我們人體用來儲存備用能量的區域。至於儲存在其餘身體區域的備用脂肪，它們的狀態就跟「被動」這個詞相差十萬八千里。在脂肪不該儲存的區域所出現的庫存脂肪，有著相當「活躍」的獨立活動——而這些活動對我們的組織器官、物質循環及健康狀態，卻一點好處也沒有。腹部脂肪尤其更是個相當活躍的脂肪組織，它不但會分泌許多荷爾蒙，還會生產許多危險且容易引發發炎狀態的物質（參見前文）。

腹部脂肪可謂是代謝症候群最危險的問題來源，但這個影響範圍擴及整個物質代謝系統的疾病卻有越來越普遍的趨勢，特別在年過五十的中年男性族群上更是明顯。相反地，女性在臀部、大腿及胸部所堆積的皮下脂肪組織，反而不會造成那麼多的物質代謝問題及疾病。

想要檢查自己的腹部脂肪是否太多，只要簡單量一下位於胸腔與骨盆中間的腰圍大小，就能確定是否一切還算正常。國際糖尿病聯盟（Die internationale Diabetes-Föderation）提出的女性健康腰圍參考值為八十公分，男性則為九十四公分。也有不少組織認為數值應該再提高一些，男性在一百零一公分、女性在八十八公分以內都是健康正常的範圍。但就我來看，這些數值都太高了。

在判斷代謝症候群時，必須將其他物質代謝的數值一併列入觀察。三酸甘油脂指數就是其中一項，血液中三酸甘油脂正常的數值，每分升應不超過一百五十毫克，而空腹時的正常血糖數值，每分升不該超過一百毫克。這幾個物質代謝指數彼此之間有著息息相關的互動，而且能相當準確地描述出新陳代謝功能失常的整體狀況。若是加上第四個參考數值——高血壓——那就完全吻合了代謝症候群的主要四大特徵，病人這時的健康狀態堪稱令人擔憂：不論是罹患心血管循環疾病，或是因心血管疾病而死，風險都相當高！

一般來說，這樣的情況還會伴隨更多的風險因子，不過這些風險所會影響的範圍都不是太大，例如男性高密度脂蛋白指數低於每分升四十毫克，以及女性每分升低於五十毫克。所謂的代謝症候群，基本上就是脂肪代謝與醣類代謝失常，接著牽連到更多其他功能也失常。這些症狀的起源最終都要歸因於不健康的生活型態所致。要想再次導正新陳代謝循環，那麼將生活型態調整成充滿運動、擁有均衡且低熱量的飲食，以及配合良好的醫生指示與藥物協調，就是個相當不錯的選擇。這個改變必須要三方面一起進行，三個改變缺一不可。

頑固的內臟脂肪

年過五十且有物質代謝失衡的人如果想減重、想讓生活及身體重新步上健康軌道，所面臨的挑戰與困難明顯地比年輕人還嚴峻。熟齡人口減重時面對的困難，不外乎是減肥效力只能撼動皮下脂肪組織而已，那是因為這是唯一還繼續在服從中控系統使喚的脂肪組織。換句話說，你想要減重的部位，當然就是減脂後對健康有益的部位，例如腹部周圍、身體內部的脂肪，尤其是器官附近周遭的脂肪，但這時的減重措施其實卻拿它們一點辦法也沒有，能減的只有原先預設的皮下脂肪區域。人類演化機制，讓我們的身體訓練出這套集中儲存的物質代謝策略。而這樣減重下來的結果，就是肌膚表層瘦了，卻多了許多皺紋，而肥胖的肚腩依舊動也不動，內臟器官也還是一樣內外都被油脂包圍。

因此，想要將減肥的力道貫徹到身體各地的每一處脂肪，就需要一個全然不同的策略，但這項減重方法卻會對身體健康造成巨大危險。特別是那些有著明顯像男性脂肪分布的女性肥胖患者，她們在這套減重方式上所承受的健康風險會更高，因為這套減重方式對她們的物質代謝習慣來說，將會是一場不同以往的任務。這時唯一能幫助大家度過難關的，就是毅力與紀律！

成功擺脫內臟脂肪

單純地改變飲食習慣，雖然也能發揮減重效果，但光是這點並無法撼動小腹上的脂肪。科學實驗一致認同：只有透過運動及身體活動來消耗能量，才能減少小腹上的脂肪。這樣的活動與運動究竟是耐力訓練還是重量訓練比較有效，目前學界上還沒有得出一個令人滿意的定論。

杜克大學醫學中心（Duke University Medical Center）在二〇一一年對此發表了一項大規模的研究結果，刊登於《美國生理學雜誌》（*American Journal of Physiology*）。實驗期長達八個月，受試者為兩百位體重過重的成人，其年齡介於十八到七十歲之間，受試者可選擇每週一次慢跑十九公里，或者是每週參與三次肌肉訓練。實驗結果如下：不論是耐力運動或是重量訓練，都能有效減低受試者的腹部脂肪，但若結合兩種運動，則能取得最大的減重成果。這和我在本書中提出的理論完全吻合，最佳的減肥方式，是大量增加肌肉細胞中粒線體的數量，同時全面優化（大量有氧）物質代謝中的生物化學程序效率，最後建造出更多的肌肉量。

庫諾．霍藤羅特教授（Prof. Kuno Hottenrott）也在二〇一七年指出，身體活動與運動在減低內臟脂肪上不僅能發揮最佳效果，更是達到最大效果的唯一方法。這項實驗的受試者為八十位體重過重的人士，年齡分布為四十五到五十歲，研究者讓受試者結合每週三到四次的耐力訓練並搭配間歇性斷食。三個月的實驗過後，受試者不僅成功減重，也成功降低身體脂肪的數量，小腹脂肪的變化尤其明顯：只參加耐力訓練的受試群組，在實驗時間內減低的內臟脂肪約三．四公斤，而另一組同時進行耐力長跑與間歇性斷食的受試者，則在最後減掉了六公斤的體重。按照霍藤羅特教授的説法，對抗內臟脂肪若沒有選對特定有效的運動類型的話，將無法達成任何效果。此外，霍藤羅特教授更建議想擺脱內臟脂肪的人，除了每週三到四次的耐力訓練之外，必須再加上六成到八成的重量訓練以及每週至少一到兩天的間歇性斷食。

順帶一提，許多人幻想在現代高科技的協助之下，只要躺著不動，什麼也不做，也能讓脂肪輕鬆地被儀器吸走，但很可惜地，這套方法對內臟脂肪並不管用，這是因為內臟腹部脂肪與內臟器官緊緊相鄰，且許多甚至是和內臟組織一起交錯生長的緣故。好了，請站起身來並套上你的慢跑鞋吧。

第5節　我的脂肪燃燒率如何？肺功能量計提供準確答案

透過換算人體吸入的氧氣量會有多少二氧化碳被呼出，可以得出人體器官組織製造、獲取能量時需要使用多少葡萄糖或脂肪酸。藉由肺功能量計能夠清楚地計算出這項數值，它可在人體靜止狀態下使用，也能在人體運動狀態下使用。肺功能量計的測量結果，能夠顯示一個人身體內醣類與脂肪物質轉換是否運作正常。

操作肺功能量計需要的工具當然是肺量計，它的外貌看起來與「面具」相似，可以在病患吸氣與呼氣時測量氧氣與二氧化碳數量。病患在面具之內所能呼進的氧氣量維持固定不變。人體在同一時間內，呼出的二氧化碳與吸入的氧氣數量之間的關係，就稱為呼吸商（RQ）。呼吸商因此可說是能顯現出每個能量來源占有能量輸出的比例。

這究竟該如何理解呢？不同的營養物質，例如碳水化合物或脂肪，會為身體帶來不同的能量數量，它們有著完全不同等級的「燃燒熱」（Brennwerte）。為了要燃燒這些營養物質，身體通常會需要一定數量的氧氣。如果說今天人體攝取的營養物質其組成成分為已知的話，那麼人體從中透過活性氧代謝可以得到的能量數量就可以相當精準地計算出來。例如我們已經知道，燃燒葡萄糖時，每公升氧氣可得二十一千焦耳熱量——這就是所謂的碳水化合物折算卡路里等式。而從呼吸商裡，我們就能得知現在身體裡是使用碳水化合物來當作能量來源燃燒，還是正在使用脂肪。因為同理可證，我們能以這條公式推算出應該得到的卡路里。若將這個數值再乘以吸收的氧氣數量，並乘上時間的話，甚至可換算出一個人的能量轉換量。這就是間接熱量測量法（indirekte Kalorimetrie）的計算基礎原則。

綜上可得出不同能量載體的平均呼吸商數值的計算公式如下：

- 碳水化合物呼吸商：1
- 脂肪呼吸商：0.7
- 蛋白質呼吸商：0.8 到 0.85

呼吸商數越高，從碳水化合物轉換得出的能量也就越多。呼吸商越小，那就必須要抽取更多的脂肪來當成能量來源。至此，脂肪燃燒可得的能量比例已經能夠精準地計算出來。這點對運動員而言尤其重要，一般運動員的心肺功率計算，通常是在高速踩踏單車功率機上時測量的，這種測量方式所得出的呼吸商，就是用來標誌運動員耐力能力長短的重要指標。

調控不佳的糖尿病患者在呼吸商的表現上通常相當差，這是因為他們身上帶有各樣的醣類物質代謝問題：由於身體內碳水化合物透過活性氧代謝所兌現出來的能量數量不理想，這些人的新陳代謝會自動轉成抽取身體裡的脂肪酸與蛋白質來當作製造能量的原料。在這種情況下，肺功能量計——當然這時的受試者是在靜態狀態下受檢測——就是一個相當恰當的監測方式，透過肺功能量計能夠輕易地得知身體新陳代謝循環是否回到正常的軌道上了。

嚴格來說，在科學上，呼吸商其實只是呼吸交換率（Respiratory Exchange Rate）的一個概括相近值而已，後者在研究中其實才是較具意義的數值。但是要測得這個數值所需要的過程更為繁複，因為這需要經過緊密的追蹤測量才能取得。也因此在一般診所中，呼吸商測量結果所提供的資訊，就已經相當完全且足以判斷身體能量燃燒的品質程度。

第4章

蛋白質代謝

蛋白質是人體器官組織最重要的組成材料。光是我們的肌肉組織裡，就有百分之二十的組成成分來自蛋白質，而光是人體全身所有的蛋白質組成部分，就占了體重的百分之十六之多。假設一個成人的體重為七十公斤，那麼其中就有十一公斤是蛋白質。

不過並非所有的蛋白質都完全一模一樣，正好相反：我們身體裡的所有蛋白質大約來自二十種各式各樣的組成元素，我們稱這些物質為胺基酸——而這二十幾種胺基酸的不同組合類型，就製造出千變萬化的不同種類蛋白質。人體這個神蹟般的構造與我們精細的物質代謝系統，就是拜這些多樣化的蛋白質才得以出現在世界上！每個蛋白質所擁有的胺基酸數量及其排列組合方式都不一樣，因此蛋白質是許多人體重要功能中不可或缺的物質，有時甚至是承擔這些功能的重要角色：

- 酶素為蛋白質的一種，在人體所有物質代謝過程中都有著無可替代的作用。
- 新陳代謝程序透過肝醣異生作用能將蛋白質轉成能量來使用。
- 血紅素身為蛋白質的一種，負責運輸氧氣到全身各處。
- 鐵蛋白身為蛋白質的一種，是肝臟儲存鐵質功能中不可或缺的重要元素。

- 肌凝蛋白與肌動蛋白是掌控肌肉收縮緊放的元素。
- 蛋白質物質更能組合出膠原蛋白這樣的型態，其功用是支撐與連結骨骼和肌肉組織。
- 人體免疫系統裡各式各樣的抗體，其合成的基本元素就是蛋白質。
- 蛋白質身為接受器的一員，也負責傳遞神經動作電位。
- 阻遏蛋白（Repressorprotein）正是在基因組上用來區分重要與不重要的遺傳基因訊息的關鍵蛋白質。

這些不過只是幾個例子而已，它們在在顯示我們的身體在器官組織內安插了各式各樣的蛋白質及胺基酸，以維持其功能運作。

我們從日常飲食中攝取由蛋白質為基底組成的食物，這些蛋白質進到體內後則會被分解成更小的組成成分，一直分解到基礎元素、半基礎元素，直到最後分解出非必需胺基酸為止。值得注意的是，有八類胺基酸是人體不能透過新陳代謝循環自行製造出來的。所謂的必需胺基酸，就是必須透過均衡的飲食攝取來獲得的意思。與此相反地，人體可以毫無問題地自行生產十種非必需氨基酸，而其中兩種屬於條件式必需胺基酸；所謂的條件式必需胺基酸，意思是人體可以自行合成出一定的數量，但當人體處於生病的狀態下，體內所需的量就會超過自行可以合成的量，變成生產不敷所需的情況。基於這個原因，日常的飲食計畫中絕對有必要注意自己是否攝取足夠的必需胺基酸，以維持身體的健康狀態，當然，這更能幫助維持身體新陳代謝循環的正常運作。

胺基酸種類一覽

必需胺基酸	條件式必需胺基酸	非必需胺基酸
異白胺酸*	精胺酸	丙胺酸
安白酸*	組胺酸	天門冬醯胺
纈胺酸*		天門冬胺酸
離胺酸		半胱胺酸
甲硫胺酸		麩醯胺酸
苯丙胺酸		麩胺酸

蘇胺酸		甘胺酸
色胺酸		脯胺酸
		絲胺酸
		酪胺酸

＊BCCA（支鏈胺基酸），也就是側鍊具有分支結構的胺基酸，這類胺基酸能夠直接被人體吸收使用，不須再經過肝臟進行物質代謝作用消化。這是重量訓練者相當愛用的蛋白質類型，因為該類蛋白質能促進肌肉組織成長增生。

第1節 分解胺基酸：能量寥寥無幾但建材豐富

消化道在分解蛋白質時將釋放出許多特殊的酶素，例如所謂的蛋白酶，蛋白酶能夠將蛋白質分解成更小的組成分子，例如胺基酸。這個過程堪稱複雜無比，原因是要從蛋白質裡分解出各式各類的胺基酸，只有透過特定的相應酶素才能夠辦到。這整套分拆蛋白質的過程，就稱為蛋白酶解（Proteolyse）。而分解出來的胺基酸，就會透過被小腸再次消化吸收而重新恢復功能。

其實分解蛋白質這整套過程對身體來說，是個相當耗費能量的程序。分解一百公克的蛋白質，最後只能得到約百分之八十的能量而已——其餘的能量都在處理程序中消耗掉了。正因如此，當身體新陳代謝過程中必須使用蛋白質時，會遠比同樣的程序去轉換碳水化合物或脂肪來得更耗能許多：在消化分解這兩類庫存材料時，處理過程最高只會消耗掉百分之四到五的能量部分。這就是為什麼攝取大量蛋白質能夠幫助大家減肥的原因：畢竟若吃了一塊有一百大卡的牛排，但其中就有二十大卡會被身體在處理分解過程中消耗掉的話，那最後只會有八十大卡剩下來，進入到大家的臀部堆積起來，而這還是當你沒有機會把這八十大卡用掉的時候。但如果這時吃的是麵包的話，身體就可以很快速地分解消化，處理完後，大約還有九十五到九十六大卡的熱量能夠使用或是必須被身體儲存起來。

胰臟內所分泌的各樣酶素能夠將人體攝取的蛋白質，從分子的各個不同部位直接分拆成各類胺基酸鏈（又稱為縮胺酸），同時也能夠直接分拆成各類單一的胺基酸。為了要能夠將各種蛋白質分拆成各類胺基酸好供人體使用，我們的身體組織對此發展出各式不同的反應方式：

■ 在去羧反應中存在著一種稱為胺基酸脫羧酶的特殊酶素，這是一種存在於二氧化碳中的胺基酸，被稱為所謂的一級胺，這類胺基酸的特徵完全取決於被分拆的胺基酸是哪一種而定。組織胺與血清素這兩種荷爾蒙就是如此形成的，這兩種荷爾蒙都在身體內負責相當重要的功能。

■ 轉胺酶則專門為了轉胺基作用而存在，同時也是一種相當特殊的酶素，是胺基酸裡的其中一種胺基（NH_2），它能轉移到另一個碳物質鏈，並且藉此形成另一種胺基酸。這個轉移的過程甚至是可逆的，也因此在分解與改造胺基酸時扮演相當重要的角色：正是因為有這個功能，身體器官組織才能自行製造非必需胺基酸。所謂的必需胺基酸，就是身體無法透過轉胺基作用來合成生成的胺基酸，我們必須透過每日的飲食來攝取這些胺基酸。

■在脫胺基作用運作以及尿素形成的同時，有某個特殊的酶素，稱為去氫酶，會將過程之中的胺基酸與水物質抽取出來，並在抽取出來後將之與水混合。這時便會形成氨與酮酸。由於氨其實是一個會傷害人體細胞的物質，但卻又是身體進行蛋白質物質循環時經常會出現的過渡產品，或是最終的終端剩餘物質，所以我們的身體組織器官便會將其轉換成一個無害的型態，也就是尿素。以這個型態出現的氨，身體就可以毫無問題地透過腎臟排出。經常大量攝取蛋白質的人們，例如運動員，就時常發生身體器官過度勞累的現象，這是因為這個循環過程會消耗身體大量能量的緣故。

不論身體裡的各種胺基酸是透過何種方式形成，最終它們都會被各種專門的運輸載體接收並運輸到血液裡作為其他的用途。

蛋白質能量：儲備糧食！

少部分的胺基酸在整個蛋白質物質代謝過程中，同時具有重要的物理功能。例如肝臟中的丙胺酸與甘胺酸，就會轉化成葡萄糖供身體使用。而這些葡萄糖當然就在身體運行時又再次成為肌肉的能量來源，在肌肉中再次分解成為丙酮酸。而在新的胺基酸又傳播進來之後，這批丙酮酸便可以再次被分解成丙胺酸或乳酸的型態，重新進入血液裡。這麼一來，在肌肉與肝臟之間就形成了一個自然的物質循環，我們稱之為葡萄糖—乳酸循環（科里循環）。這項循環作用能夠幫助身體在極度疲憊及壓力巨大之下，例如參與馬拉松賽事的長跑跑者，依舊能取得源源不絕的能量供給。

總體來說，蛋白質分解通常只能滿足少部分的身體能源需求而已。身體能夠自行從肝臟、脾臟及肌肉組織中透過所謂的蛋白酶解作用轉化出更多的丙酮酸。有了丙酮酸之後，身體就可以自由決定是要將這些物質直接送去進行肝醣異生作用，或是要直接用來投入能量生產之中。而這中間形成的氨素就會轉換成無毒的尿素，透過尿液排出人體。

在碳水化合物與脂肪的細胞循環過程當中，一般只會分解出完全的二氧化碳與水分而已，但是當身體使用蛋白質當作能源並分解蛋白質時，過程中卻會產生氮氣類的物質以及某些物質循環的終端產品，例如尿素、尿酸及肌酐。除此之外，為了要去除氮氣對身體的毒性，必須透過來自蛋白質的尿素合成作用，以及更多的能量（每公克約消耗三．七六大卡），才能中和氮氣對身體的影響。這種種的一切都告訴我們，蛋白質的燃燒熱量明顯遠低於脂肪或碳水化合物的燃燒熱量。

合成代謝：蛋白質塑造我們的身體

人體內最大部位的蛋白質就儲存在肌肉組織裡，這部分的蛋白質占了全部的百分之四十三，其餘的部分分別儲存在血液與皮膚裡，各占全部的百分之十五。人體內的蛋白質庫存量終其一生都不會有太大的變化，顯得相當穩定，這是因為人體內的胺基酸永遠都處在不停歇的分解與重新組合的循環程序裡的緣故。人體內有著各式各樣不同的蛋白質分子，而其生命週期長短也各自不同：有些只有幾分鐘長的壽命，有些卻能達到甚至幾個月的壽命，蛋白質在人體內生命週期的長短，端看它在身體器官組織中的功用是什麼而定。

胺基酸於各種身體器官內的功用＊

腸道：

麩胺、天門冬胺、麩醯胺酸：用以形成三磷酸腺苷以獲得能量

麩胺、天門冬胺、甘胺酸：用以形成核酸來進行細胞增殖（細胞增長及細胞新生分裂）

肌肉：

甘胺酸、精胺酸、甲硫胺酸：用以形成肌酸以產生能量供身體使用

神經系統：

酪胺酸、苯丙胺酸：生產腎上腺素的原料

色胺酸：形成血清素以提供傳導物質

免疫系統：

麩胺、天門冬胺、精胺酸：提供細胞增殖的原始材料

心血管系統：

精胺酸：促進一氧化氮生成，用以調節血壓

＊整理自Speckmann et al. 2019, S. 616

每個人每天平均所攝取的蛋白質量約為七十到八十公克。其中百分之二十會在能量轉換中氧化，也就是當成能量使用掉。其餘的部分則會透過蛋白質合成或是蛋白質生物合成作用改造重組成為細胞組織、荷爾蒙以及其他身體各處所需的材料，因此每天在身體內新形成的蛋白質大約就有三百克這麼多。在這三百克形成的同時，也有大約三百克舊有的蛋白質會重新（從荷爾蒙、組織細胞中）被分解拆離，因此透過新增組成與分解拆離、蛋白質合成與細胞自噬，身體內形成一個蛋白質數量相當平衡的狀態。透過這套機制，人體內的所有細胞整體而言都能保持在超級新鮮完美的狀態，並因此運行良好（請參閱《從細胞的生命及死亡說起》（*Vom Leben und Sterben der Zellen*），頁九十）。介於二十與四十歲之間的成人，其人體蛋白質狀態

大約是如此。至於兒童及青少年則因為仍然處在發育期的階段，主要的蛋白質作用都是在進行蛋白質新增及細胞增殖，相比之下，進入熟齡或老齡的時候，人體內蛋白質作用就會越來越著重在分解拆離上。

人體內主要的蛋白質合成作用（幾乎百分之九十）都是發生在小腸、肝臟之中，尤其更是集中在骨骼肌肉組織裡。與其他身體區域相比，這些身體區域都是高度遍布蛋白質合成的地方，它們同時也是細胞分裂進行最快速的身體部位。最好的例子就是我們腸道中的細胞或免疫系統細胞。在骨骼肌肉組織中，每天大約進行著一百二十公克的蛋白質合成作用，在肝臟中則有八十克，相較之下，腎臟每天則只會進行三克的蛋白質合成，而心臟更是每天只有一公克而已。從這裡的數據，大家也可以分辨出來，哪些地方的細胞各自是以怎樣的速度在進行修復與更新。比起其他物質代謝速度活躍的細胞，例如骨骼肌肉組織、肝臟或是腸道，由於心臟細胞的細胞分裂過程如此緩慢，所以它特別容易表現出老化特徵。

隨著年齡增長，人體中巧妙維持平衡的蛋白質新生與分解天秤也會逐漸傾斜，這是由於蛋白質合成作用逐漸衰弱的緣故。對於蛋白質新生與分解平衡，能夠發揮最大影響的就是胰島素，這是因為當血液中高濃度的甲狀腺激素或是壓力荷爾蒙皮質醇分泌時，會促進人體體內的蛋白質分解作用，但是胰島素卻是對此相當強力的抑制劑。換句話說，當你攝取的養分不充足、不均衡或是運動量不足的時候，蛋白質分解的速度就會大幅提高，甚至高過蛋白質新生的速度。在以限制飲食量來達到減肥目標的人身上，這個身體機制的現象非常常見，主要的特徵便是身體內的蛋白質含量急速下降，特別是肌肉組織中的蛋白質更是被快速分解殆盡。這點又再次提醒我們，生活方式對身體的新陳代謝機制有著多麼大的影響力。此外，患有胰島素物質代謝疾病的病患，例如糖尿病患者，或是處在高壓工作環境下而因此患有甲狀腺素疾病的人身上，也可以發現這種蛋白質流失的現象，這是因為他們體內的蛋白質分解作用勝過新生作用的緣故。

我們的身體組織器官能否善用食物中的蛋白質，取決於我們所攝取的蛋白質量（請參見下圖）。高蛋白質攝取量的狀況下，食物內含的胺基酸也會按造比例在循環代謝過程中被轉換成能量，並且在這過程中就被大量消耗使用。這種情況下，身體內的蛋白質合成與分解作用都會相當活躍。與攝取總量相比，過量攝取狀態下的蛋白質新生效果並不算有效率。但如果能將攝取的劑量控制在一定的範圍之內，卻反而能夠達到最優化的蛋白質分解、能量轉換以及蛋白質合成的平衡比例。總結來

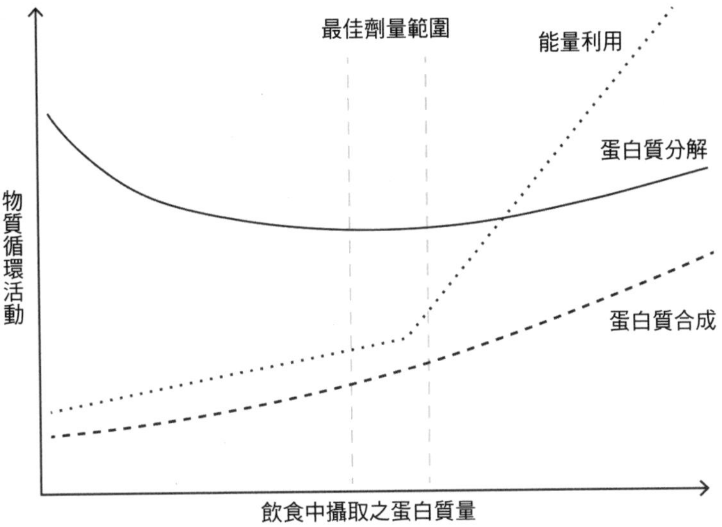

蛋白質攝取與消耗相對關係圖

說，過量攝取蛋白質，不但對身體器官沒有帶來相對比例的效益，反而還會直接影響物質代謝循環；同理，過低的攝取量當然也對身體有害。

攝取的蛋白質量極低時，人體會開始大量以極端速度分解身體各地儲存的蛋白質，身體器官組織開始溶解流失，其中更包含一些完全無脂肪的身體組織。在所有開始大量分解蛋白質的身體組織之中，要數肌肉組織的流失最為迅速明顯。這會對循環代謝程序產生巨大的永久改變與影響：循環代謝開始長期維持在比基礎代謝率還要更低的狀態，好用來節省身體消耗能量，讓身體的循環變得更慢、所需要消耗的熱量變得更少。這樣的問題最常發生在進行節食減肥、飢餓療法、齋戒禁食的人身上，另外一個好發的大宗族群則是食量減少的老人家。蛋白質分解雖然也很可能直接讓身體體重達到減輕的效果，但是蛋白質分解這個過程主要分解的組織仍然是物質循環代謝相關的組織。如果妄想要透過這種被動的方式來減去身體的脂肪總量，通常不會成功，反而會養出一個整體而言效率更差的循環代謝系統。但若以均衡的方式來減少食量或是用緩和漸進的方式來進行齋戒禁食，換言之，配合穩定協調的飲食計畫，每天攝取每公斤體重乘以〇．八至一．二公克的蛋白質，並輔以相應的肌肉訓練，身體就能依舊保持固定的肌肉量。

蛋白質轉化的過程，不論是分解過程還是新增過程，對身體而言都是個相當消耗能量的運作程序。身體在消化食物內的蛋白質時，每消化一公斤的食物大約就需要消耗掉四千焦耳的能量，而這四千焦耳的能量通常還就是剛剛吃入的蛋白質所轉換產生出來的能量的一部分。身體器官組織為了生成縮胺酸及其相關元素，所需要消耗的能量就占了總基礎循環代謝量的百分之十五到二十。除此之外，為了進行其他更重要的物質循環代謝程序，身體必須於細胞內傳送胺基酸及合成胺基酸，這些運作程序也會消耗其他身體內剩餘的能量。這就是為什麼高蛋白質的飲食方式所需要的能量代謝程序運作，會比一般消耗碳水化合物或脂肪更為費力與耗能的原因。

換個方式想，高蛋白質飲食的方式對於體重管理其實有兩項優點：首先，高蛋白質飲食讓人體很快地產生相對大量的優質飽足感，其次是在物質代謝的過程中就已經直接消耗了許多攝取養分的熱量。我在書中將蛋白質稱作超級食品可不是沒有原因的。

第2節　多少蛋白質才正確？

所有的飲食協會都會建議每天平均應攝取的蛋白質數量應為每公斤體重乘以〇．八到一公克。運動員及年過五十的中年人則需要更高比例的蛋白質飲食，約為每公斤體重乘以一到一．五公克，這是因為這兩類族群的人口有著明顯更高的新增與修復需求。運動員對於蛋白質的高需求量，是因為要修補肌肉在訓練及比賽時所受的磨損與消耗。而成人在五十到六十歲以上需要高蛋白飲食的原因，一方面是因為身體長年磨損消耗已經到了時常需要大範圍修補的年紀，另一方面，運轉上已經不太靈光的物質循環系統也不再能達到所有該製造生產的胺基酸數量。這時候為了能夠讓負責修復及再生程序的新增物質代謝獲得足夠的增建原料，就必須補充比年紀尚輕時還要足夠且劑量更高的各種胺基酸食品。

每日攝取比每公斤身體體重乘以一．五公克還要更多的蛋白質，雖然一方面能夠明顯提高蛋白質的合成作用，對於運動員以及正在復原期或修復期的病患有相當大的幫助，但同時也會造成體內的蛋白質分解程序運轉率提高，同時也代表蛋白質氧化作用（尿素氧化作用）也會升高到超出正常比例的濃度。這時的蛋白質合成作用對比蛋白質轉換出的能量數則會減低（參見第一節的圖）。這時若結合重量訓練來鍛鍊肌肉，骨骼肌肉中蛋白質合成對比氧化消耗能量的效率就又會再度提升，於是繼續這樣提高蛋白質攝取量並加強重量訓練強度，就會達到增加肌肉量的目的。如果想單單靠大量攝取蛋白質，就妄想提高肌肉量，這是絕對不可能的。想要增加肌肉量，重量訓練是完全不能避免的唯一途徑！

攝取蛋白質的同時，請務必注意下列重點：長期規律地大量攝取蛋白質，但卻未同時攝取足夠的鈣質，將會對骨骼物質代謝造成負面的影響。

飲食中可攝取的蛋白質量請參見第一章第三節的表「促進高速物質代謝的豐富蛋白質食材」。你並不需要每天都攝取所有種類的胺基酸，也不需要每天都攝取到個人所需的蛋白質量，但是這些攝取種類與分量必須控制在一週之內達成。因為身體如果缺少了某些特定的胺基酸，則身體器官中這些胺基酸所負責的相關功能就無法再順暢地運行了。

對於專業運動員其特殊的骨骼肌肉需求，以及正在進行節食減肥的人士而言，則應該選擇攝取較多的乳清蛋白，乳清蛋白含有支鏈胺基酸，是有特殊需求的人最好的蛋白質來源。支鏈胺基酸不僅能夠輕易地被肌肉組織吸收使用，同時也能夠促進維護免疫系統。這是因為每種不同種類的胺基酸都有著各自不同的「新陳代謝命運」，例如食物中的白胺酸只有百分之二十五會在肝臟及腸道內被吸收消化完畢，而離胺酸則有百分之三十，麩醯胺酸則高達一半。食物中的酪胺酸則絕大部分在肝臟中就已完全消耗完畢。但是，乳清蛋白裡所含的支鏈胺基酸則不一樣，它能夠直接被身體內所有的器官使用，這是因為它根本事先不需要經過肝臟的消化與轉換的緣故。

也因此在攝取蛋白質時，我們需要特別留心蛋白質的來源、蛋白質的劑量以及攝取的時間。舉例來說，對於骨骼肌肉而言，白胺酸以及可以快速被消化的蛋白質來源（例如乳清類蛋白質），就相當適合用來促進蛋白質的合成作用。對於肌肉而言，這類的蛋白質要遠比大豆蛋白或酪蛋白來得又快又好，因為這兩種蛋白所含的白胺酸不僅較少，而且也明顯需要更長的消化與處理程序。

處在正常運動量的人，合理每天該攝取的蛋白質為每公斤體重乘以〇．二五到〇．三的數量即算足夠，高強度運動量的人則每天該攝取約每公斤體重乘以〇．四到〇．五的蛋白質分量，以確保細胞與肌肉能夠獲得足夠的能量進行再生與修復。每餐攝取的基礎胺基酸量建議維持在十公克左右，這樣的分量足夠維持蛋白質合成，同時也不影響肌肉組織內的蛋白質新增。即便是不常運動的人，若已達五十歲以上，建議仍舊應該維持攝取每公斤體重乘以一．五到二．五公克的乳清蛋白量，以促進身體維持物質代謝的良好運作效率與功能。

胺基酸的生物價值

為了能更進一步瞭解我們的飲食與蛋白質品質的關聯，在這節裡我想解釋一下「生物價值」這個概念。生物價值所代表的意思，是一個食物內所含的胺基酸之於人類體內胺基酸的關係。如果兩者的重疊性越高，則我們需要攝取這類食物的分量則越少，因為這樣才能提供身體組織足夠的機會，在體內自行合成製造這些胺基酸。

生物價值一般丈量的都是動物性蛋白質，其中最特別的一種是雞蛋的蛋白質。

由於基本上雞蛋的細胞架構與人體細胞架構具有高度的相似性，並同時具有高度的生體可用率（註：指成分吸收入人體血液循環的速率與程度）的關係：雞蛋的生物價值因此被評定為滿分一百分。當然很久以前科學界就已經知曉，大多數的植物性食物也含有等同的蛋白質含量，同樣能夠滿足人體所需要的各種必需胺基酸。黃豆，就是植物性食物蛋白質中與雞蛋的蛋白質最為相近的一種。

假如我們能善用各種不同的蛋白質來源，並將其互相合併在一起食用的話，其實要達到百分之百的生物價值是相當輕而易舉的。舉例來說，我們可以結合穀物和豆莢果類的飲食，再輔以一些種籽類或堅果類的食物，如此一來就能輕鬆地滿足身體所有必需胺基酸的需求。也可以在早餐時吃全麥麵包再配上鷹嘴豆泥、或濃郁的堅果抹醬，這樣一來就能全方位地滿足所有身體需要的胺基酸種類。

對於正在遵循特定的飲食原則或是單一的飲食規定者，包括目前身體正處在強度大的體能訓練狀態下的人，確實很難在一天三餐的正常飲食管道中獲得身體每天需要的各類重要胺基酸。有這樣特殊需求的人，必須特別注意自己飲食上必須規律加入不同食物來源以及不同的食物種類。如果你正好是全素食者或奶蛋素食者的話，要確保自己能獲取足夠的各種必需胺基酸種類，最好的解決方式絕對是時常更新、變換自己的食物種類與食材來源。

高生物價值之食物混合示範比例：

34％全蛋＋66％馬鈴薯＝136

75％牛奶＋25％麵粉＝125

60％全蛋＋40％黃豆＝123

51％牛奶＋49％馬鈴薯＝114

77％牛肉＋23％馬鈴薯＝113

55％黃豆＋45％米＝111

75％牛奶＋25％麵粉＝105

45％黃豆＋55％馬鈴薯＝103

56％牛奶＋44％黑麥＝101

51％豆莢類＋49％玉米＝99

第 5 章

新陳代謝所消耗的能量

在前幾章裡，我們花了大量的時間解釋，人體器官組織是如何從碳水化合物、脂肪、蛋白質三大類養分中獲取與製造能量，以及哪些複雜的程序是在物質代謝循環中最不可或缺的。我們的身體耗費大量的精力推動這些生物程序的運作，當然是因為身體亟需這些程序製造出來的能量。我們的生命裡若是沒有能量的話，就什麼事也不可能發生：光是要維持人體繼續「有生命跡象」，就需要消耗掉大部分身體所製造出來的能量，所謂其他身體運動與活動所消耗掉的能量，不過是其中的一小部分而已（除了從事勞力粗重工作的人士及專業運動員以外）。

科學家將人類消耗能量的方式分類成為幾個大項：

- 體溫調節指的是為了將身體溫度維持在等同溫度下的功能，這項功能對人體是攸關生死乃至不可缺少的功能：體溫過高或過低都會直接導致人體死亡。在過高與過低之間這一個區段內，又可以將體溫調節分成因低溫而產生熱能調節與因攝取食物而產生熱能，科學上將這兩種發熱狀態稱為顫慄產熱效應與攝食產熱效應。
- 基礎代謝率與靜止代謝率的測量指出的是，我們人體每天需要多少的能量，來維持基礎的身體功能，例如呼吸、心跳、肌肉伸展、免疫系統及其他各種每天無聲無息但二十四小時不停運轉用來維持我們身體運行的基礎程序。

■ 能量變換率則是指，我們在生活之中需要活躍使用的能量總量。

整體日常消耗的能量種類當然各自有其重要性，而且全都互相有所關聯且彼此互相協調運作著。這二十四小時之內人體全部總共消耗掉的能量，就稱為每日總能量消耗量（TEE）。我們只有在均衡地從宏觀營養素——碳水化合物、脂肪與蛋白質——中攝取並製造出許多與我們身體內必須消耗掉的相同能量，才能夠維持健康的體重並為身體內部新陳代謝取得一個良好的基本運作環境。

不過現實總是和理想有一段差距：現實生活中，我們在活躍的能量消耗上遠遠落後於理想狀態。這是每兩年由我與德國健康保險（DKV）所共同執行的研究計畫〈德國生活得有多健康？〉（Wie gesund lebt Deutschland?）所得出的結果。根據世界衛生組織所公布的數據與堪稱足夠的身體活躍度標準來看，德國只有百分之四十五的人堪稱符合標準。可惜的是，細看這項研究結果可以發現，越高齡的群組，符合這項標準的人就越少，只有百分之三十的老年人口身體活動量達到最低的身體活動量標準。而世界衛生組織所規範的最低身體活動標準，竟只是每週至少五次三十分鐘的活動而已。

下方的列表清楚地呈現，年輕人與年長者的能量消耗度並沒有巨大的差別。特別值得注意的是，年長者在這張表上所呈現的狀態，是幾乎不再做任何密集的身體運動。這樣的生活模式毫無疑問會反映在年長者的物質代謝循環上，因為極少量乃至完全消失的身體活動絕對是新陳代謝作用衰退的重要原因之一。也因此，我衷心建議：請你務必不要放棄全部的體能勞力活動，請好好地重新整裝自己，並帶上你日漸年邁的父母一起出門運動。只需要攜帶少量最

年輕人與年長者的能量消耗對照表

能量消耗	二十歲左右 MJ/d*	TEE** %	七十歲左右 MJ/d	TEE %	差異 %
靜止代謝率	7.35	51	6.2	55	-15
攝食產熱效應	1.45	10	1.13	10	-32
密集身體勞力活動	0.66	5	0.12	1	-82
輕量身體勞力活動	5.02	35	3.81	34	-24
二十四小時每日總能量消耗	14.48	100	11.26	100	-22

整理自 Speckmann et al. 2019

* MJ/d ＝每日兆焦耳

**TEE ＝每日總能量消耗＝二十四小時每日總能量消耗

重要的東西在身旁就好。只要還能夠出門做些什麼活動，不管是什麼，都能對物質循環代謝與自我感覺帶來無比正面的效益。

我們可以對身體的整體範圍做出正面的改變，也可以做出負面的改變，例如刻意厭食或是暴食、給予身體適量體能訓練與運動或是刻意著涼受寒或生病，這都取決於我們如何對待自己的身體。如果身體被迫長期待在能量赤字的狀態之下，就會導致身體肌肉減少、身形縮小的後果，而這又會導致身體的能量消耗被迫縮減。這種必然的結果，是身體為了要保護自己可以繼續生存下去而採取的方法，人體會自然地在挨餓的情況下降低體內物質代謝的活動量。如果身體不是因為生存而必須挨餓，而是為了減肥而刻意節食的話，就會發生像溜溜球的復胖反應，一旦身體恢復正常飲食，馬上又會胖起來。

相反地，若我們觀察運動員，就能瞭解物質代謝的效率如何可以不停地往上發展、改善，這是因為運動員會透過合適的體能訓練來主動增加身體的分量與肌肉量（請參見第二章第六節裡的「哪些訓練有助於維持粒線體的健康？」），例如利用重量訓練增加肌肉。透過這些訓練，運動員的物質代謝效率不僅僅是在訓練當下高速提升而已，這樣的高效效果還會一直持續下去。我們體內的新陳代謝是一個相當靈活的系統——而且是終我們一生都永遠如此靈活！即便年近五十，它依然有足夠的能力，讓中年人的循環代謝不要只是往負面的方向發展，而是漸漸往正面的方向改善。我們的新陳代謝究竟有多大的改善潛力，這點容我在下面的章節再仔細介紹。

提到改善潛能，我們當然相當清楚，人體的攝食產熱效應和顫慄產熱效應並沒有那麼大的改善潛力。基於這點，我們知道必須透過大量提升身體活動與運動來提高人體總能量消耗數量。規律的體能訓練與運動，不僅能夠在運動當下為身體提高能量消耗量，更對提升身體的總能量消耗量有著長遠、永久的改善作用力：我們的骨骼肌肉、心臟、肝臟、胸腔及血液循環系統，會全部一起動起來、配合調整成這個運動時突如其來增加的能量需求量，而這個改變將長久地影響我們體內的整套物質循環系統，這個作用力甚至會長達二十四小時直到整套循環系統跑完一次。透過提升身體活動，不僅整體基礎的物質代謝功能都會向上提升，和其息息相關的基礎代謝率也會一併提高，而基礎代謝率正是占了全身總能量消耗量百分之七十的消耗大宗，而在加上身體活動額外消耗掉的能量後，我們可以總結：透過身體活動，居然能夠足足讓百分之九十的體內物質代謝活動效率一併向上提升。（剩餘的百分之十屬於完全無法影響的生熱作用。）

人體二十四小時能量消耗率的改善之處及影響之器官

功能	改善	器官
靜止代謝率	提高身體基礎物質循環代謝活動效率，以確保身體基本功能、細胞生長、細胞修復	所有器官，包含肌肉組織
攝食產熱效應	透過消化作用、養分運輸、養分吸收與處理，即時產生熱能升高體溫	胃、腸道、肝臟、肌肉及脂肪組織
顫慄產熱效應	透過棕色脂肪組織或是低溫之下抖動肌肉，即時製造熱能來提高體溫	棕色脂肪組織及骨骼肌肉組織
因身體活動而造成的能量消耗	永久地提高身體的靜止代謝率、提高身體在勞動與運動狀態下的代謝率	骨骼肌肉組織、心臟、胸肺、肝臟

整理自 Speckmann et al. 2019

第1節　體溫調節：新陳代謝的首要任務

身為「溫血動物」，維持體溫永遠保持在同樣熱度（恆溫），是對維持生命延續相當重要的任務，這是因為唯有不停保持這個溫度，才能確保體內新陳代謝循環運作順暢的緣故。也因此人體正常的溫度應該要處在三十六．四到三十七．四度之間。人體的器官組織所能容忍的溫差範圍相當小，因為只要體溫超過四十度以上，人體內的蛋白質就會開始產生結構性的變性作用，進而失去生物活性，而現在你已經知道，幾乎所有人體內重要的功能都和蛋白質結構脫不了關係。有鑑於此，人體的器官組織才會日夜不停地工作著，將人體的溫度維持在正常的範圍裡。

為了讓人體在低溫環境中也能保持恆溫，大自然賦予人體許多種不同的隔離層，好讓人體能在低溫的環境中避免流失溫度。其中一項大自然賦予人類的絕緣功能，就是皮下脂肪組織（參見第三章第三節裡的「白色脂肪組織：經典口味！」）——這層脂肪組織越厚，其保溫效果就越好——以及覆蓋人體的毛髮。一旦人體皮膚上開始起雞皮疙瘩，當我們身體寒毛豎立的同時，皮膚表層所有的毛細孔就會一併全面關閉，這個功能有助於避免體溫被皮膚分泌物帶出體外而導致體溫流失。除此之外，任何形式的衣物與覆蓋物都能幫助人體保持溫度。

除了各種大自然賦予我們的天生溫度隔離功能外，人體當然也必須要能夠自行生產熱能來保持體溫，這點對於生活在緯度高寒地區的人或是冬季寒冷時刻格外重要。這便是為何身為恆溫動物的人類，其體內物質代謝循環效率遠比變溫動物高出三到四倍的原因，例如爬蟲類、魚類或是兩棲動物類，這些變溫動物的體溫會隨著外在環境改變。人類身為恆溫動物的好處，當然是我們因為體溫可以維持不變的緣故，能夠存活在各種不同的生活環境條件下，從最高溫的撒哈拉沙漠到寒冷冰凍的西伯利亞都能居住，唯一的缺點就是為了要保持穩定體溫，我們必須確保身邊有足夠的高能量供給來源才行：畢竟人體的器官組織需要大約身體總產能百分之十左右的能量，來轉換成可以確保身體溫度的熱能，進行所謂的體溫調節作用。

不過，無法透過飲食來攝取足夠的養分，這點在德國現今社會裡大概是個不必要的憂慮：首先是大多數的德國人吃進去的熱量，實在遠超過身體組織器官所能消耗的分量。其二是大多數的德國人如今都能處在大約攝氏二十一到二十三度的溫度之中，堪稱相對舒適的環境。所以德國人在體溫調節這點上，可以說是比較沒有使用到什麼物質循環代謝所製造出來的熱能。這點相當可惜，因為舒適的溫度，就等同於降低人體的能量消耗度。

所謂的體溫自然區域指的是一個範圍之內的環境溫度，在這個溫度範圍之內，人體的器官組織能夠相當輕易地維持在體內與體外相同溫度的狀態：不需要耗費太多的額外物質代謝活動，身體只需透過皮膚表面的血液活動交換就能自動地達到「簡單」的溫度平衡。比平時更少量的血液流動會使皮膚表面溫度下降，比平時更多一點的血液流動則會使皮膚表面溫度上升。這點大家一定都親身經歷過，例如長時間坐在書桌前，雙腳靜止不動地擺在書桌下，這時腳就會因為血液流動減少而較為冰冷，或是當臉部產生過度血液循環時會有熱燙感，而臉甚至會脹得紅通通。這個體溫自然區域大約就落在攝氏二十五到三十度之間。這中間的變異值當然取決於其餘的因素，例如氣壓高低、空氣濕度、空氣對流流通度，以及相當重要地，環境內的陽光直射溫度與我們身上所穿著衣服的透氣程度，這些微氣候狀態都會直接或間接影響皮膚所處的環境。

也許每個人的感覺各自大不相同，但科學上的認定是這樣的：人體最適宜的溫度是攝氏二十七到三十一度、空氣濕度最適宜的範圍是皮膚表面濕氣百分之五十左右。在這樣適宜的氣溫環境之下，人體的皮膚能夠相當簡易地透過血液循環流動有效地調節與平衡身體的溫度。自律神經系統負責調控人體的體溫，若更仔細地說，真正負責的是自律神經中的交感神經，以及位於交感神經上的腎上腺素 α 受體，腎上腺素是我們神經傳導物質中相當重要的物質之一，作為壓力荷爾蒙，它能讓我們在壓力下自動升高血壓。在寒冷的環境下，我們的交感神經便會啟動，這時皮膚下的血管會開始壓縮變窄，減少從皮膚表層失去的熱能。在溫暖的環境下，交感神經的活動力便會降低，這時皮下血管擴張，加強散熱。

人體處在體感舒適的溫度範圍或是所謂的人體體溫自然區域之外時，我們的物質代謝率或是所謂的能量消耗率便會提高——不論人體是處在高溫還是低溫環境，都會產生相同的反應。這時人體內的新陳代謝作用必須明顯地開始提高工作效率，因為人體內的許多器官都必須啟動特殊的溫度防衛機制，例如當體溫升高時，我們的心血管循環活動也會跟著大幅提高來保護自己。當人體處在寒冷的環境之中時，同樣的反應機制也會啟動：只要空氣溫度下降到低於攝氏二十七度，或是人體皮膚表面溫度下降到低於攝氏三十二度之下，皮膚內的寒冷受體就會加以反應，這時皮膚下的末梢血管收縮，這意味著皮下血管收縮變窄。當體溫仍舊繼續下降時，甚至皮膚下的溫度感受器將不自主地發動肌肉開始打冷顫，藉以立刻讓身體製造出熱能。

人類發抖打顫的頻率大約是十赫茲左右，但這會受到體型的影響。一般來說，犬科的平均發抖打顫頻率可以達到十二赫茲，而體型更小的老鼠，甚至可以達到四十赫茲：體型越小，打顫的頻率就越緊湊，顫抖的程度也越大。當人體溫度低於正常體溫攝氏三十七度的兩到三度時，人體的打顫範圍與頻率會達到最強。打顫這個作用可以讓人體保持正常體溫，但這個保護機制最長也只能撐到兩到三個小時而已——因為超過這個時間之後，身體內儲存的緊急用能量就消耗完畢了。（除非我們在這段時間中還有吃東西補充熱量。）在身體發抖打顫的時候，人體的物質代謝能量轉換效率將升高到平時靜止狀態時的四到五倍，好用來緊急迅速地生產熱能。換句話說，發抖是人體肌肉組織最強效的運動。

除了發抖打顫之外，棕色脂肪也會透過脂肪分解作用來幫助身體產生熱能（請參見第三章第一節裡的「脂肪分解：一連串複雜的能量轉換程序」）。脂肪分解後，就能提供充沛無虞的能量，同時又能順暢無礙地直通血液輸送，棕色脂肪分解無疑就是大幅貢獻身體熱能的最佳泉源。這種相當特殊的組織結構在小嬰兒身上所占的比重最大，畢竟對於這個年幼的身體而言，維持正確的體溫可謂攸關生命。成人體內棕色脂肪所占的比例就顯得相當少。最大的分布區域在脖子、後頸、雙肩頰骨處及腎臟周圍。

科學研究報告顯示，隨著年齡增長，人體內所擁有的棕色脂肪儲存量將明顯隨之遞減，人體將越來越難以保持體溫。然而，中年之後的人們，卻有很多人會感受到自己越來越需要更大量的熱能來維持足夠溫暖的體溫溫度，這個矛盾的現象或許可以歸因於以下幾點：

- ■中年後，人體物質代謝產生能量的整體效率開始下降。
- ■由於中年後皮膚含水量減低以及皮下脂肪越趨減少的緣故，皮膚保溫的功能開始走下坡。

簡單地說，不論是男性還是女性，到了一定的年齡之後，我們的身體就會開始變得比較怕冷。

順帶一提，當身體活動的能量轉換率越高的時候，身體感受覺得舒適的溫度範圍就會越低。這正說明了，如果我們正好處在比較寒冷的環境之下的話，最好要多多活動，這樣才能提高身體對環境溫度的舒適感。換句話說，寒冬時與其站在公車站牌旁發抖打顫地等公車，還不如主動起來，直接走路到下一個公車站來打發等待的時間。

在環境溫度寒冷時，所有身體器官為了讓身體能夠保持溫度而啟動的全部程序，科學上都將其歸類在同一個概念之下，就是「顫慄產熱效應」。

器官、大腦、肌肉：我們的熱能製造工廠

真正生產熱能的地方是身體裡的細胞。其過程如下：細胞吸收能量充裕的營養食物、處理加工這些養分、最後將能量低落的物質再度排出細胞外。這裡頭有兩個我們必須清楚辨別的地方：

■ 新陳代謝產生的熱能終端物，也就是透過物質循環代謝作用將化學能量轉換

而成的熱能

■ 新陳代謝效率，也就是身體一定數量的化學能量轉換成熱能以及其餘身體內的循環交換作用

值得注意的是，唯有身體處在完全靜止的狀態下時，新陳代謝效率與新陳代謝終端物的數量才有可能會完全相同。幾乎在所有正常的情況之下，我們的身體器官或多或少都會消耗掉大量身體轉換出來的能量，好提供我們肌肉活動能量，或是提供身體能量用來製造三磷酸腺苷，以及提供其餘細胞擴增的原料，例如細胞生長、修復或是細胞與組織的交換活動。

身體在靜止的狀態下時，其大多數的熱能中有百分之八十都是由內臟器官及其正在進行的物質代謝作用所產生而來的。在靜止狀態下，光是內臟器官諸如心臟、肝臟及腎臟就能提供人體核心部位約百分之四十一的必需熱能。大腦則負責另外的百分之十八到二十的熱能供給——順帶一提，大腦透過腦力工作所能提高的熱能生產比例微乎其微。直到人體開始進行身體活動之後，肌肉組織才會取代所有的熱能供應鏈，成為體內熱能產量第一名的組織器官。它甚至能占到所有體內正在生產熱

能的總量約百分之七十到九十。

另一項我們大家都熟知，特別是在飽餐一頓之後相當容易感受到的現象，就是所謂的「餐後」或「攝食」產熱效應。這就是指進食完後的明顯熱能生產。尤其是當我們攝取了富含蛋白質的飲食之後，更會明顯地感受到體溫的大幅提升，這是由於身體要消化處理蛋白質需要進行相當複雜的新陳代謝程序。一塊富含蛋白質的雞胸肉，就能在物質代謝程序上發揮不小的影響力：不只是消化處理這塊雞胸肉，就需要耗費掉一個半到兩個小時的時間，就連整套物質代謝循環的程序都必須高效運轉才能處理完畢。蛋白質可說是物質代謝的瞬間加速引擎，想要調節體重的人真的應該要多多讓這項營養出現在餐桌上才行——不過更好的方式，還是經常吃魚、豆類及奶類製品。

第2節　我們大腦需要的東西：大腦新陳代謝

與其他的器官組織相比，大腦可謂是人體裡最大的能量消耗所在。人體所吸收的氧氣及所需要的能量，其中至少有百分之二十，也就是五分之一這麼多，全都給了大腦，即便這個人體部位實際上只占了我們全身體重的五十分之一而已。我們的大腦每分鐘需要消耗七毫莫耳的三磷酸腺苷（參見第二章第五節）。從這個數據你顯然可以發現，一整天下來，大腦這個如此重要的器官內無時無刻在運轉著的物質代謝活動量有多大。

需要如此驚人能量消耗量的大腦，其本身所擁有的肝醣儲存體卻是相當小。理論上來說，大腦所儲備的肝醣量幾乎不足以支撐自己的糖分消耗量超過五分鐘的時間。因此，人體內的血液必須源源不絕地輸送氧氣與糖分到大腦裡才行。正常情況下，每一百公克的大腦就需要耗費每分鐘約三毫升的氧氣量，要能提供這樣的氧氣量又需要每分鐘約五十四毫升的血液當作運輸媒介。除了氧氣之外，每一百公克的大腦同時也需要三十一毫莫耳的糖分作為能量來源。輸送到大腦的血液供給線只消中斷幾秒，就會立刻導致腦部大規模的缺氧狀態與糖分缺乏狀態，致使大腦迅速陷入昏迷狀態。

幸好，當大腦出現「低血糖」症狀時，我們通常都能自動地及早察覺，這是因為我們會出汗，或是感到強烈的飢餓感，抑或是感到思考越來越困惑、越來越不清晰。在極端減肥以及長期禁食期間，我們也必須特別注意這一點。幸運的是，我們的大腦知道如何幫助自己，它能夠在糖分缺乏時自動將其他的物質例如酮體（參見第三章第二節的「間歇性斷食：透過生酮減輕體重」）轉換成糖分來代謝使用。然而，這種獲取替代能量的方式也有其明顯限度：人體內至多只有百分之五十的葡萄糖能夠被這類的替代來源取代。而糖分正是大腦主要的能量來源！

大腦內物質代謝的活動究竟有多麼頻繁活躍以及究竟與大腦功能有多麼密切的關聯，這點可以藉由影像顯示技術相當完美地呈現出來。因為當某些腦部區域的工作量開始提升時，這個部分的腦部血流通過量也會同時大幅提升，彼此之間的物質代謝活動也會加強。從這些局部變化之中，可以相當清楚地推斷出，哪些腦部區域在什麼情況下正處於活躍的狀態。透過同樣的方式，我們在科隆體育學院的研究團隊發現了，與人體靜止狀態時的大腦活動相比，大腦在人體處於散步的情況下，其運動區域的血流通過量整整增加了高達百分之三十之多。由此可見，血流通過量與物質代謝量能夠精確地反映大腦的活動程度。

第3節　這樣是快還是慢？物質代謝的各種獨特特徵

你或許也認識這樣令人羨慕的人，他們可以毫無顧忌地豪飲暴食，但卻一點也不會變胖，而有些人似乎只要經過蛋糕店櫥窗，體重就會立刻多上幾克。這種相差天南地北之遠的能量消耗率，完全取決於身體內的細胞活動，而且是整體、所有的細胞活動一起說了算。這就是為什麼有些人有著上天眷顧般地相當快速的物質代謝率，而其他人的代謝速度相對卻相當緩慢。在我們如今物質過盛的社會當中，高效率快速的新陳代謝似乎占盡了好處，畢竟這種迅速消耗能量的特點能讓我們輕鬆地控制體重，也能更輕易地避免所有因體重超重引起的相關健康疾病。不過就算你屬於物質代謝速度慢的族群，也請不要心生絕望，因為物質代謝速度是有方法能夠改善的，而這個方法就是規律的運動訓練：重量訓練能夠讓身體增加肌肉量，而耐力訓練能夠增加細胞裡的粒線體數量。這兩樣就是提高基礎代謝率的法寶。不過在進行運動訓練之前，請先讓我們仔細地瞭解，究竟有哪些方面會形塑物質代謝的特性與影響其速度。

要評估每個人新陳代謝的個別特性，就必須將人體能量消耗量與氧氣攝取量的總和納入考量，使用肺功能量計（參見第三章第五節）就是個可行的方法。平均而言，健康、正常體重的年輕男性每小時能夠消耗掉約一百大卡熱量（四百二十千焦耳），這相當於身體每小時需要吸入約十五・八公升的氧氣，換算下來等於一天八十公升。女性的平均值則為每小時八十五到九十大卡熱量。

身體能量的消耗總量分別來自大腦、肝臟、腎臟、肌肉組織及心臟這些器官的新陳代謝活動。除此之外，能量消耗的速度只有大約百分之七到十由基因所決定——比大多數人所猜想的還要低很多——真正對新陳代謝速度影響更大的，其實是童年及青少年時期的生活習慣，因為這兩個時期養成的生活方式將會繼續長遠地塑造我們長大之後的生活方式。此外，性別、運動訓練狀態，還有荷爾蒙，特別是甲狀腺激素，都會影響我們每天的能量消耗速度。

人體自從邁入中年開始，身體的變化就會隨著年紀的增長表現在物質代謝的效率上——很可惜的是，大多數的改變通常是讓效率變得更差。由於器官及肌肉組織這類無脂肪質量（FFM）組織逐漸流失的原因，通常會伴隨著新陳代謝較為不活躍的脂肪質量（FM）組織逐漸增加，與此同時發生的就是靜態能量消耗值的下降，三十歲之後，人體靜態能量消耗值就會開始以大約每年百分之一的速度下降。到了五十歲的時候，我們的物質代謝速度比起三十歲之前的我們，可就整整慢了約百分之二十的效率，要是我們到了這個年紀還不主動（！）針對這點做出什麼改善來保住自己的無脂肪質量組織，也就是我們的肌肉組織及其細胞內特別活躍的粒線體的話，身體在中年時的靜態能量消耗值就會相當低下。幸運的是，我們能夠透過耐力運動、重量訓練以及與能量需求匹配的富含營養素飲食，來改善這個靜態能量消耗值低下的狀態。

人體裡每一個器官、每一個細胞，都有其專屬的物質代謝程序，這些程序在身體裡有著獨一無二專屬的任務要完成，儘管如此，大致上所有細胞的任務不外乎是吸收能量然後消耗能量，因為能量正是每個基礎細微的轉換過程中都需要的東西。因此，生命就是一個不斷燃燒的過程，消耗著一個接一個的卡路里——只是有些人消耗較多，而有些人（或者應該說多數的人）消耗較少而已。

科學上為了要標示出能量含量或是能量消耗數量，通常使用千焦（kJ）為單位，千焦是國際單位制度中的能量計算單位。在德語地區及日常生活中，大卡（kcal，即一千卡路里）這個老套的說法仍然是比較通行的計算單位，時常用來標示食物中含有的能量含量。在口語上，「大卡」時常會被有點混淆地稱為「卡」。一大卡約等於四・一八七千焦。一大卡的定義是，加熱一公斤水升高攝氏一度所需要的能量。燃燒每一公克葡萄糖所形成的熱量約為四・五千大卡（十五・六千焦），燃燒每一公克蛋白質所形成的熱量同樣約為四・五到五大卡，而燃燒三磷酸腺苷則可得大約九大卡（等同三十四・九千焦）的能量。

假設人體每天的能量攝取僅僅比消耗的能量多出三十大卡好了，那麼體重在三到四年之間就會增加六公斤。但是要攝取三十大卡究竟有多快呢？……一塊王子巧克力（Prinzenrolle）餅乾就含有一百一十五大卡，〇・二公升的可樂就有大約一百大卡，而一百公克的牛奶巧克力則有五百六十六大卡。我們的體重很快就會失控，而你將會見識到，我們的身體和新陳代謝程序會如何敏感迅速地做出反應。即便是最細微的變化也能引起新陳代謝中的巨大效應。不過，同樣的邏輯也適用在反方向上：只要每天多消耗一點能量，體重就會緩慢但穩定地下降。

好卡路里到壞卡路里：科學觀點的改變

現在，當你一想到這些藏在美味點心中的高卡路里時，是否也感到緊張？把這個祕密揭穿，讓我們開始天人交戰的罪魁禍首，就是一八四四年在紐約州出生的美國化學家威爾伯·奧林·艾華特（Wilbur Olin Atwater），由於他的研究，今日的營養學才得以在科學領域中奠定基礎。儘管時至今日，現代科學已得出跟他的某些主張不同的結論，但他對「健康」飲食與卡路里研究的貢獻仍舊不可抹滅。

艾華特最大的貢獻在於，他讓食物中的卡路里得以化成可測量的數據：他發明了稱作「呼吸－熱量器」的東西。這是個空氣密閉的房間，大小大約就和一台大型冰箱差不多大。受試者必須待在裡頭長達五天的時間，而研究人員則會不斷地測量各種身體參數，例如食物與氧氣攝入數量、二氧化碳排放量、尿素及氨排放量。然後從這些參數中計算出卡路里的攝取量。

當艾華特及其團隊在一八九六年以《美國食品材料的化學組成》（*The*

Chemical Composition of American Food Materials）一書發表其研究成果時，該團隊已經研究了超過四千種不同食品中的營養及卡路里成分。值得注意的是，對於當時的科學家來說，一種食品內如果含有相當高的卡路里量，就絕對是高度健康且良好的食品，因為這樣的食品具有更多的熱量可以當作燃料來使用。至於食品內是否含有足夠的維生素或礦物質，則完全不是評估的重點。除此之外，書中幾乎也沒有推薦民眾多吃水果和蔬菜。因為對人體而言，蔬菜和水果都不會帶來太多的能量，也因此在當時被認為幾乎對營養攝取一點貢獻也沒有。這是天大的謬誤，書中甚至還建議民眾每天至少要食用一千克的肉類！

如今的科學已經認定卡路里才是危害人類健康的罪犯，它會導致無數的負面健康發展。但需要注意的是，即便是這樣的觀點，也只是在某些情況下正確而已，因為「食品含有多少熱量」只能部分地說明它的品質，這可以是正面的，也可以是負面的。例如洋芋片，這是時下最符合「空」熱量概念的食品，其中所含之營養貧乏無以復加，但熱量卻超高。這類的「食品」與其稱為食品，更像是「垃圾食物」，而其所含的「卡路里炸彈」

又因為對身體而言幾乎沒有任何利用價值，因此吃進去後幾乎不會經過任何燃燒，而是直接被推到腰部儲存起來。

而堅果卻和洋芋片完全相反。如果單單只觀察堅果的卡路里含量的話，那堅果的表現也相當差勁。不過如同其他天然食物一樣，堅果富含維生素與營養素、其中更有大量寶貴的脂肪酸，這都是我們的器官組織可以善加利用的營養物質。此外，天然食品通常含有許多各式各樣不同的組成成分，其中大部分無法被人體完全消化，因此能被身體攝取吸收的卡路里也明顯較少。有些天然食品甚至含有百分之二十到三十左右的卡路里是無法被身體組織吸收消化的，會在攝取之後分毫不動地再被身體排泄出去。假設我們吃了三十公克的杏仁，並因此從中攝取兩百大卡的熱量，那麼最後只會有一百五十大卡停留在體內，其餘熱量將完全原封不動地排出體外。這樣來看，卡路里本身並無所謂好壞，它不過是一種描述食品品質的方式罷了，也就是說明其能量含量。人體無疑是需要能量的——但請適量攝取。

年輕成人器官的物質代謝率及其占靜態能量消耗值的比例

	物質代謝率	成年男性	成年女性
肌肉	55 kJ/kg/d*	25.5 %	19.8 %
大腦	1008 kJ/kg/d	22.3 %	26.3 %
心臟	1848 kJ/kg/d	10.2 %	9.7 %
肝臟	840 kJ/kg/d	19.7 %	22.0 %
腎臟	1848 kJ/kg/d	10.2 %	9.7 %
脂肪組織	19 kJ/kg/d	4.1 %	7.6 %

整理自 Speckmann 2019, S. 601
*kJ/kg/d（千焦耳／公斤／每日）＝每公斤體重每天所需之千焦耳數量

上面的列表顯示，我們的大腦雖然僅有一．二到一．四公斤左右的重量，但卻可謂是全身上下最耗能量的器官。大腦內的灰質細胞每天需要約兩百四十大卡的熱量（等於每公斤需要消耗兩百八十到三百二十大卡的熱量），這大約相當於一個小時的散步。心臟和腎臟折合成每公斤所需消耗的熱量顯然比大腦更多，然而所占的整體能量消耗總比例卻比大腦少很多。心臟大約是三百公克重左右，因此每天需要消耗的能量為一百五十大卡。肌肉組織每公斤大約需要消耗十三大卡熱量，不過我們全身上下所含的肌肉組織還真是不少。肌肉組織占全身體重約百分之二十到三十，當然穩站總消耗能量的第一名。

單單觀察列表中每個器官的能量消耗數據，或許會有人得出一個結論：科學終於證明，男性在肌肉上消耗的能量遠比他們用在大腦上的能量還來得多，而女性的能量消耗則恰恰相反，女性的能量大多是消耗在大腦上。然而，這樣的差異只是因為男性擁有更多無脂肪質量的肌肉，或者更仔細地說，男性比女性擁有更多的肌肉量。因此，男性平均消耗在肌肉上的能量才會比女性高出百分之十。

這張列表更清楚地顯示，大型人體內臟器官在人體靜態時於人體基礎代謝活動中占了大量的能量消耗量。對於器官的功能性及其能量消耗的狀態，我們鐵定無法改變什麼。然而，肌肉數量卻是我們一定可以改變的，特別是從上述的男性例子中更可以清楚見到，身體如果含有高比例的肌肉量，就等同於具有更高比例的無脂肪質量組織量，這就等於是說，只要提高肌肉量，就可以提高身體的總能量消耗量。

躺著什麼都不做就能消耗能量：基礎代謝率與靜態能量消耗值

每當提到身體器官組織的能量消耗時，所有人都會自動聯想到身體活動，例如運動、吃體力的勞動工作，或是像散步、整理花園這類的體力勞動活。很少人會注意到，其實即使我們只是靜靜躺著什麼也不做，也會消耗大量的能量，而且仔細算算，這數量還真的不少。畢竟身體和新陳代謝都是一刻不停歇、二十四小時待命地在為我們工作：一週七天、每天二十四小時，我們都需要呼吸，肌肉都需要維持一定的鬆緊度，如此一來才能確保呼吸等基本的功能能夠運作無礙，例如我們的心臟必須一直維持韻律跳動，如此血液才能泵送到身體各部位供給養分，還有我們的淋巴清潔系統必須順利運作，我們的粒線體必須要為身體基礎的生命功能製造、輸送能量……每天身體在進行的，還有更多數不盡的工作。即便在身體完全靜止的情況下，要維持這些生命功能所需要的能量，就稱為基礎代謝率（BMR），通常會用大卡來衡量。

作為能量物質代謝最具代表性的指數，靜態能量消耗值（REE）已經成為一個標準衡量數值。比起基礎代謝率，許多醫院診所在實際應用上更偏向檢測靜態能量消耗值，這是因為它是一個更方便檢測的指數。基礎代謝率通常是在絕對體溫自然的環境條件下、經過十二小時的休息和完全的身體靜止來測量的能量消耗數值。這樣的測量條件，在一般日常生活中當然很難實現，因此現今越來越多的診所在檢測時偏向使用靜態能量消耗值。它比基礎代謝率只大約高出百分之五，而且絕對能夠描述身體所有維持生命必要功能所需的最基本能量供應狀況。

測量靜態能量消耗值

要測量靜態能量消耗值，必須遵守特定的標準測量規範，如此一來才能取得有參考價值的各項數值。實際上，光是要滿足這些測量之前的先決條件，就不是件簡單的事：

- 禁食至少八個小時。
- 測量前七天，維持「正常」的熱量攝取。
- 測量前七天，維持適度的身體活動，不進行強烈的身體運動訓練。
- 盡可能讓自己處在沒有壓力的生活環境之下，如果可能的話，請保持完全放鬆和心平氣和。
- 請待在體溫自然範圍內的區域（約室溫攝氏二十五度的環境內）。

當所有這些先決條件都滿足時，才能保證測量的結果正確無誤。因為要滿足先決條件相當困難，因此大多數的測量結果，都僅能稱為是靜態能量消耗值的近似值。但在一般現實的使用情況上，與複雜的基礎代謝率測量比起來，這個參考數值當然不失為一個相對簡單又可靠的替代方案。

比起測量靜態能量消耗值或是基礎代謝率更為簡單的方式，就是套用數學計算公式，這個方法得出的結果絕對足夠給大家一個大致的方向。這項公式至少可以表明，我們必須攝取的卡路里最低值，才足以支撐我們的物質代謝系統履行其基本的功能，並且能夠讓我們在飲食選擇上有一個大致該遵循的範圍，以避免體重的增加或減少。這個公式以特定人口資料為資料數據基礎，該特定人口為德國人的平均靜態能量消耗值，由享譽全德的生理學領導機構明斯特大學附屬醫院（Universitätsklinik Münster）及其研究主導教授艾爾溫—約瑟夫・斯佩克曼（Prof. Erwin-Josef Speckmann）於二〇一九年收集完成。

該公式可以幫助大家簡單地計算出自己的靜態能量消耗值：

■ 正常體重＝身高（公分）－100

■ 男性：1.1×24×正常體重（公斤）＝靜態能量消耗（大卡）

■ 女性：1.0×24×正常體重（公斤）＝靜態能量消耗（千卡）

若是想再更精確一點，那麼可以套用這條公式，帶入年齡、身高、體重及性別，做出進一步的計算：

■ 女性：（0.047×公斤體重－0.01452×年齡＋3.21）×239

■ 男性：（0.047×公斤體重＋1.009－0.01452×年齡＋3.21）×239

大多數人計算出來的基礎代謝率看起來似乎都很高，其實不然，這只是因為我們都低估了自己的靜態能量消耗值而已。特別是多數的女性在計算後會認為這個基礎代謝率高得嚇人，這其實是和多數女性都有過「快速減肥」（Crash-Diäten）的經驗有關，這類崩潰式減肥法通常要求只能攝入低於一千卡路里的熱量，很多時候甚至會要求比這更嚴格的數字。事實上，基礎代謝率大約就占了我們每日所需消耗總熱量的百分之六十到七十，身體進行體溫調節則會耗掉百分之十的熱量，而日常或休閒這類常規身體活動則會耗掉大約百分之二十的熱量。我們實際上每天在日常生活中需要消耗多少熱量，可以透過代謝當量（MET）計算出來。

影響因素：無脂肪質量

無脂肪質量的計算方式，就是身體體重減去脂肪組織，這項數據的意義是量化出身體可用的活動質量。與無脂肪質量相對的概念，就是脂肪質量，意指身體內所含的所有脂肪部分，也就是各種身體組織中的脂肪質量總和。在正常體重範圍內的年輕成年男性身上，脂肪質量約占體重比例的百分之十到二十，年輕成年女性則為百分之二十到三十。

脂肪質量是完全不含水分的組織，而無脂肪質量的水含量卻有約百分之七十三。因此，女性體內的平均水分含量為百分之五十到六十之間，而男性則為百分之五十五到六十五左右。由於水對於物質代謝作用的影響與脂肪迥然不同，因此在評估身體的無脂肪質量時，也必須考慮到肌肉發達的人體內含有更高成分的水含量。在明顯肌肉相對發達的男性身上，其身體水含量甚至可以達到超過百分之七十，然而在明顯肥胖的男性身上，水含量卻可以相當低，有時甚至可以低到小於百分之五十。

身體中所有需要消耗氧氣的細胞，都是新陳代謝作用相對活躍的細胞。這些細胞幾乎絕大部分都在身體的無脂肪質量組織裡，這些細胞決定了人體能量消耗的總量。也因此，身體中無脂肪質量組織比例越高的人，其靜態能量消耗值也越高，整個身體器官組織的物質代謝效率也越高。這一來就解釋了，為何相較於男性而言，女性的新陳代謝率較差一些的原因。另一方面來看，這也代表瘦的人不一定就等於新陳代謝比較好，或是肥胖的人新陳代謝效率就一定很差：因為這中間的關鍵因素，仍舊是身體所含有的活躍、能有效進行新陳代謝的細胞數量總共有多少——而很明顯地，瘦子身上配備的肌肉組織數量少得可憐，而許多胖子身上卻可以找到大塊的健壯肌肉。尤其是當我們過了五十歲之後，肌肉的質量逐漸減少且新陳代謝活動開始降低時，我們往往只會注意到自己越來越多的脂肪組織，卻完全忘了該把注意力放在哪裡。我們的體重這時並不會改變，改變的只是整個新陳代謝的引擎：它變得更弱，而且消耗的量變少了。

透過勞力消耗能量：功率轉換與代謝當量

除了靜態能量消耗值和基礎代謝率所需的能量外，其餘我們使用的所有能量都稱為活動代謝率。換句話說，活動代謝率就是身體進行日常工作所需的能量總量。活動能量代謝率的大小，取決於一個人的身體活動量、熱能產量（參見本章第一節）以及在生長、懷孕和哺乳期間可能需要的額外需求量。基礎代謝率和活動代謝率兩個數量合在一起則稱為人體的總代謝率，這個數字即我們每天所需的熱量總數。

人類在從事勞力活動中會消耗能量，這點大家想必都很清楚，大家一定也知道，活動中消耗的能量多寡，取決於活動的強度和持續時間。因此，體力活動可以分為三個大類：

■ 隨機日常活動：比如手勢、踱步和坐立不安。研究顯示，一個煩躁不安的人與一個相對「安靜」的人相比，可以透過這些扭動不安的動作，多消耗高達三百大卡的熱量。

■正規活動：包括步行、爬樓梯、騎腳踏車、工作中和休閒時間的身體健康活動，例如修整花園。世界衛生組織多年來一直建議人們每天都該從事這類的運動，例如每天步行一萬步。很可惜的是，在這方面的活動上，人類在過去十到二十年中呈現不進反退的現象。目前為止，德國人每天大約只會徒步走四千到五千步，但卻會花三小時的時間躺著或坐著使用電子娛樂產品，還會花將近五個小時的時間坐在辦公桌前工作。而這還只是平均值而已，許多人的情況遠比這個數字還要糟糕。科技發展大量取代了我們應該做的正常活動。在過去幾年中，電動滑板車與電動腳踏車的出現，把住在城市中的我們僅剩的身體活動也都免除掉了。

■體育活動：這類型主要包括的是休閒活動以及所有運動員從事的體能展現運動。

不少人將「代謝當量」（Metabolic Equivalent of Tasks），縮寫MET，當作是卡路里的學術名稱。但正確來說，「代謝當量」是一種國際認可的標準尺，用來衡量任何身體活動、動作及運動的強度。早在一九九三年，亞利桑那州立大學鳳凰城分校（Arizona State University in Phoenix）的芭芭拉．愛因斯沃斯教授（Prof. Barbara Ainsworth）就研發出這個評估系統。迄至今日，這個評估系統都還不斷地在更新，該套評估系統上一次修訂是在二〇一一年發行的〈二〇一一綜合體育活動〉（The 2011 Compendium of Physical Activities：https:// sites.google.com/site/compendiumofphysicalactivities/Activity-Categories）。

代謝當量值衡量了能量消耗，也就是身體在執行任務或是運動時所需要的能量，並同時將氧氣消耗量也納入評估範圍。該套評估系統之參考基準，為一體重約七十公斤的健康四十歲男性於靜態狀態下的能量消耗值：

- 男性：1代謝當量＝每公斤體重每分鐘三．五毫升的氧氣消耗量
- 女性：1代謝當量＝每公斤體重每分鐘三．一五毫升的氧氣消耗量

一項身體活動或是運動類別的代謝當量值越高，就代表身體需要轉化的能量就越多。一代謝當量值換算過來，就等於每一小時每一公斤身體體重所消耗的一大卡熱

量（1MET＝1大卡／公斤／小時）。

在使用這項參考數值時最重要的一點，就是不要忘記代謝當量並不能相當精準地代表每一個人的能量消耗數值，它其實是一個相對人體進行特定身體活動時的物質代謝反應的觀察，換句話說，代謝當量是一個平均數值。其數值越高，代表人體的物質代謝活動量就越大，而用來支撐這大量物質代謝所需消耗的能量就越高。

代謝當量這項數值原本的研發目的，就是用來比較各項不同的身體活動、動作以及日常工作任務和運動項目。二〇一一年所修訂出版的手冊，收錄了八百二十一種不同的活動種類。一開始，這項研究裡的大多數代謝當量值只是專家粗略估計的猜測數值，然而演變到如今，目前手冊中列出的代謝當量值已有高達百分之七十以上的數值完全經得起科學測量方法的檢驗，並在足夠確認的情況下不停地修改與更新。不過即便是在最新版的手冊中，其所刊載的代謝當量值仍舊未將性別因素與年齡因素加入實驗變數中，這相當可惜，因為它們都是我們在觀察所有物質代謝反應時必須考慮的變數。

一份二〇〇七年中國民眾日常活動的代謝當量值調查，倒是納入了年紀的變數。這份調查顯示，在日常生活活動中，六十歲以上的受試者所需要的氧氣量，明顯少於年輕人所需要的氧氣量。這顯示年齡因素的確是值得列入考量的變數。相對於年齡因素的實驗，香港沙田醫院的岳教授（Prof. Alex Yue）所領導的研究小組並未在男女之間發現代謝當量值的差異。

每個人體重不同當然是影響代謝當量值差異的原因，另外，每個人的無脂肪質量與脂肪比例也都是影響物質代謝活動高低的因素，當然也會連帶影響每個人的代謝當量值。這樣的變數實在難以統計量化呈現出來。然而，使用代謝當量值這樣的計算方法，仍然可以相當有效地評估一個人物質代謝的活動效率高低。儘管這項計算方式不算是盡善盡美，也有其能力限制，但仍舊不失為在日常實際操作及自我評估上檢測自己的活動量是否充足時，一個相當有用的參考。

世界衛生組織對此提供了建議，人們每週應該進行至少六百個代謝當量分鐘的身體活動和運動。然而，大多數的科學家與研究者目前都認為這個建議數量其實太低了。原因之一可見於二〇一六年在《英國醫學期刊》（*British Medical Journal*）所發表的大型數據分析結果，就運動對多項身體疾病及代謝失調所能發揮的影響與改善，這份報告做出了詳盡的分析。（分析數據基礎為〈二〇一三年全球疾病負擔研究數據〉〔Global Burden of Disease Study 2013〕。）研究顯示，只有當每週總活動量到達至少三千至四千個代謝當量分鐘時，才能取得最佳的健康改善效果。其所產生的改善效果，是醣類物質代謝疾病（例如第二型糖尿病）患病風險下降百分之二十五，以及大腸癌罹患機率下降百分之二十。進行中等強度的身體活動，例如散步，可達到每分鐘三至四代謝當量的能量消耗。相比之下，比較劇烈的運動，例如慢跑與足球，則可達到每分鐘八到十個代謝當量的能量消耗。

下表列出不同活動可消耗的每分鐘代謝當量。散步的消耗量為三個代謝當量。如果你在週末散步兩個小時，則這項活動的總能量消耗量為三百六十個代謝當量分鐘。在花園裡待上一個小時做園藝工作可以達到兩百四十個代謝當量，騎一趟兩小時的自行車甚至可以達到七百二十代謝當量的能量消耗。

各類運動平均可達之能量消耗數量

運動類型	代謝當量
有氧運動	7.3
羽毛球	5.5
籃球	6.5
沙灘排球	8
一般騎單車	7.4
騎單車（時速每小時15公里）	6.8
騎單車（時速每小時25公里）	10
騎單車（時速每小時30公里）	12
足球（非競賽）	7
高爾夫球	4.8
手球（非競賽）	8
一般慢跑	7
力量訓練	3.5-5
慢跑（時速每小時13 公里）	12.3
慢跑（時速每小時8 公里）	9
中度搏擊運動	10.3
一般越野車	8.5
山地越野車，上坡費力	14
中度北歐步行	4.8
北歐競走步行（每小時8公里）	9.5

皮拉提斯	3
騎馬步行	3.8
騎馬帶跑	7.3
溜直排輪	7
一般游泳	6
蛙式游泳	5.3
自由式游泳	4.8
滑板運動	10
滑雪	5
一般散步	7
太極拳、氣功	3.5
跳舞	3
網球	7.3
桌球	4
戶外彈簧床彈跳	3.5
排球	4
登山健行	5.3
水中有氧健身操	5.5
瑜伽、哈達瑜伽	2.5
日常活動	**代謝當量**
洗車	2.2
辦公室工作	1.5

擦洗窗戶	3.2
中度花園整理	4
躺著看電視	1
煮飯	2.5
打掃、拖地板	3.5
吸塵	3.3
爬樓梯	3.5

第 6 章

與年紀相關的新陳代謝轉變

許多人將五十歲生日視為一個重要的分水嶺，在生日這天往往心裡夾帶著複雜的情緒。但何必呢？這一路走來的人生旅程多麼不易，而我們居然能撐到這裡——光是這點就不是所有人都能有的機會。建立好正確的心態，五十歲並不是該恐慌的年紀，反而是個值得歡喜與慶祝的年齡。帶著這股積極的視野與態度，我們才能看到接下來人生旅程的美好，因為接下來會面對的更年期及老齡生活雖然會為我們帶來許多改變，但這些變化並不全然都是負面。如果我們用心維護自己的健康，我們仍舊可以將絕大多數的人體活動功能維持在最頂尖的水準，而我們的心智也能在這個年紀臻至成熟。

查看世界頂級運動員的體能表現，便可一窺人體功能表現與年齡的強大關聯：身體功能表現在每段年齡期間有著明顯的差異。身體在二十到三十歲之間的階段處在功能效率的最高點。過了三十歲後身體效能則會緩慢、穩定地下滑。造成身體效能降低的原因，主要是身體隨著年齡增長越來越差的最大氧氣攝入量，而大量的氧氣攝入量正是身體效能維持在最高水準的必要條件。

對此科學家做出了更精確的估計：大約從三十歲起，人體的效能會以每年下降百分之一的速度衰退，一直持續到七十歲為止。以五十歲來說，就整整比三十歲時少了百分之二十的最高身體效率——這點並沒有性別差異。過了七十歲後，在多數情況下，身體效能通常會下滑得更明顯與直接。然而，運動員一般可以維持比普通人更長時間的穩定健康狀態，同時也可以維持身體一直處在相對偏高的效能水準上較長的時間。這些運動員因為有著良好的訓練習慣，即便已經上了年紀或是到了老年，其身體效能也能比完全不運動的二十幾歲年輕人還要來得更加有活力。當然，運動員的體力效能下滑速度，和其訓練強度以及維持身體效能的訓練措施有著絕對的關係；一直維持著強效訓練的運動員，當然能夠大幅延緩及向後推延身體效能下降的速度，但身體效能最後仍舊不可避免地會下滑。即便是最優秀的運動員，有天也會出現身體變化，導致身體的新陳代謝循環不得不做出相應的向下調整。然而，並非所有身體的退化過程都是由於更年期或是年齡增長而引起的。有一部分身體變化早在我們很年輕時就已開始發生，下面是一些常見的早期退化平均數據：

- 眼睛：早從十五歲開始，我們水晶體的彈性便會開始減少，到四十歲時視力就會開始逐漸變差。
- 耳朵：早從二十歲開始，對聽力好壞有著明顯影響力的毛細胞數就已經開始減少。大多數人最晚在六十歲開始便會有聽力下滑的徵兆。

■ 肺：早從二十歲開始，小肺泡的數量和生成速度也會減少。小肺泡數量的減少會大幅壓縮肺容積量及肺吸氧的能力。

■ 軟骨組織：大約從三十歲開始，大多數人的軟骨組織便會逐漸失去彈性，而椎間盤的營養攝取狀態也會每況愈下，這會導致多數人椎間盤的緩衝功能以及靈活性的大幅減退。

■ 皮膚：大約在三十歲左右，年齡就會開始在皮膚上留下痕跡，皮膚這時也更難與水分結合，保水能力越來越差、皮膚越來越容易失去水分。

■ 骨骼：在三十與四十歲之間，骨質代謝會開始發生變化，轉換成主要進行骨骼細胞分解作用，而非形成作用。

■ 肌肉：如果我們沒有每天維護與訓練肌肉，那麼最晚在四十歲左右，肌肉就會開始退化。因此，平均而言，六十歲的男性身體所擁有的肌肉量，會比二十歲的男性減少約十公斤。

■ 體重：大約從四十歲開始，大多數人都會遇到體重逐年增加的困擾，由於能量消耗下降的緣故，身體會從這個時間點開始儲存越來越多的脂肪。每年人體將因此平均多上兩到三公斤左右的體重。

■ 腎臟：大約五十歲開始，身體的血液淨化效率會變得不如以往有效，特別是所需的時間會明顯變長，這是為腎濾泡功能減退的緣故。

■ 心臟：最遲在六十歲開始，心臟會出現初老症狀，而心血管系統功能也會變得不如以往，因為血管開始有沉積物產生的緣故，身體活性細胞的供氧量也就開始變差。

■ 免疫系統：最遲在六十五歲時，體內的免疫細胞數量會開始下降。因此，我們對於病毒與細菌的抵抗力會變差，罹患疾病的風險也會升高。

所有這些退化都是因為我們的物質代謝系統，因為它負責照顧我們每個器官系統的生命效能、修復能力與再生能力，就算它不是它們主要的照顧者，也至少一定對它們有著巨大的影響力。不過，透過生活習慣的改變，我們能夠對這套神奇的物質循環系統產生長期的影響：當我們定期運動並盡量在能力範圍內變換各種運動種類，同時也盡可能地攝取各種多樣不同的食物，此外再加上禁止攝取任何毒素（例如酒精與尼古丁）的話，其實人體器官組織所擁有的自我修復功能，可以在相當長的一段時間裡完全運行無礙地修復我們的身體。科學家已經在沖繩的老人身上獲得足夠的實驗證明，這在你我身上當然也同樣管用。

可借鏡的日本人：沖繩的老人

日本的小島沖繩，十幾年來已成為研究人類長壽基因的重點中心，這是因為沖繩當地居民明顯非常長壽，但他們不僅是得天眷顧地長壽而已，其健康狀態更是令人意外地良好。這些奇蹟都源於當地居民傳統、但如今看來相當健康的生活方式：當地人多數都是素食主義者，更多時候他們的三餐就來自自家花園新鮮摘採的蔬果。此外，居民只攝取百分之八十平均每日所需的卡路里量，也就是大約兩千大卡。科學家將這樣的飲食方式稱為「熱量限制」，而日本人則將這個古老的飲食傳統稱為「腹八分目」，就是只吃八分飽的意思。

透過園藝勞動，老年人還會因此在戶外度過大量的時間，藉此可以呼吸新鮮空氣並享受陽光，更可以活動筋骨。此外，大多數的沖繩居民擁有良好的運動習慣，多數人即便到了八十歲都還在全力鍛鍊自己參加十項全能運動。這一切良好的生活習慣，都幫助當地居民將身體的物質代謝效率不停地維持在最佳狀態上。

科隆馬克斯・普朗克研究中心（Max-Planck-Institut）的老年學研究教授艾玲娜・斯拉克柏恩（Eline Slagboom）在二〇一八年對超過一萬三千組的高齡老人基因做出研究，發現了一些令人驚豔的事實：特別長壽的人，擁有一種恰恰好與肥胖糖尿病患者、高血壓患者和脂肪代謝異常者完全相反的代謝方式。不但他們的腎臟與肝臟功能良好，宛如二十幾歲的年輕人一般，就連血管內的沉積物以及免疫系統的發炎反應在他們身上也相當少發生。不過在我們更進一步深入探討如何避免高齡時身體功能衰退的祕密之前，請先讓我們瞭解一下更年期會為我們帶來什麼變化。

第1節　更年期：器官組織大型轉變時期

大概沒有哪個人生階段的社會負評會跟更年期一樣多。更年期這個人生階段也稱為更年性（Klimakterium），該詞源自希臘語，意思是「一個人生的危機點」。更年期是青春期之外第二長的人生階段，在這段時間裡，新陳代謝和器官系統會在荷爾蒙的影響下出現重大且明顯的調整。青春期等於開啟了人體的生育期，而更年期則意味著身體結束這項階段任務，至少對女性而言是如此。男性雖然過了更年期依舊有繁殖生育的能力，但他們的身體同樣會受到荷爾蒙變化的影響。不過，對於「更年期」的這些變化是否與其名稱相稱，科學界至今尚未做出定論。不管醫學界爭論如何，有一點是確定的：就像青春期身體的經歷一樣，更年期並不是一種疾病，而是一個完全自然的身體轉變過程！因此，我們不該阻止或是減緩這個過程的發生，而是應該將其視為生命中根據自然及生理而發生的過程。

一般來說，歐洲女性約在四十五歲時便會顯示些微更年期的變化，但這些徵狀通常本身不太容易注意到。大約在五十一歲開始時，真正的更年期變化才會開始顯現，這個變化將一直持續到五十七歲左右。男性的更年期變化則在五十五到六十歲之間發生，並將一直持續到六十二歲或六十四歲左右。對於更年期開始較晚的男性而言，這個過程有時甚至可以持續到七十五歲才結束。在更年期這段時間，身體的任務便是從生育期調整到寧靜及放鬆的階段。

女性的更年期：這是一場轉換，不是疾病

更年期這段時間是長是短，以及何時開始、何時結束，每個人的狀況都不盡相同。概括來說，這段期間可以發生在四十到六十歲之間，一般而言，女性對早發的更年期通常會較為驚慌失措，因為很少會有女性提早準備好進入這個新的人生階段。關於這點，觀察自己母親的更年期時段可以得到良好的提示，根據科學研究統計的結果，有四分之三的母親的更年期時間與女兒日後開始更年期的時間呈現出相似性。

此外，女性性生活也是影響更年期開始時間的因素之一。倫敦大學學院（University College of London）梅根・阿諾博士（Dr. Megan Arnot）與盧斯・梅世博士（Dr. Ruth Mace）在二〇二〇年的研究發現，在統計上，已婚女性的更年期明顯比起未婚女性開始得更晚。她們分析了一項涵蓋三千名美國健康女性受試者的大型研究數據，並對該實驗的受試者進行長時間追蹤與定期詢問。該三千名受試者更年期開始的平均年紀為五十二歲。然而每週皆有性行為的女性進入更年期的時間，遠遠比只有每個月進行性行為的女性更晚上許多。而統計上顯示，性行為頻率比每個月一次更少的女性，其更年期發生的時間就會更往前推。研究人員因此推斷，當女性性行為不頻繁時，也就是身體感到此時懷孕的機率相對較低的時候，其新陳代謝就會進入「節省模式」，也就是準備更早進入更年期的狀態。如此一來，身體就可以省下製造經血所需要的能量，並將這些能量挪用到其他地方來維持身體健康。

進入更年期實際上可以分為三過階段，其中絕經期是指完全停經時期（絕經期一般以回推方式計算，停經一年方稱為真正的絕經期）。這三個階段分別如下：

- 前更年期是指在絕經期發生之前的那幾年。這幾年中的荷爾蒙水準會逐漸改變，經期通常也會跟著一起改變。

■更年期是指絕經期前後兩年的這段期間，這段期間是更年期徵狀發生的高峰期。

■絕經後的幾年稱為後更年期。只有當荷爾蒙達到新的平衡並且維持穩定之後，這個階段才會結束。

大多數的研究證明，歐洲婦女的前更年期（即持續到最後一次月經的時期，也就是絕經期）平均需要六．五年。亞洲女性平均在這個階段上所需要的時間相當短，而非洲黑人女性待在這個階段的時間最長，平均可達八到九年。目前醫學上尚未找出造成其中差異的原因。一般而言在停經之前，女性一生中會經歷約四百八十次月經。當月經開始變得不規律時，其徵狀可能是在週期間出現間歇性的出血，在上下次月經來潮之間，有時甚至會出現數月的間隔，當這些症狀出現時，都是身體進入更年期的明確訊號。不幸的是，除了這些生理徵狀之外，大多數女性在更年期發生的同時，多少也會出現其他不舒服的症狀，輕微的如情緒波動，嚴重的情況甚至是憂鬱症、潮熱或是夜間盜汗、睡眠障礙，以及脂肪儲存往腹部發展。不過幸運的是，上面這些更年期徵狀很少會數個症狀同時發生，這些徵狀的強度也隨著每個人體質而有所不同。如何治療更年期徵狀，完全取決於女性個人的痛苦感受程度。若女性在人生中段時期出現憂鬱及情緒低落的徵狀，請務必將更年期列入原因之一來考量，因為若誘因是更年期，則患者所需的治療方式與一般憂鬱症患者的治療方式將完全不同。

雖然在更年期期間，體內的性激素值會發生變化，但不同於一般大眾的認知，這些性激素變化其實相當少或甚至幾乎沒有。孕酮也稱為黃體素，是負責幫忙子宮準備好承接受精卵子著床的重要激素，它便是唯一一個在多數更年期女性身上變化最大的激素。

與孕酮相比，女性體內的雌激素值在更年期當中幾乎完全沒有下降，反而在一些女性身上還會出現升高的狀況。在身體邁入更年期前的最後十二個月，雌激素才會有明顯濃度減低的狀況發生。除了數量上的變化之外，荷爾蒙的種類也有不少的變化：女性身體直到絕經期之前，主要生產的荷爾蒙就是雌激素雌二醇。隨著年紀的增加，最遲從絕經期開始，身體會開始製造更多的另一項荷爾蒙，即雌酮。雌酮的生產形成主要發生在脂肪組織與卵巢之中。除此之外，女性身上睪丸酮濃度的下降，也不如一般民間誤傳的那樣大。實際上，許多女性在停經之後，卵巢甚至會分泌比以往更多的睪丸酮素。

低孕酮與低雌激素濃度的徵狀如下：

- ■性欲降低
- ■組織中水分堆積增加
- ■乳房區域對於觸摸的敏感度增高，帶有輕微的組織膨脹感
- ■情緒波動起伏明顯，通常是輕微的情緒低落以及易怒
- ■體重增加，尤其是腹部與胸部的脂肪增加
- ■末梢神經體溫調節受損（容易手腳冰冷）
- ■好發頭痛（特別是在早晨）
- ■睡眠障礙及輕度動力減退
- ■甲狀腺問題，通常是甲狀腺功能低下

如同第一章第三節裡的「正確檢測：談何容易！」已經提及的荷爾蒙濃度測量問

題。對於性激素，最好是在早上進行樣本採集，這點在更年期期間尤其更需要注意，大約是在月經週期的第二十到第二十三天之間，可以獲得最佳的樣本數據。另外值得注意的是：更年期期間，女性可能會出現許多不同的徵狀，這些徵狀都可能與荷爾蒙濃度值改變有關。此外，值得注意的地方還有：更年期時的毛病與不健康的甲狀腺的好發癥狀（參見第一章第三節裡的「高危事故：是失衡還是生病」）有相當高的相似性，相當容易被混淆。因此在斷定是更年期徵狀之前，也應該檢查是否是甲狀腺問題導致這些徵狀。

雌激素：飢餓感的祕密指使者

女性在進入更年期時最容易注意到雌激素水準下降，因為在這個時期，脂肪會集中在腹部和胸部。根據二〇一一年在《細胞新陳代謝》（*Cell Metabolism*）期刊上發表的一項研究，德州大學西南醫學中心（UT Southwestern Medical Center）的研究人員發現，這種激素在大腦下視丘的兩個中心——分別決定能量代謝和食欲——有相當大的影響力。在老鼠實驗中，研究人員許永（Yong Xu）和黛博拉．克雷格（Deborah Clegg）發現，如果母老鼠在這些腦區缺少一種特定的雌激素結合位點（雌激素受體α），牠們就會變得過度肥胖，隨後出現糖尿病和心血管疾病。在雄性老鼠身上，缺乏這種受體則沒有任何影響。

這些研究結果證明，隨著雌激素的下降，女性體重增加幾乎是不可避免的。如果服用直接作用於大腦的藥物，則可能可以防止這類不必要的體重增加，同時身體也不需要像一般使用荷爾蒙替代療法時，承擔對全身產生的多樣風險。不過很可惜地，目前尚未開發出這類的合適藥物。

生育能力的消失並不完全就代表性激素的消失，這點認知相當重要，因為性激素除了生育力之外，在我們的健康狀態上還承擔其他相當重要的任務。類固醇激素包含睪固酮及雌激素等的雄激素，它們的功用在於確保人體骨骼的健康，可以防止身體發生骨質疏鬆症。除此之外，它們還能確保尿道與陰道的組織維持足夠的彈性與抵抗能力，類固醇激素的分泌同時也可以確保人體的肌膚維持該有的柔軟度。

更年期與大腦物質代謝

偶爾遺忘些小事以及注意力偶爾有點問題，這種情況每個人都曾有過，然而荷爾蒙的改變以及更年期的到來，確實會對女性的工作效能產生巨大的影響，特別是女性大腦的物質代謝。這點現在已在越來越多的新興研究中以各種方式證實。更年期看來就是腦部罹患新陳代謝疾病最大的風險因素。

二〇一八年，於紐約市威爾康奈爾醫學院（Weill Cornell Medical College）附設阿茲海默預防中心擔任主任的美國科學家麗莎．莫斯科尼博士（Dr. Lisa Mosconi）針對這兩者的關聯性做了全面性的研究。在歷時多年的研究計畫中，她在科學工作之餘使用正子電腦斷層掃描收集了數以千計進入更年期女性的大腦內的代謝狀況，她發現女性大腦內的葡萄糖代謝率在更年期前開始下降，然後在更年期後期下降到約百分之二十至三十，有些案例甚至代謝率更加緩慢，大腦所能吸收的葡萄糖數量將因此在更年期大幅減少。雌激素是年輕女性大腦中主要的物質代謝調控器，它控制著大腦神經元的葡萄糖運輸與吸收，同時它也是主導葡萄糖分解並產生能量的主要調控器。莫斯科尼博士將這個好發於四十五到五十五歲之間、在更年期時期透過荷爾蒙濃度降低而誘發的過程，稱為女性嚴重的「大腦的生物能量危機」。這個更年期引發的大腦危機，導致幾乎每個年屆五十歲左右的女性都會發生認知障礙的狀況，徵狀例如混亂、注意力分散及健忘等等。這是完全正常的現象，因為在大腦中形成突觸（神經元之間的連接），需要耗費相當多的能量。然而如果此時雌激素濃度開始下降，而連帶使得葡萄糖吸收量同時一起下降的話，那麼無可避免地就無法產生足夠的神經元連接。不過幸運的是，這種情況會逐漸恢復正常，因為大腦會重新尋找替代解決方案，透過使用其他資源或是其他腦部區域的活動來進行補償。

莫斯科尼博士的研究還有另一項結果：更年期可謂是老年認知能力的關鍵轉折點。雖然大多數的女性在經歷更年期時，會有大腦混淆及記憶力減退的徵狀，但這兩項能力在多數女性身上會逐漸恢復，不過，有百分之二十左右的女性會在十到十五年之後出現罹患阿茲海默症第一期的症狀。至於這個差別的形成原因為何，至今科學家尚無法做出合理的解釋，目前這點仍在莫斯科尼博士的研究計畫之中，有待學界做出更深入的研究來查明。

美國亞利桑那大學腦科學創新中心主任羅伯塔・迪亞茲・布林頓博士（Dr. Roberta Diaz Brinton）的最新研究顯示，雖然女性的大腦會尋找替代能源來源，但這並不是完全沒有後遺症：大腦會利用以脂肪酸製成的酮體作為能源，其中包括位於大腦內部現有的蛋白質和神經元髓鞘的保護層。

透過這種自我蠶食的形式，大腦拆除了自己的結構，從而或多或少地促進了大腦的退化。更為嚴重的是，由於雌激素水準降低，血腦障壁變得更為透明，可能會使得更多毒素長驅直入並增加局部和腦中央感染的發生率。這些感染可能會引起大腦內強烈的免疫系統反應，進而釋放出特殊蛋白質並再次形成新的血凝結塊。（男性在這方面風險較低，因為他們有更多保護神經元的睪固酮，從而可以防止大腦提早退化。）

對於女性而言，這意味著，就算在更年期時期中因為脂肪往腹部推移及體重增加而理所當然想要嘗試極端的減肥方式，也千萬一定要避免進行「快速減肥」或是「飢餓療法」（Hungerkuren），因為這只會進一步額外消耗大腦的能量。即便是在減肥時期，都請務必確保人體的基礎代謝率（參見第五章第三節裡的「躺著什麼都不做就能消耗能量：基礎代謝率與靜態能量消耗值」）能獲得足夠供給。

亞利桑那的研究人員在這方面更進一步指出，女性在更年期通常會更容易出現睡眠品質不佳的徵狀，而睡眠不佳對於女性代謝和胰島素敏感度會產生相當負面的

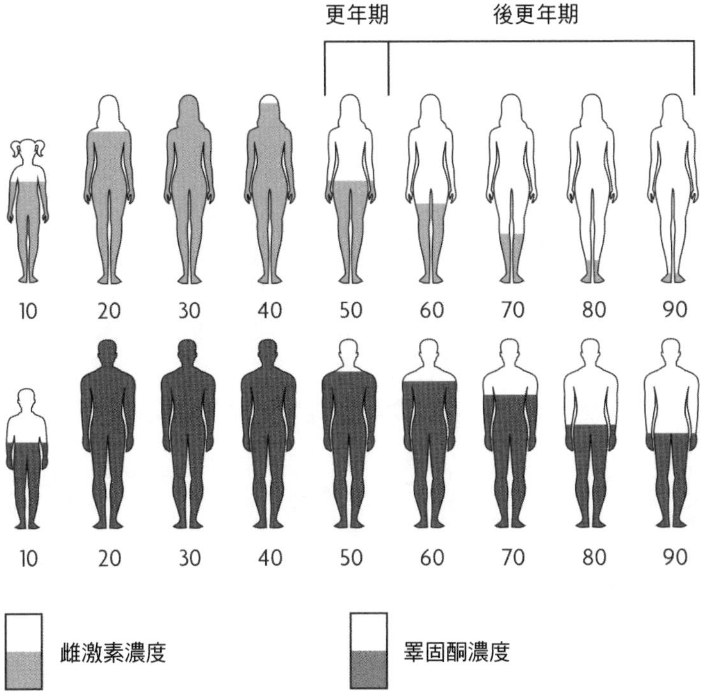

女性雌激素（淺色）與男性睪固酮（深色）的變化

影響。在正常擁有良好睡眠品質的夜晚時，大腦中的膠質細胞會清除老廢代謝物質，如硬化粥狀塊或濤蛋白質（Tau-Proteine）。但在睡眠品質不佳或睡眠不足時，這個大腦清洗過程會完全被破壞，因此會形成更多的濤蛋白質和硬化粥狀塊。同時，睡眠不良也會干擾葡萄糖代謝的規律循環，長期下來將衍生出相當危險的惡性循環，嚴重時將加速整體腦神經細胞的退化速度。

對於進入更年期的女性來說，減醣飲食、多增加身體運動（請務必在有氧運動之外加入肌肉訓練）、減少壓力，以及保持良好的睡眠習慣，正是防止更年期所帶來的影響的最佳方法，對於保護大腦認知功能不受損害尤其有效。據研究顯示，在更年期徵狀上，荷爾蒙替代療法並不是一個相當好的解決方案：由於眾多研究結果之間的歧異相當大，因此請大家更該將改善方式著重於調整生活方式上。

男性的更年期：這東西存在嗎？

幾乎不曾有人討論過男性在更年期的變化，甚至連學術研究都很安靜，好像它是禁忌話題一樣。若在大型文獻資料庫中搜索，男性更年期的研究只有幾百篇，而女性更年期卻至少有兩萬篇。也可能是和多數研究者對該主題興趣缺缺有關吧，關於男性更年期變化的知識，明顯在科學上是種極大的未知。難道是說，男人的更年期根本不存在嗎？關於這點，我不是那麼確定，因為在科學研究之中，關於這項主題的討論和分析仍舊存在著相當多的分歧。根據最新的研究，男性更年期似乎不像女性更年期一樣有著明顯的徵狀與改變，可以說能與女性更年期類比的時期，在男性身上並不存在，儘管有許多男性都在該年齡段到達時，開始抱怨自己也出現與女性更年期類似的徵狀。

男性更年期通常毫無意外地幾乎全都是在就醫門診中發現的，也因此相當容易直接將更年期徵狀視為一種疾病。這是一種完全錯誤的觀點，我們應該把這個階段當作男性的正常生物發展的時期來看待，就如同女性經歷更年期是一種自然的生理現象一樣：男性的更年期徵狀，通常不需要額外的藥物或醫生治療。不過，凡事總有例外——就如同女性更年期一樣——男性也可能會因荷爾蒙變化而導致嚴重的不適和心理壓力等等，這類的個別情況才需要端看個案來決定是否需要醫療協助。

經常用來指稱男性更年期的另一種說法，是男性進入所謂的雄激素減退期——這種說法特別常見於製藥業。這段時期的明顯特徵是荷爾蒙狀況的改變。主要減少的荷爾蒙為性激素，特別是睪固酮，不過在男性身上，睪固酮的改變通常會相當緩慢且穩定地下降，而非激烈地快速改變。同時，性激素結合球蛋白（SHBG）的濃度也會逐漸升高，脫氫表雄酮（DEHA）以及脫氫表雄酮硫酸鹽（DHEAS）的濃度開始緩慢下降，這兩種荷爾蒙是一般人較不常聽到的。此外，生長激素，也就是體促素（STH），其濃度也會逐漸下降。

男性的荷爾蒙水準通常只會稍微地緩慢下降，但不會發生如女性更年期完畢後完全缺乏荷爾蒙或甚至失去生殖能力之類的情況。從研究調查中我們能夠看到，大約只有十分之一的男性能夠立刻察覺到身體的這些荷爾蒙變化。也正因如此，科學研究中鮮少會提及男性更年期有任何徵狀，反而是較常使用「老年男性的部分雄激素缺乏症」（PADAM）或「老年男性的部分內分泌缺乏症」（PEDAM）這些關鍵詞來描述男性更年期現象。就我個人而言，有鑑於大多數男性感受到的只是複雜的荷爾蒙變化，我認為後者的描述較為貼切。這些荷爾蒙變化的主要特點如下：

- 勃起功能障礙、較少的早晨勃起和性欲減退（常見）
- 指甲和頭髮生長減緩（常見）

- ■肌肉量減少、脂肪量增加，尤其是腹部（大多數情況）
- ■皮膚乾燥、彈性減少（常見）
- ■骨質密度輕微下降（有時）
- ■情緒波動，甚至有不安、緊張和動機問題（常見）
- ■有時會有抑鬱情緒並對壓力更敏感（常見）
- ■會出現潮熱和多汗的情況（有時）

其中一些症狀，尤其是勃起問題，當然最直接的原因就是由於睪固酮濃度下降所造成的，睪固酮是最廣為人知的男性性激素。至於其他徵狀發生的主要成因，多數是由各種不同的荷爾蒙變化引起。也因此，若按照大眾所認為的那樣，只是針對這些變化單純地補充睪固酮，這顯然遠遠不夠，而且也太過簡化問題。舉例來說，如果今天出現問題的部分是性欲低落或性功能障礙，那麼建議患者調整生活方式往往才是更有效的治療方式。而最有效的治療方式，其實就是減重，這是因為堆積在腹部上物質代謝活躍、內分泌活躍的脂肪組織，就是直接減少睪固酮生成的主因，這些脂肪甚至還會促進雌激素的產生。

體重過重的另一要害就是過多的內臟脂肪，內臟脂肪會分泌大量誘發身體發炎的細胞因子，這會抑制萊迪希細胞（Leydig cell，亦稱睪丸間質細胞）的功能。萊迪希細胞是睪丸的主要細胞，負責生產睪固酮。如果患者身體恰好同時有胰島素阻抗的徵狀，就像第二型糖尿病患者，則患者身體中的瘦蛋白濃度同時會增加，在經過特定的生物化學過程之後，這些荷爾蒙的變化都將進一步阻礙睪固酮的產生。而男性生殖器內微小血管的主要破壞凶手，正是糖尿病。

增加更多的肌肉作為身體能源的動力廠，可以發揮一定的改善作用；增加肌肉量，可以刺激代謝所需的正常荷爾蒙的生產線重新轉動。上述這些都在在證明，改變生活習慣對物質代謝所產生的影響有多麼全面，以及這些影響對身體所造成的改善有多麼深遠。我們只消看看那些挺著大啤酒肚的五十歲中年男人：他們的荷爾蒙變化，通常是由於生活習慣不良所造成，而不是更年期所引發。

柏林的內分泌學家斯芬．底特列斯教授（Prof. Sven Diederich）曾經表示，上述這些荷爾蒙分泌失調問題不過只是所謂的「男性中年危機」而已。根據他指導的研究團隊的論點，這些現象只是由於這個年齡階段的男性在應對心理壓力與生活變化產生的問題所引起的，而這些心理壓力和生活變化是年近五十歲左右的男性經常需要面對的人生課題。正因如此，這位內分泌學家並不建議患者進行所謂的荷爾蒙替代療法，而是在症狀嚴重時，求助心理醫生並進行心理輔導與治療，或至少把心理輔導與治療作為輔助療法。

雄激素：男性的關鍵荷爾蒙

睪固酮雖然是男性最重要的性激素，但它同時也會影響身體很多其他的功能，例如肌肉增長。對一個健康的男性來說，睪固酮濃度在早晨達到最高點，下午則會降到低點，這是正常的。壓力、睡眠時間、體重和運動量等因素也會對睪固酮濃度產生互相的影響。

男性的睪固酮大約到三十歲之前都會不斷地增加升高，接著在三十歲之後繼續保持在同樣的水準大約十年。從四十到四十五歲開始，其產量就會以每年百分之〇．四到一．二的速度緩慢下降。男性即使到六十五歲，其睪固酮大約都仍有其最高時期的百分之七十五至八十。男性睪固酮的下降速度相當緩慢，這是因為雖然睪丸內的睪固酮產量逐年減少，但是即便到了老年，腎上腺內的睪固酮製造仍然非常活躍和有效的緣故。

澳洲阿德雷德大學（University of Adelaide）的蓋瑞・惠特教授（Prof. Gary Wittert）便在二〇一二年的研究中做出結論：睪固酮濃度的下降根本不是正常衰老的一個過程，它很可能肇因於患者不良的行為習慣或是患者整體的健康狀態。惠特教授的研究團隊就年齡介於三十五到八十歲之間的受試者做出一千五百份的睪固酮濃度追蹤，並比較受試者相距五年的前後檢測數據。結果顯示，對於睪固酮濃度的下降，年齡因素幾乎沒有任何影響力。因為在多數的受試者數據之中，五年內的荷爾蒙濃度下降平均皆不到一個百分點。研究人員進一步分析了數據並考慮了其他健康變動參數，結果顯示，體重增加和憂鬱症的傾向，才是更易致使睪固酮分泌下降的主要原因。相反地，受試者如維持規律的性活動，則對睪固酮的生產有相當正面的刺激作用。

這項研究結果與《德國醫學雜誌》（*Deutschen Ärzteblatt*）在二〇一五年的報導不謀而合，該報導指出，在介於五十至五十九歲之間的男性中，約有百分之十七的人可測得血清中含有檢測結果低於十一納莫耳每升（nmol/

L）的病理性睪固酮值。在六十至七十歲的男性中（該年齡的標準值為小於八納莫耳每升），則只有百分之四．一左右的男性其血清中的睪固酮濃度低於標準值。也因此，針對這樣的男性更年期荷爾蒙變化現象，是否有必要像女性更年期，將荷爾蒙替代療法當作標準的醫療程序，這實在仍然有待更進一步的詳細探討，畢竟荷爾蒙替代療法具有眾多副作用，而且被認為會促進攝護腺癌的發生。倘若失去性欲的心理壓力實在太大，對一般情況的病患來說，嘗試使用壯陽藥物仍舊是較為安全的解決方法。

第2節　肌少症：新陳代謝退化的最大風險

與更年期相比，對於我們的新陳代謝系統乃至於整個下半生影響更為嚴重的，或許要數肌肉組織的流失，也就是所謂的肌肉萎縮症。至少從五十歲開始，我們就會漸漸但明確地感受到肌肉的力量逐漸消失。年過五十之後，我們幾乎無法像三十歲或四十歲時那樣，輕鬆地「順便」把一箱礦泉水從汽車後車廂搬進廚房，而是會感到相當吃力。而這個肌力消失的徵狀幾乎在所有人身上都會發生，不論男女。我們失去的，並不僅僅是肌肉的力量而已，其實更是最重要的肌肉組織數量，它們會萎縮、退化，接著消失。由於肌肉組織及其粒線體（參見第二章第六節）是我們最重要的物質代謝器官，因此肌肉萎縮才是會對新陳代謝造成長期影響的最嚴重危害。

根據統計顯示，如果不採取積極的防範措施，自五十歲開始，我們的肌肉組織數量將會以每年介於百分之一至二之間的速度逐年流失。到七十歲時，幾乎超過一半以上的老年人口的日常生活都受到肌肉嚴重萎縮所苦。隨著肌肉纖維及其細胞數量的減少，肌肉細胞中的粒線體也會一起消失。這當然會對整個新陳代謝產生非常不利的影響，對能量代謝的危害尤其嚴重。我們的身體會因此主動偏向消耗更少的能量，並進而將這些節省下來的能量儲存起來。最後結果，是肌肉纖維在變得越來越少並變小的同時，體內脂肪含量的比例也會迅速增加。請重新啟動我們的物質代謝，肌肉萎縮症只有靠更強大的紀律性、高強度的運動訓練，以及規律的重量訓練，才能反轉其衰退的力道。

很可惜的是，儘管我們都知道肌肉組織是人體內最大的物質代謝器官，同時也是保證我們可以繼續保有行動能力、獨立生活及活動力的唯一器官組織，然而目前為止，科學界就肌肉流失對新陳代謝及健康帶來的嚴重影響所做的研究仍舊為數不多。客觀層面來看，肌肉流失這個問題甚至一直要到一九八九年才第一次在科學界正式提出，而距離這個名詞首次出現在科學期刊之後，還要再等到二〇一六年才被收錄於國際疾病分類第十版（ICD-10）。也因此，許多醫生並未將肌肉萎縮症視為一個單門別類的疾病，也沒有將其視為是其他更多的健康問題的引發因素。

儘管如此，造成肌肉萎縮的原因在科學界已被明確認定，其成因如下：

- 缺乏運動與身體活動
- 神經肌肉系統的合成與轉換機制效率低下
- 營養攝取不足，特別是蛋白質攝取不足
- 荷爾蒙變化影響，例如低睪固酮濃度以及其他隱性未知的發炎症狀

二〇一九年，斯德哥爾摩卡羅林斯卡學院（Karolinska Institut）研究機構的拉斯．拉森教授（Prof. Lars Larsson）團隊對此進行了更進一步的研究分析，該研究採用嚴格的國際分析標準，其結果顯示，肌肉萎縮症對人體的影響遠不止於肌肉這項器官而已。其總結如下：肌肉萎縮會全面性地影響所有人體器官，對物質代謝的影響尤其巨大，它會影響人體內的每一個細胞，在多數情況下會導致全身大規模面積的早衰與老化。

在肌肉萎縮造成的早衰病徵裡，最典型的例子便是脂毒性（Lipotoxizität）。所謂的脂毒性，泛指當人體血液內含有過高的脂肪酸時會引起的各種對細胞有害的徵

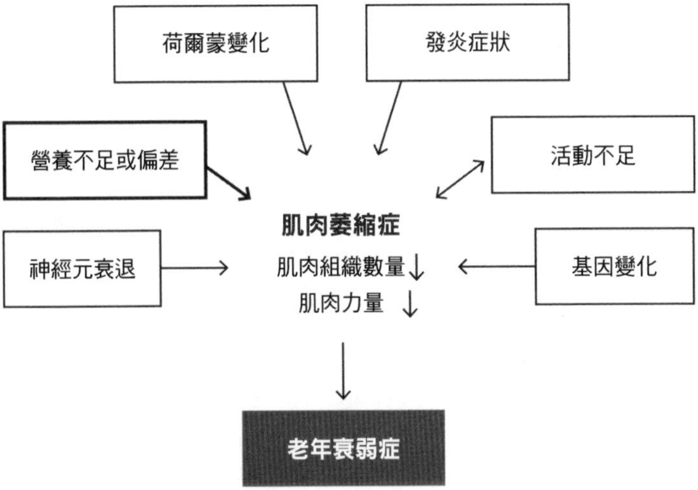

導致老年衰弱症與肌肉萎縮症的成因

狀：高濃度的游離脂肪酸將會在血液中直接干擾肌肉細胞的細胞功能，並加速其細胞凋亡（參見第一章第五節裡的「細胞凋亡」）。肥胖人士尤其深受脂毒性所苦，這些症狀通常是因大量流失肌肉組織，從而使得肌肉組織與脂肪組織相比數量大減所造成，這種情況不僅在肥胖症患者身上時常發生，在肌肉流失嚴重的老人身上也同樣常見。

從許多人在年過五十之後的行走姿態，我們就可以明顯觀察到肌肉萎縮已然悄悄找上他們。這些人的步伐缺乏明顯的律動，而且看起來像是相當吃力沉重地拖著自己的身體一樣。有這些症狀的人的姿態會開始改變，他們會盡量避免爬樓梯，一旦有需要爬樓梯時，他們會感到相當吃力與痛苦。科學家及醫生都將走路速度視為判別肌肉萎縮症的重要指標：如果在六公尺內的距離每秒不達〇．八公尺的速度的話，可能便是肌肉消失的第一個徵兆。

醫療上常用的骨質密度檢測儀（DEXA）是一個過往僅會拿來測量骨密度的儀器，它如今也能相當精準地測量病患的肌肉含量與脂肪含量。經驗豐富的治療師甚至能夠根據儀器測量結果，推估病患身體的綜合情況，抑或是物質代謝的狀態。該項儀器對人體手臂的肌肉數量檢測值，更可說是精準無誤。這項儀器的檢驗值能夠相當準確地預估病患身體的力量狀態。研究數據甚至指出，檢測結果甚至能預測手無縛雞之力的病患之死亡風險高低。

即時提早預防肌少症

如同海德爾海姆大學（Universität Hildesheim）的賽巴斯提昂．蓋樂教授（Prof. Sebastian Gehlert）於二〇二一年研究中所指出的：每個人最遲在年過五十開始，都必須規律地進行肌肉訓練。他的觀點與我幾十年來不停推動的觀念一致：唯有透過肌肉訓練，我們才可以在年紀增長的同時，也明顯感受到肌肉性能正面的增長，同時在訓練之中也能不斷地增加我們的肌肉數量及肌肉力量。

理論雖是如此，但實際上的情況並不太理想，正如在〈歐洲健康訪問調查〉（European Health Interview Survey）中所顯示的一樣，該份調查針對二十八萬六百名受訪者進行分析，其結果顯示：平均只有百分之十七．三的成年男性與女性，會每週有規律地進行兩次或更多次的肌肉訓練運動。二〇二〇年，澳洲南昆士蘭大學傑森．本尼教授（Prof. Jason Bennie）所發表的研究中更得出結論：五十歲以上年齡層的女性所從事的肌肉訓練頻率，比任何年齡層都來得少。這項缺失導致中年過後的婦女失去肌肉量，進而對整體身體物質代謝效率和體重造成負面影響。研究人員更發現，最需要肌肉訓練的族群，亦即肥胖且健康狀況自我評估結果較差的女性，卻正好就是最少花時間進行肌肉訓練的一群人。基於此點，針對這群女性，當然還有所有其他的女性和男性，研究人員皆建議每週至少必須進行兩次或更多次的肌肉訓練，這些訓練應包括利用自身體重的訓練以及配合健身設備進行的肌肉訓練。世界衛生組織於二〇二〇年所發布的健康指南中，也建議人們每週至少應進行兩天的肌

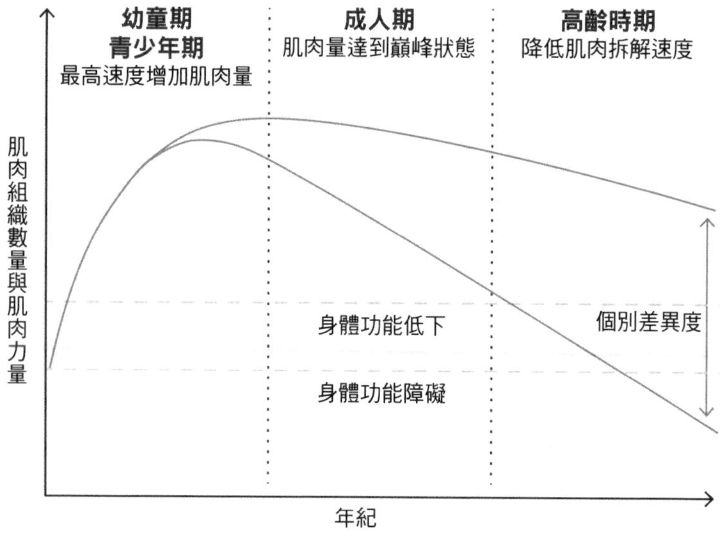

身體運動訓練狀態與肌肉消失程度的對比關係圖

肉訓練。

進入熟齡階段之後，雖然無法完全避免肌肉減少與流失，但還是可以避免掉入肌肉萎縮症的惡性循環之中。正如上圖所示，肌肉在老年時期仍然可以保持在相當高的水準。為了防止肌肉萎縮症的發生，唯一的解決方法就是針對這點進行特殊的肌肉訓練。在邁入五十歲之後，一般日常活動，以及僅僅進行耐力運動，已經遠遠不足以防止肌肉萎縮。因為耐力訓練和一般日常的運動項目只能刺激紅色肌肉纖維，而且很可惜地，這些運動的強度仍不足以促進我們的白色肌肉纖維。我們的骨骼肌肉是由白色與紅色肌肉纖維一起組成，分別負責肌肉耐力度與肌肉力量。而在肌肉萎縮症中最主要萎縮的，便是白色肌肉纖維：由於實在疏於使用這些肌肉纖維的緣故，在年長階段，這些肌肉中的運動末梢上所具有的神經系統經常會出現訊息傳送錯誤的狀況，導致肌肉纖維無法準確地受到控制，最後便開始萎縮。這就是為什麼我們必須特別為了白色肌肉纖維訂定特殊的高強度運動訓練的原因。

可惜的是，我常在坊間聽到以訛傳訛的傳聞，要上了年紀的熟齡者盡可能地不要做運動，以及盡量隨著年紀增長好好地休息與保護自己。我必須說，這種說法一點也不適用於老人家的肌肉組織！事實上正好相反：我們的肌肉不論任何年齡都可以負重自如、可以被訓練，更可以在任何年紀透過訓練獲得正面的發展及調整。實際上，隨著年齡的增長，我們更必須讓肌肉承受更大的負荷量才對：畢竟年齡越大，肌肉訓練所需要的強度就越大，如此一來才能夠維持肌肉力量以及肌肉組織的品質與數量。

適合年長者的訓練方式有以下兩種：

■以高次數（十二至十五次）且中度負荷（最大力量的百分之六十至七十五）的方式來進行訓練，直到肌肉達到最大的疲勞感。肌肉必須在重量訓練過後有燃燒的感覺，如此才能促進肌肉生長，這就像快速爬階梯，從一樓爬到五樓或六樓的感覺一樣。如果肌肉已經有弱化的傾向，並且需要再次生長以重新促進新陳代謝，則相當適合這類的訓練方式。

■使用高度負荷（超過最大力量的百分之七十五）至極度負荷（高達最大力量的百分之百）進行訓練，並大量縮減重複次數（只需重複一到六次），當進行這類極大限度的訓練時，少少幾次的重複就已經相當足夠。透過這樣的肌肉訓練方式，對於神經和肌肉纖維之間的協調能產生相當明確的改善效果，與此同時也會活動到白色肌纖維。如此一來不僅可以優化肌肉的神經肌肉品質，同時也不會增加太多的肌肉數量並擴大肌肉的體積。對於不想增加肌肉數量與體積但又希望肌肉在新陳代謝方面保持最高效能的人，這樣的訓練更為合適。

人體肌肉組織在邁入高齡後應該每週至少進行三次訓練，每個肌肉群每週總共應包含四十至五十次最大收縮活動。想要在五十歲之後依舊繼續提高、發展自己的肌肉效能與身體效能的話，就必須給予自身的肌肉組織更強烈的運動訓練。我們唯一能夠確定的就是：根據肌肉強韌的適應能力，人體的肌肉效能永遠都存在著可以繼續更上一層樓的可能性。最重要的是，在過了五十、六十、七十歲之後，我們仍舊要繼續勇敢地訓練與鍛鍊自己的肌肉能耐。因為一旦我們放棄這個念頭，白色肌肉纖維就會消失，取而代之的是脂肪組織，而脂肪組織會開始對肌肉細胞以及全身組織的新陳代謝循環帶來各式各樣的負面影響。

為了讓身體有足夠的能量增生肌肉，除了給予適當的訓練之外，還必須充分提供必需的胺基酸。肌肉訓練可以刺激特定的傳導訊息，促進蛋白質合成以形成新的肌肉細胞，不過，這當然只有在身體內也有相對足夠的組成材料下才能實現。因此，在訓練前後和整個日常生活中，補充足夠的蛋白質都是避免或減緩肌肉萎縮的重要基礎。換句話說，我們每次的主餐都應該攝取大約三十至四十克左右的蛋白質。如果需要，偶爾可以選擇蛋白質奶昔作為替代方案。重要的是，尤其必須每天攝取必需胺基酸白胺酸，白胺酸可以有效刺激生長激素雷帕黴素（mTOR），並直接促進肌肉生長。白胺酸屬於支鏈胺基酸（參見第四章第一節裡的「胺基酸種類一覽」），不僅存在於所有動物性食物中，也存在於多數富含蛋白質的植物性食物中。

隨著我們年紀的增長，保護我們最大的物質代謝器官，也就是肌肉，免受衰退的影響就越來越重要，針對這點，我們無疑可以透過要求自己規律地上健身房做高強度肌肉訓練以及飲食中攝取高蛋白質食物來實現。唯有這樣，我們才能一方面長遠地幫助身體物質代謝的運作順暢，另一方面同時預防物質代謝相關疾病的產生，免於受例如糖尿病、脂肪代謝障礙與代謝症候群這類疾病的威脅。更重要的是，這些好習慣是幫助我們逐漸提升未來老年生活品質的重要措施。畢竟這才是我們花這麼多心力理解新陳代謝循環的最終目標！

肌肉萎縮症形成原因與預防矯正措施一覽表

肌肉萎縮症成因：

- 運動神經元流失
- 神經與肌肉之間的運動元神經末梢傳導錯誤
- 肌肉再生能力下降、肌肉重新組建速度降低（所謂的合成代謝阻抗）
- 睪固酮濃度低落
- 體內發炎反應增加
- 缺乏運動，尤其缺乏白色肌肉纖維的運動訓練刺激
- 營養不良或營養失衡，尤其是缺乏必需胺基酸

影響結果：

- 肌肉組織數量流失
- 肌肉力量流失
- 無能力進行快速動作
- 細胞內粒線體流失
- 脂肪細胞在肌肉組織中囤積與增長

預防與矯正措施：

- 針對大型、強健的肌肉群，例如腿部、臀部、軀體及肩膀的部分，進行針對性的強化肌肉訓練

- 使用高度至極度負荷的方式進行肌肉鍛鍊，可視情況配合進行快速並具有爆發性的運動動作。
- 攝取足夠的蛋白質，請在訓練前、中、後，每次各攝取含有二十至四十克蛋白質含量的食物。
- 特別補充對於肌肉生長至關重要的支鏈胺基酸白胺酸、異白胺酸和纈胺酸
- 每天攝取每公斤身體體重乘以一．二到一．五克的蛋白質
- 充分攝取ω-3脂肪酸，視情況需要攝取肌酸作為輔助，並在十月開始至三月的秋冬日照減少期間補充維生素D
- 請先與醫生諮詢並經醫生的持續檢測後，再依建議於身體訓練之外配合服用睪固酮、β-拮抗劑或肌肉生長抑制因子

第3節　大腦內的變化

年齡也沒有對大腦灰質細胞手下留情。隨著我們年齡的增長，每個人大腦灰質細胞的衰退程度也各不相同，當這些衰退情況發生時，有時就會對我們的思考能力造成影響。即便如此，我們的大腦相當厲害，它自有一套策略和方法，透過新陳代謝來至少在某種程度上補償這些缺陷或限制——這一切都得感謝人體神奇的物質代謝作用。

事實上，人類在四十歲或五十歲這種年紀，甚至一直到比這還要高的歲數，大腦都還能做出具高度思考能力的決定，這實在太令人驚奇。我會這麼說，是因為人類的大腦灰質一路發展到我們十八歲左右時就停止了，十八歲過後，灰質細胞就不再增長，只會開始逐漸變薄。大腦灰質細胞減少後主要受到影響的，便是大腦裡的海馬迴和前額葉皮質，它們對於執行功能、尤其是對於儲存長期記憶來說，是非常重要的兩個腦部器官。

奧斯陸大學（Universität Oslo）的心理學家安德斯・佛傑教授（Prof. Anders Fjell）在二〇一〇年針對這點做出了深入的研究，試圖解釋為什麼前額葉皮質特別容易受到人體老化過程的影響。佛傑教授成功地證明了過往經常提出的一個假設：最後才發展的那些大腦區域，就是會最早受到人體老化影響的首要區域。大腦皮質的發育通常要直到十八歲或甚至二十歲才會完成。而這正與一些執行大腦功能（如注意力和專注力）的能力多半會早在五十歲開始就逐漸緩慢下降的現象不謀而合，因為這些能力在很大的程度上也和前額葉皮質有關。

大腦白質的組成成分是神經纖維，而將大腦的各個區域以及大腦的兩個半球相互連接的，也正是神經纖維。我們的大腦白質一直到四十歲或五十歲都還會不斷地增生，等到過了這段年紀之後，便會開始緩慢但相當穩定地逐漸萎縮。長期如此發展下去的結果當然很明顯，我們兩側大腦之間的溝通能力會開始發生變化，因為神經纖維萎縮，所以兩邊的處理速度會開始變慢。這時我們會注意到，學習變得越來越困難。這是因為神經細胞發生變化，特別是神經細胞尾端的突觸萎縮的緣故，而由於突觸萎縮，神經細胞之間的突觸聯繫也會開始斷開並消失。

除了突觸和灰質的流失之外，更重要的大腦元素髓磷脂也會逐漸減少，髓磷脂是一種覆蓋在神經纖維上以保護神經纖維的物質。哥本哈根大學（Universität in Kopenhagen）神經學家莉斯貝斯・馬訥教授（Prof. Lisbeth Marner）在二〇〇三年的研究中提出一項令人印象深刻的數據，指出了人類老化過程裡大腦髓磷脂流失的嚴重程度。女性二十歲時，大腦髓磷脂覆蓋的神經纖維總長度平均接近十五萬公里，但當年紀增長至六十歲時，這種覆蓋會減少到大約十萬公里，到八十歲時則降至約八萬公里。在男性身上，這種退化甚至比女性在各個年齡階段裡都還要再嚴重個百分之十以上。

此外，最遲在五十歲開始，我們大腦內的神經傳遞物質多巴胺（參見第一章第三節裡的「五十歲後：為了良好的荷爾蒙，蛋白質多多益善」）也會急劇下降。在人類的學習過程以及對新事物的學習與認知上，多巴胺扮演相當重要的角色，除此之外，多巴胺也在我們的運動協調控制能力中扮演非常關鍵的角色。現在你可以猜想到，神經傳遞物質多巴胺的銳減，會引起多大的智力退化、身體靈活性退化和運動僵硬度。

大腦的首次大幅退化通常會出現在五十歲左右時，這時的退化程度還不至於會導致什麼智力的損失。在應對身體正常的老化過程上，我們的大腦很有自己的一套對策，它會想辦法多少補償大腦衰退的功能，並盡量另闢方法來平衡失常的物質代謝過程。研究顯示，我們在人生第一階段幾十年來吸收的各種知識，將成為我們人生第二階段裡幫助提升大腦運作能力的絕佳基底。所以五十歲後大腦的處理速度雖然會稍稍變慢，但錯誤率卻會明顯大幅降低！這是二〇〇四年多特蒙德工業大學（Technische Universität Dortmund）萊布尼茨勞動研究所（Leibniz-Institut für Arbeits-forschung）所發表的結論。

老年人大腦所想出來的應變策略，是在複雜的任務中，使用比年輕人更多的腦部區域來解決問題：如此一來，即使在第二個人生階段裡，我們的大腦也可以成功地完成困難的任務。換句話說，在五十歲過後，我們大腦的代謝程序會發展出新的生物化學程序，這套新的程序能夠幫助大腦更好、更方便地整合及供應各個腦部區域，如此一來才能更方便地使用這些區域的資訊。大腦中的這些功能變化可以透過磁振造影來檢測，在磁振造影下，大腦內部的局部代謝變化以及相應的血流量變化相當清晰可見。

最後，我們仍舊必須透過持續規律的運動及身體活動來維持身體物質代謝的良好運作效率。透過運動，我們依然可以有效地延緩與避免大腦退化。定期運動不但可以刺激新神經元增生、突觸生成與增生，甚至可以增加我們大腦中的灰質。在預防阿茲海默症和失智症上，運動已經在許多研究中被證明是最好、最有效的治療方式。

第4節　血壓升高與血管阻力

大約從三十歲或四十歲開始，我們血管的阻力就會慢慢增加。這種血管硬化現象，主要會發生在大動脈上。更因為如此，大血管中所謂的韋德克瑟爾效應（Windkesselfunktion）會漸漸降低，不只會降低心臟舒張期與收縮期的壓力差，同時外部周圍的壓力也會增加，從而導致高血壓，在這樣的情況下，病人通常需要醫療與藥物的介入才能獲得改善。

雖然醫學界迄今並無法斷定這就是造成高血壓的唯一原因。但可以確定的是，除了其他心血管因素之外，心理因素，例如生活滿意度以及生活壓力，也是影響血壓的因素之一。研究證明，比起一般社會中的女性，生活在修道院內的修女在年長後有這類徵狀的比例明顯地相對低許多。這是一項相當值得注意的研究結果，因為研究數據顯示，生活在修道院的修女一樣會在年長後面臨血液膽固醇濃度升高、血清三酸甘油脂濃度升高等問題，但即便如此，她們卻未曾出現高血壓的徵狀。換句話說，年紀增長並不是各種疾病發生的藉口！

第5節　心臟的重量增加

在從三十歲到八十歲的歲月裡，除了血壓緩慢上升之外，另一項幾乎同步發生的變化，就是心臟重量的逐漸增加。這主要是由於肌肉數量增加的緣故所致。男性的心臟重量會以每年約一公克的速度增加，女性則以每年約一．五公克的速度增加。隨著年齡增長，我們的心臟肌肉越來越大。到五十歲時，女性的心臟重量將達到大約三百克，而到七十歲時將達到三百三十到三百四十公克左右。當心臟重量達到五百公克時，就會被視為危險超重，這會導致心臟無法再獲得足夠的氧氣供應。（運動員的心臟較為碩大，此類特殊族群則不適用於該危險範圍。）

第6節　受損的呼吸道

在我們的日常生活中，肺部是受到環境影響以及受環境損害最大的器官，這是因為肺部每天都暴露在各種環境因素中的緣故：每一次我們呼吸時，都會吸入各式灰塵、氣體、蒸氣，甚至是細菌及病毒，更遑論二手菸這些有害物質。人體內的支氣管肺部系統，就是所有這些為身體帶來額外負擔的有害物質所會接觸到的第一道防線，它必須直接面對這些物質，不是將吸入的有害物質過濾清潔，就是把它們再次排出體外。然而若這個系統受到嚴重干擾，依然會在身體裡留下長期不可逆的傷害。

現代人由於日常壓力的關係，幾乎到了四十歲或五十歲之際，肺部中的纖維組織就會逐漸轉變，慢慢失去彈性、韌度及延展性，而這會直接影響肺部呼吸的物理運作功能以及肺部每次氣體交換的總數量。按照今日的認知，我們推斷五十歲的身體，其胸腔肺活量會比二十歲左右的身體減少百分之十五。科學研究也證實了這樣的退化：人類到了六十五歲時，其肺部功能已經比二十歲時減少了百分之二十到二十五，到八十歲時則減少了百分之三十。

除此之外，從四十歲開始，鼻黏膜會逐漸慢慢消失，連同結締組織和血液供應都會逐漸減少。鼻黏膜將因此變得越來越乾燥，鼻涕也變得越來越稠。這項變化的影響，是五十歲以上的人，有超過百分之六十的男性和大約百分之四十的女性會在睡眠時開始打鼾。不過，鼻黏膜的變化，或許並不是打鼾在中高齡容易形成的唯一原因。在這年紀一併出現的喉嚨肌肉退化，可能才是更嚴重的原因。

不論是肺部纖維組織的轉變或是打鼾，這兩項改變都會嚴重影響我們的新陳代謝運作，因為這會使得氧氣供給效率變得更差，有些人甚至會經常出現在夜間睡眠時供氧不足的情況。

老聲音新聲調

我們的聲音不僅在青春期會發生轉變，在五十五到六十歲之間也會再次發生變化。青春期時，由於喉部和聲帶的生長，男孩的聲音降低了大約一個八度，女孩則降低了大約三度。在人生的後半段，情況完全相反：男性的音調提高，女性的音調則降低。造成這種現象的原因，是喉嚨聲帶的彈性結締組織退化、黏膜腺萎縮，從而形成典型的老年人聲音。女性稍微丟失了一點高音音域，而男性則失去了一些低音音域。原本唱中音的男歌手會突然發現自己能唱出高音，而女歌手則能夠更柔順地掌握中音。

第7節　喘不過氣的免疫系統

胸腺的退化縮小，在我們邁入成年之後就隨即開始，而且不只是胸腺這項淋巴器官而已，特別嚴重的是胸腺皮質也會一起衰退，而胸腺皮質是我們免疫系統中相當重要的組成部分。胸線的退化縮小，並非指體內胸線細胞（亦稱T細胞）的總數因退化而減少，這些細胞數將繼續保持不變。實際上隨著年齡增長改變的，是血液中的胸腺幹細胞數量，當我們年紀越大，它們在血液中的數量就越少。因為胸線幹細胞是胸線細胞的儲備細胞，所以它的流失會導致我們的免疫系統無法再大量獲得足夠新生的胸線細胞。

除了幹細胞的減少之外，胸線細胞的功能也會逐漸降低。在四十到五十歲之後，人體明顯地出現了更多與發炎反應相關的疾病，例如風濕病以及其他自身免疫疾病。這可能是一種相對性的免疫不全，是免疫系統受到損害的徵兆。這類的損傷主要是由單個細胞的損壞所造成，而不是免疫細胞的數量銳減所形成。也因此，如果在檢查時只將注意力放在血液中免疫細胞的濃度，這樣的檢查可能並不是評估我們免疫系統運作良好與否的最佳或最安全的檢查方式。

第8節　衰弱的腎臟

人體內主管水分代謝的主要器官是腎臟。腎臟不只會分泌荷爾蒙調節體液平衡和尿液中的水分排泄，它還會監測體內電解質的平衡與否。人體在到三十歲左右時，腎臟容積都還會一直增加。容量將會一直維持，直到四十歲左右開始逐漸萎縮。由於腎臟組織退化萎縮，腎臟每年平均過濾的液體量會減少大約每分鐘一毫升。直到我們五十歲時，腎臟的過濾率已經比三十歲時降低了百分之十到十五。而高齡八十歲的人只能達到「正常」過濾率的一半而已。

二〇一〇年，柏林夏里特大學（Charité Berlin）的艾克・雪佛能教授（Prof. Dr. Elke Schaeffner）在研究中發現，雖然許多人的腎臟在四十歲後會逐漸失去原有的重量和容積，但只有約百分之六十的五十歲以上中年人會受到腎臟衰退的影響。其他人即使年齡更長，其腎功能與代謝能力也完全不變。因此，年齡並不能被歸咎於年過五十後腎臟功能和代謝活動退化的單一或主要原因。唯一可以確定的是，人體所擁有的腎臟儲備能力，會隨著變老而越來越被耗盡。

發表於二〇〇七年《醫學期刊》（*Ärzteblatt*）的比較研究發現，還有相當多的因素會對腎臟功能造成不良影響，例如代謝失調、脂肪過多、糖尿病或高血壓，以及腎臟微小血管的損壞，這些因素都會對腎臟功能造成不良影響。特別是糖尿病患者在六十歲過後，與同齡但沒有糖尿病的健康族群相比，其腎臟損傷的風險會提高百分之四十。同齡但沒有糖尿病的健康族群則沒有這種風險升高的現象。

會對身體健康造成更大變化的影響，是人體衰老過程中腎臟的適應能力將逐漸降低：如果你在這時（或許因為想避免高血壓）已經改變飲食習慣成低鈉飲食的話，你的腎臟會無法跟著改變而減少尿液排出量，當然也就無法節省身體排出水分及對身體健康相對有利的礦物質。隨著年齡增加，這些變化都會導致我們的身體流失過多的鈉，而體內許多重要的代謝過程就會面臨缺乏這項必需礦物質的窘境。鈉不僅是對血壓調節非常重要的元素，它同時也負責許多肌肉的運作程序。因此，不論我們現在幾歲，請盡量永遠維持體內的鈉濃度。五十歲之後若發現血壓有所改變，也請務必先檢查體內的鈉濃度。

第9節　受干擾的體內液體平衡

自五十歲開始，人體體內水分含量也會依個人體重不同按比例下降，這時期的體內水分含量減少，主要是由於體內細胞中液體減少所致，而這又是由於肌肉數量減少和脂肪組織比例同時增加所致。脂肪組織在本質上就比肌肉組織來得「乾燥」許多，也就是說，脂肪的含水量較少。水分減少之後，體內重要礦物質之一的鉀含量也會一起下降。鉀是一個對體內各種細胞的活動都相當重要的礦物質，它能確保新陳代謝過程中的酸鹼平衡度。鉀元素的流失會導致體內酸度的升高，而這很有可能就是同一時期人體開始出現骨質疏鬆的潛在原因之一，這是合理的推測，因為鉀元素是體內骨骼代謝過程的必需元素之一。除了骨骼代謝之外，鉀元素也是腦功能、肌肉組織及壓力荷爾蒙調節所不可或缺的原料之一。總而言之，隨時為身體補充足夠的水分，同樣是隨著年齡增加而益發重要的習慣。

第10節　腸胃道

在腸胃這個範圍內，總算是沒什麼壞消息了：基本上，腸胃和年齡相關的問題很少，畢竟我們的消化系統在胃腸道方面有著相當良好且充足的儲備功能。如果腸胃在中年之後會出現什麼變化的話，通常都是因為個人長期的生活方式、缺乏運動或者飲食習慣不良所導致的，大多數情況都是因為長期攝取過量的糖和加工食品的關係。

當然，歲月的痕跡也絕對沒有放棄在這裡留下自己的足跡：邁入五十歲之後，胃腸的蠕動能力會逐漸減少，胃黏膜的總體積也會縮小。整體上的改變會導致胃酸的產生減少，這就會導致胃中的食物碎塊無法被繼續處理到最細密的狀態，好為後續的消化過程做好準備。食物沒有處理到一定的細密程度就進入小腸，會導致小腸吸收營養素的效率變差。其中受到最強烈影響的，莫過於維生素B_1、B_{12}和維生素A

及葉酸和胡蘿蔔素的吸收程度。換句話說，即使我們確保每餐都攝取了充足均衡的各種營養，但在過了五十歲或六十歲之後，仍舊必須注意這些被我們吃進去的食物，其營養素是否真的抵達細胞，好讓體內物質代謝獲得足夠的養分支持。就我看來（即使這類的檢查通常需要自費），為了確保自己的血液各項數值正常，每年定期到醫院進行檢查是筆值得的花費。

女性最遲在邁入五十歲之後，便常有便祕的情況發生。德國有大約四分之一（！）的女性人口必須定期或偶爾服用非處方藥來治療便祕。長期服用這類藥物，其實會對消化器官的自然功能造成莫大的損害，這些藥物會對細胞養分供應及腸胃的代謝過程造成長期不可逆的負面影響。

造成便祕的主要原因，是這個年齡層的人通常有運動量不足、膳食纖維攝入不足、通常也飲水不足的毛病。只要透過多運動、多吃全麥和蔬菜，以及多喝水，就可以輕易地以自然和健康的方式來擺脫這項問題。

第11節　經常輕忽的問題：藥物對新陳代謝的影響

我們服用藥物，是希望透過藥物對身體產生正面的改善。一般來說，藥物也通常都能符合我們的期望、產生預期的作用，不過可惜的是，沒有哪種藥物是沒有副作用的，每種藥物都會伴隨著大家並不是那麼期望得到的副作用，就算是一個效果相當良好的藥物，通常也會伴隨著許多副作用，畢竟任何一種食品只要超過一定劑量，就成了毒藥，正所謂劑量高低就是成不成毒的關鍵——而每種藥物基本上都多少有其毒性。

一個藥物的療效究竟好不好，通常還得取決於許多個人因素，例如性別、身高、體重和年齡。因此，通常醫生在開藥調節血壓或給予乙型交感神經接受體阻斷劑（Betablockers）時，還必須同時考慮病人的個人狀況來決定劑量。對於五十歲以上的病人來說，要斟酌劑量更是難上加難，這是因為到了這個年紀，大多數人幾乎都因為各種個人毛病而需要服用多種不同的處方藥物，而且時常還得一起服用。

藥物的效果，或是究竟會有哪些副作用浮現，其關鍵的決定因素在於每個人不同的物質代謝效率，以及藥物在每個人體內溶解的速度和被吸收的效率。舉例來說，肝臟中所謂的細胞色素P450，是肝臟內部相當重要的代謝系統。它在身體排毒、解毒的過程中具有重要角色，而它便是影響藥物效果的重要變數。幾乎百分之五十的藥種都必須透過這個代謝系統進行轉化，以便身體利用和排出藥物殘留物。但這套代謝過程也可能會被藥物影響、減慢或是加速其代謝效率，特別是當患者需要同時服用多種藥物時，這種情況更容易發生——而這都會大幅改變藥物的療效！除此之外，我們也必須考量因人而異的因素：由於我們的細胞色素在基因上多少都有輕微的不同之處，因此藥物的代謝速率和處理方式在每個人體內的情況也各不相同。此外我們更知道，某些草藥或食品成分會對人體攝取的藥物產生相當大的影響力，例如聖約翰草（細胞色素CYP3A4）或葡萄柚，它們不僅會大幅影響藥物的代謝，甚至可能會使藥物完全無效。

目前廣泛使用的降血壓和降脂藥物，會對代謝產生相當複雜的影響，慕尼黑赫爾姆霍茲中心（Helmholtz Zentrum）在二〇一四年的《歐洲流行病學雜誌》（*European Journal of Epidemiology*）中描述了這個現象。在這份名為奧格斯堡地區合作健康研究（Kooperative Gesundheitsforschung in der Region Augsburg）的研究中，有一千七百名受試者接受了不同代謝參數的測量，例如碳水化合物、維生素、脂肪酸和胺基酸。研究人員將這些數據與高血壓或高血脂症的藥物治療進行比較，同時也將受試者的年齡、性別、體重和生活方式納入評量標準。其研究結果令人相當震驚：這兩種藥物對身體物質代謝所產生的影響之廣度與多樣性，遠遠超過了它們原先設定達成的正常效果。

研究人員因此確定，乙型交感神經接受體阻斷劑會降低血液中的游離脂肪酸含量，並增加脂肪儲存數量。這些藥物降低了血清中的血清素水準以及腎上腺素與去甲腎上腺素的分泌量。除此之外，會直接影響血清的變因也產生了許多變化。這就是在服用這類藥物時，最常在人體身上產生的副作用：對生活缺乏動力、以及無盡的疲勞感。

他汀類藥物（Statine），是一種治療脂肪代謝異常的常見藥物，它確實能夠有效地達到降低膽固醇水準的效果。但與此同時，他汀類藥物也會改變脂肪代謝中的某部分反應，包括間接地刺激身體產生更多的發炎反應，同時也會抑制體內的抗氧化能力。

總體來說，心理疾病使用的藥物會對新陳代謝有著特別強烈的影響。南澳洲大學阿德萊德分校（University of South Australia, Adelaide）喬吉娜・克立頓博士（Dr. Georgina Crichton）所領導的研究團隊在二〇一六年的一項研究中甚至指出，心理治療藥物與代謝症候群之間存在著直接的因果關係（參見第一章第三節裡的「飢餓素：飢餓荷爾蒙」）。研究人員對九百七十名患有憂鬱症的受試者進行了調查，並對該類藥物在血糖代謝、脂肪代謝和血壓上的全面影響做了詳盡的追蹤，結果是若病患接受抗憂鬱症藥物的治療，則會增加百分之七十九、甚至百分之八十九罹患代謝症候群的機率。

服用抗憂鬱症藥物後，隨之而來的副作用當然就是體重增加，就我看來，一般人時常將這樣體重暴增的情況怪罪到患者因精神疾病而飲食失控，這是完全不正確的。我的觀點很明確，這是藥物引起的身體物質代謝變化以及與之相關的飢餓調節障礙問題。巴西帕拉那大學（University of Paraná）的雅尼娜・讚諾威利博士（Dr.

Janaína Zanoveli）在二〇一六年發表的研究結果正好支持了我的觀點。讚諾威利博士發現治療憂鬱症的藥物與腦下視丘、神經傳遞系統之間的失調以及相關的醣代謝異常之間存在著非常密切的聯繫。

總體來看，如同約翰·霍普金斯大學（Johns Hopkins University）的喬叔華·約瑟夫博士（Dr. Joshua Joseph）團隊二〇一六年所發表的研究結果：抗憂鬱症藥物對於人體新陳代謝的複雜影響，以及隨之而來的相應體重變化，主要都因為交感神經被觸動，以及體內發炎反應因素增加，再加上腦內下視丘、腦內垂體與腎上腺皮質之間的調節迴路（HPA軸）一起被藥物改變而造成的後果。

在抗精神病藥物（神經阻斷劑）這個特殊的藥物組中，討論的方向則與憂鬱症藥物相反，一般學界認為神經阻斷劑會改變不同的神經傳遞系統，同時進而影響體重：這個改變會間接地刺激食欲中樞，並同時產生特殊的荷爾蒙分泌，而這顯然正是導致患者體重增加的原因。其中至少能夠確定的改變，便是第一型組織胺接受器（H1-Histaminrezeptor）會受到藥物影響而被抑制。

五十歲以上的新陳代謝與藥物攝取

根據德國教育和研究部的調查，大多數德國人在六十歲時，已經至少需要服用兩到三種不同的藥物來確保身體能夠獲得日常生活所需的能量。此外，德國健康保險還計算出，德國每位六十歲以上的保險人每年還會自行購買約七種不同的藥物來維持身體健康！換句話說，在德國人過了六十歲之後，多數人體內都有高達十種不同藥物的成分同時在相互作用！但對患者施予治療的醫生通常卻對此一無所知，而病患這時如果再從醫生得到用藥指示，那等於變成了所謂的多重用藥，若再服用多一種混合藥物，則這樣的藥物效果通常會與醫生所預期的完全不同。

在這類混合藥物裡，最常使用的便是治療心血管疾病的藥物，尤其是乙型交感神經接受體阻斷劑和抗凝血劑。第二常使用的，便是對抗激素或代謝障礙的藥物，例如糖尿病、甲狀腺疾病及膽固醇降低藥物，也就是所謂的他汀類藥物，一般常用來治療脂肪代謝異常。所有這些藥物的目的，都是治療物質代謝，或是重新引導物質代謝回歸正常方向——儘管這些「疾病」在某種程度上都可以被視為是因年齡而引起的代謝變化，所以並不能真的算是疾病。這類混合藥物也常出現在用來緩解疼痛的藥物以及所謂抑制憂鬱情緒的藥物，例如鎮定劑或抗憂鬱藥。

如果你正在服用醫師指示的藥物，那麼你所服用的藥物的最終效益，絕對都會大於它們所可能造成的副作用。不過隨著年齡的增長，這樣的正常狀態也可能會發生變化，因為我們的年齡，或者換個更準確的說法，我們與年齡相關的身體變化，會影響藥理學的功效。一項在我們五十歲時能夠相當良好地發揮作用的藥物，在經過十五年後，也就是我們六十五歲時，可能就不再管用了。

一般來說，藥物在老年人身上所發揮的藥效，通常會比在年輕人或是中壯年人身上還要更強。這是因為不同年齡階段的人體，其身體組成成分會有相當大的差異，這會大幅影響藥物在體內被處理與消化的方式：老年人體內的脂肪含量會大幅增加，而水分含量則在五十歲後逐漸減少。因此，在脂肪組織中發揮作用的藥物，在老年人身上的藥效就會更明顯、更強烈。相比之下，透過身體水分分布來發揮藥效的藥物，在相同劑量下則會在老年人身上更快發生作用。

此外，從大約四十歲開始，腎臟功能會以每年百分之一的速度衰退下降，這也是一個會影響藥物效能的因素，因為腎臟對藥物的代謝會變得更慢、更差。這在糖尿病或高血壓患者身上特別明顯，因此患有這兩種疾病的老年人必須格外注意。隨著年齡的增長，血壓波動會越來越難以平衡，因此改善循環系統作用的藥物，會越來越容易導致老年患者在用藥後出現頭暈之類的副作用。除此之外，醫學界也已經知道，在服用某些需要透過肝臟來處理的藥物後，其藥效在老年人身上更為明顯。

如果醫生除了要考慮年齡增長對身體變化的影響之外，還必須考慮患者可能同時正在服用多種不同藥物的話，那麼要評估患者身體對該類藥物的物質代謝、該類藥物在患者身上會發揮的藥效及其可能的副作用，就會變得更加困難。因此，請你一定要在用藥前諮詢醫生——即便你認為一切用藥都是按造計畫進行，也請務必在服藥前詢問你的醫生：我們並不需要總是等到整個情況開始失控時，才去採取補救措施。你也可以查閱「國際高齡合理用藥評價指標列表」（PRISCUS Liste）。裡頭列出了老年人應該避免使用的藥物，並提供替代方案。

後記

我常常在演講後被熱情的聽眾攔下來問問題，至今電子信箱裡也還躺著數不清的來信等待我回信，這裡面有一大部分的問題都與我們身體裡的各種功能有關。絕大多數大家提出的問題，其實都可以在物質代謝及其高度複雜的循環流程中找到答案。但是，演講後台的短暫時間，或是電子郵件的寥寥數行，實在難以提供完整全面的解釋來回答問題，於是我心中慢慢滋生了這個願望，我希望能將整個新陳代謝的過程及其所有的功能，一次完整徹底地做個詳盡的解釋。我希望這本書能夠達成我願望中的第一個部分，但這個願望的第二個部分倒是讓我著實費神：畢竟，哪些資訊一定得放在書裡？而就算確定是哪些資訊，我又該講解得多深入？事實上，我後來確實刪掉了相當多的篇幅，因為若不這樣做，這本書的篇幅大概還要再多個好幾百頁。畢竟，就如同你在書中所讀到的，我們體內每個器官都有自己獨特的物質代謝流程，每種物質代謝流程都值得出一本專書好好解釋。

透過這本書，我只想傳達給大家一個訊息：在我們身體裡頭有著許許多多的化學生物程序在運作著，它們日日夜夜一天二十四小時不停地運轉，而這些運作全然安靜無聲，我們甚至一點都沒察覺。這套新陳代謝程序會影響我們一生的健康，而我們也同樣會透過自己的行為與習慣，塑造自己的新陳代謝程序，這是因為不論是什麼行為與習慣，它們都會在物質代謝中留下無法磨滅的足跡。年紀的增長對這些組織器官所做出的改變，以及它對器官運作能力與效率所產生的影響，甚至都不足以與行為與習慣相比。

物質代謝最大的危害因子就是我們自己，這完全取決於我們如何對待它，我們給它多大的負荷，以及我們如何透過行為與習慣逼迫它往對人體長期有害的方向發展。例如，如果我們仍舊穿著帶有化學污染物質的衣服，或是仍舊選擇抽菸、過度喝酒、不愛運動或經年累月吃垃圾食物。這些才是真正形塑我們體內物質循環系統的原因，這些習慣不僅會對人體產生不可逆的長遠傷害，更會大幅減低體內各種物質代謝功能的運作效率。諸如第二型糖尿病這樣的醣類物質代謝過程問題，影響的不僅僅是我們的飲食，也會影響人體內的血管及各個內臟器官，就連大腦也同樣會遭受強力摧殘，足以造成大腦功能完全停擺。只要是受到摧殘的地方，就會提早進入老化程序。

藉由這本書，我也想告訴大家，我們的物質代謝會出現「問題」，其實都是為了要配合我們的行為習慣，它只好改變的自己程序，以便在較低的水準上支撐人體運行所需的能量，並確保我們的生命還能繼續正常運作。它其實正用盡全力想方設法要讓我們的身體保持在功能平衡的狀態，因此我們也必須正常地對待與維護它、提供給它所有需要的東西，那就是：健康而均衡的飲食習慣、盡量減少的壓力、充足的睡眠，以及適量的運動鍛鍊、身體訓練與腦力活動。

假如你在讀完這本書之後，會開始思考自己身體上某些不太舒服的地方，是否是因為自己的物質代謝或許有點問題，而不是第一時間立刻在稍有不舒服後就直接拿藥來吃的話，我想我就算達到寫這本書的目的了。如果你能在血壓微幅超標時，先與醫師討論是否能避免立刻以服藥來抑制高血壓，而是改採替代方法，先從改善飲食習慣及運動習慣著手，如果你能在閱讀本書之後將裡頭的理論應用到日常生活裡，相信我，你絕對幫了自己一個大忙，同時你體內的物質代謝流程也會感謝你所做的改變！

預祝你成功改善健康！

你摯愛的英格·弗洛伯斯教授

致謝

撰寫一本全新的專業書籍是件相當有挑戰性的事情，而且需要多年的前置作業。只有完善的準備，才能全面掌握相關科學研究最新的動向與討論是什麼，並將這些資訊整理、濃縮在一本書裡，這需要花費相當多的時間來搜尋、查找及分析。除了二手資料文獻之外，要撰寫一本新陳代謝及其長期變化的專書，作者也必須要搜集足夠的臨床資料、擁有足夠的親身研究，如此一來這本書的基底才能算是完整。我們的新陳代謝功能實在是大自然一項神奇的創作，當然無法濃縮成三言兩語來解釋與形容。

針對這點，我相當感謝過去幾年來科隆體育學院團隊裡所有員工及同事的幫忙及貢獻，整個團隊對本書功不可沒。

我由衷感謝每一位團隊成員。

這裡我想特別感謝艾蜜莉・賀柏樂（Emilie Häberle），感謝她近乎神奇與完善的資料搜尋精神，所有有關五十歲以上人口新陳代謝問題的科學相關資料，全都逃不過她的搜索與考證。

同樣必須特別感謝的，還有我的同事薇瑞拉・夢提（Verena Monti），全書中詳盡的表單及生動的圖表全都出自夢提女士耐心有毅力的巧手，所有產出一本書所需要的大大小小瑣碎事項，她也處理得俐落乾淨。

最後要感謝的，是長年和我一起工作的同事烏莉克・雪柏（Ulrike Schöber），若是沒有她的鼎力相助，這本書根本不可能有機會出現，更不可能可以達到這樣好的品質。雪柏女士絕對堪稱我認識的人裡最棒的「私塾教師」及最佳的共同作者！她總是有辦法讓我從混淆不清的思緒中梳理出正確的條理，也永遠有辦法把我這些一團亂的初稿重新組合成表達通順的句子。我至今還搞不清楚，她究竟是如何辦到的。她甚至同時在爬梳初稿時，還必須把我手寫的那些難以辨讀的學術解釋、公式及清單「翻譯」成能讓人看懂的東西。雪柏女士的工作能力絕對堪稱超群，我由衷真心感謝她的付出。

就像所有其他的專業書籍一樣，本書是所有團隊成員共同合作的成果。我對整個團隊獻上我最誠摯的謝意——你們是最棒的團隊！

參考文獻

Abels, K. (2010): Kontrollierter Kannibalismus. In: wissenschaft.de, https://www.wissenschaft.de/umwelt-natur/kontrollierter-kannibalismus/ (abgerufen am 19.06.2020).

Baker, J. D. et al. (2011): Clearance of p16Ink4a-positive senescent cells delays ageing-associated disorders. In: *Nature* 479, S. 232–236.

Bartels, R. / Bartels, H. (2004): *Physiologie*. Amsterdam: Elsevier.

Bereiter-Hahn, J. / Jendrach, M.: (2009) Zytologie – Mitochondrien-Dynamik bei Stress und Altern. In: *Biospektrum Wissenschaft Special: Zellbiologie*.

Bergland, C. (2020): Brain Connectivity Fluctuates Based on Exercise Intensity– High- and low-intensity exercise influence brain networks in different ways. In: *Psychology Today*, https://www.psychologytoday.com/us/blog/the-athletes-way/202002/brain-connectivityfluctuates-based-exercise-intensity (abgerufen am 20.06.2021).

Bernhauser, I. (2017): Enthalten pflanzliche Proteine alle essentiellen Aminosäuren? In: Ecodemy.de, https://ecodemy.de/magazin/pflanzliche-proteine-kombinieren-essentielle-aminosaeuren/ (abgerufen am 20.06.2021).

Besdine, R. W. (2019): Veränderungen im Körper beim Älterwerden. In: msdmanuals.com, https://www.msdmanuals.com/de-de/heim/gesundheitsprobleme-bei-%C3%A4lteren-menschen/alterserscheinungen/ver%C3%A4nderungen-im-k%C3%B6rper-beim-%C3%A4lterwerden (abgerufen am 07.07.2020).

Beyer, L. (2011): Stabilität und Instabilität der Wirbelsäule im Alter. In: *Manuelle Medizin* 49, S. 418–420, DOI: 10.1007/s00337-011-0884-1 (abgerufen am 20.06.2021).

Bode, S. (2019): *Älter werden ist sexy, man stöhnt mehr: Das ultimative Lesekonfetti für Postjugendliche ab 50*. München: Goldmann.

Böni, R. / Imthurn, B. (2004): Haut, Menopause und Hormone. In: *Swiss Med Forum* 38, S. 953–957.

Cell Signaling Technology. Overview of cellular senescence. In: cellsignal.de, https://www.cellsignal.de/contents/_/cellular-senescence/overview-of-cellular-senescence (abgerufen am 11.08.2020).

Cotofana, S. (2018): Das alternde Gesicht – eine anatomische Zusammenfassung. In: *Ästhetische Dermatologie & Kosmetologie* 3.

Czichos, J. (2019): Warum das Körpergewicht im Alter steigt. In: wissenschaft.de, https://www.wissenschaft-aktuell.de/artikel/Warum_das_Koerpergewicht_im_Alter_steigt1771015590744.html (abgerufen am 29.06.2020).

De Liz, S. (2020): *Woman on fire – Alles über die fabelhaften Wechseljahre*. Hamburg: Rowohlt Polaris.

De Souza, R. J. et al. (2015). Intake of saturated and trans unsaturated fatty acids and risk of all cause mortality, cardiovascular diseases, and type 2 diabetes: systematic review and meta-analysis of observational studies. In: BMJ 2015 DOI: 10.1136/bmj.h3978.

Dichtl, K. (2016): *Hochsommer des Lebens: Schnelle Hilfe dank Schüßlersalzen*, Homöopathie & Co. Books on Demand.

Drew, L. (2019): Hormones united. In: aeon.co, https://aeon.co/essays/the-revolutionary-idea-revealing-the-bodys-hormonal-democracy (abgerufen am 07.12.2020).

Durnin, J. (1992): Energy Metabolism in the Elderly. In: *Nestlé Nutrition Workshop Series* 29.

Evans, W. J. et al. (2010): Frailty and muscle metabolism dysregulation in the elderly. In: *Biogerontology* 11, S. 527–536, DOI: 10.1007/s10522-010-9297-0 (abgerufen am 20.06.2021).

Exkurs: Ernährung und Menopause. In: xbyx.de, https://www.xbyx.de/magazin/wissenschaftlicher-exkurs-ernaehrung-menopause-healthy-aging/ (abgerufen am 29.06.2020).

Franke, H. (1973): Aktuelle Probleme der Gerontologie bzw. Geriatrie. In: *Klinische Wochenschrift* 51, S. 151–155.

Frisard, I. et. al. (2007): Aging, Resting Metabolic Rate and Oxidative Damage: Results from the Louisiana Healthy Aging Study. In: *Journal of Gerontology: Medical Sciences* 62A, 7, S. 752–759.

Garaschuk, O. (2016): Altersbedingte Veränderungen der Mikrogliazellen: ihre Rolle bei gesundem

Altern des Gehirns und bei neurodegenerativen Erkrankungen. In: degruyter.com, https://www.degruyter.com/document/doi/10.1515/nf-2016-0057/html (abgerufen am 29.06.2020).

Garcia, G. V. et al. (1997): Glucose Metabolism in Older Adults: A Study Including Subjects More Than 80 Years of Age. In: *Jags* 45, S. 813–817.

Grolle, J.(2019): Wird er 130? In: *Der Spiegel* 48, S. 105–113.

Henze, H. et al. (2020): Skeletal muscle aging – Stem cells in the spotlight. In: Elsevier, https://doi.org/10.1016/j.mad.2020.111283

Hinghofer-Szalkay, H.: Die Funktionsstärke und Belastbarkeit physiologischer Systeme ist altersabhängig. In: physiologie.cc, http://physiologie.cc/XVIII.9.htm (abgerufen am 29.06.2020).

Hutterer, C. (2021): Dossier der Sportmedizin: Sarkopenie – Muskelverlust im Alter mit Bewegung und proteinreicher Ernährung begegnen. In: *DZSM* 72, S. 6–8.

Kemmler, W. et. al (2010): Einfluss eines Elektromyostimulations-Trainings auf die Körperzusammensetzung bei älteren Männern mit Metabolischem Syndrom. Die Test II-Studie. In: *Deutsche Zeitschrift für Sportmedizin*, Jahrgang 61, Nr. 5

Kempf, K. et al. (2017): Efficacy of the Telemedical Lifestyle intervention Program TeLiPro in Advanced Stages of Type 2 Diabetes: A Randomized Controlled Trial. In: *Diabetes Care* 40, S. 863–871.

Kempf, K. et al. (2012): The Da Vinci Medical-mental motivation program for supporting lifestyle changes in patients with type 2 diabetes. In: *Dtsch. Med. Wochenschr.* 137, S. 362–367.

Kempf, K. et al. (2011): Screening for overt diabetes by oral glucose tolerance test: stratification by fasting blood glucose and patients' age improve practicability of guidelines in cardiological routine. In: *Int J Cardiol* 150, S. 201–205.

Kempf, K. et al. (2015): Cardiometabolic effects of two coffee blends differing in content for major constituents in overweight adults: a randomized controlled trial. In: *Eur J Nutr* 54, S. 845–854.

Kempf, K. et al. (2009): PRODIAB Study Group. Effect of combined oral proteases and flavonoid treatment in subjects at risk of Type 1 diabetes. In: *Diabet Med* 26, S. 1309–1310.

Kempf, K. et al. (2016): The Boehringer Ingelheim employee study (Part 2): 10-year cardiovascular diseases risk estimation. In: *Occup Med* (Lond) 66, S. 543–550.

Kempf, K. et al. (2013): The epidemiological Boehringer Ingelheim Employee study (Part 1): impact of overweight and obesity on cardiometabolic risk. In: *J Obes*, Article 159123.

Kempf, K. et al. (2013): Diagnostic accuracy of a standardized carbohydrate-rich breakfast compared to an oral glucose tolerance test in occupational medicine. In: *Dtsch. Med. Wochenschr.* 138, S. 1297–1303.

Kempf, K. et al. (2007): The metabolic syndrome sensitizes leukocytes for glucose-induced immune gene expression. In: *J Mol Med (Berl)* 85, S. 389–396.

Kempf, K. et al. (2006): Inflammation in metabolic syndrome and type 2 diabetes: Impact of dietary glucose. In: *Ann N Y Acad Sci* 1084, S. 30–48.

Kempf, K. et al. (2014): Meal replacement reduces insulin requirement, HbAlc and weight long-term in type 2 diabetes patients with >100 U insulin per day. In: *J Hum Nutr Diet* 27, Suppl., S. 21–27.

Klöting, N. et al. (2007): Biologie des viszeralen Fetts. In: *Der Internist* 48, S. 126–133, DOI: 10.1007/s00108-006-1781-x.

Koopman, R. / von Loon, L. J. C. (2009): Aging, exercise and muscle protein metabolism. In: *J Appl Physiol* 106, S. 2040–2048, DOI: 10.1152/japplphysiol.91551.2008.

Kwetkat, A. (2010): Immunologie im Alter. In: *Präv. Gesundheitsf.* 5, Suppl 1, S. 46–50, DOI: 10.1007/s11553-010-0228-3.

Labor Dr. Bayer (2020): Anti-Aging-Strategie in der komplementär-medizinischen Diagnostik. In: *Labor Bayer aktuell*, Februar 2020.

Lansche, G. et al. (2001): Physiologische Veränderungen im Alter: Was ist von notfallmedizinischer Relevanz? In: *Anästhesiologie & Intensivmedizin* 042, S. 741–746.

Lechner, K. et al. (2021): Kohlenhydratreduktion – Paradigmenwechsel in der Empfehlung zur Ernährung bei Typ-2-Diabetes. In: *Info Diabetologie* 15, 1.

Lenzen-Schulte, M. / Zylka-Menhorn, V. (2016): Autophagie – »Selbstverstümmelung « als Überlebensstrategie. In: *Deutsches Ärzteblatt* 113, 40.

Link, R. (2018): 8 foods that lower testosterone levels. In: healthline.com, https://www.healthline.com/nutrition/foods-that-lower-testosterone (abgerufen am 07.07.2020).

Livesey, G. / Livesey, H. (2019): Coronary Heart Disease and Dietary Carbohydrate, Glycemic Index and Glycemic Load: Dose-Response Meta-analysis of Prospective Cohort Studies. In: *Mayo Clin Proc Inn Qual Out* 3, 1, S. 52–69.

Lotz, Heinen, Stöcker, Beyer, Heinen. (2019): Die Fettverbrennung sistiert nicht bei intensiver körperlicher Belastung – Wer vom optimalen Fettverbrennungspuls redet, hat in Biochemie nicht aufgepasst! https://profheinen.de/diagnostik/spiroergometrie/fettverbrennungspuls/ (abgerufen am 14.12.2020).

Macfarlane, S. et al. (2013): Synbiotic consumption changes the metabolism and composition of the gut microbiota in older people and modifies inflammatory processes: a randomized, double-blind, placebo-controlled crossover study. In: *Aliment Pharmacol Ther* 38, S. 804–816.

Manini, T. M. (2010): Energy Expenditure and Aging. In: *Ageing Res rev.* 9, 1, DOI: 10.1016/j.arr.2009.08.002.

Martin, S. / Kempf, K. (2014): Formula diets as baseline therapy for type 2 diabetes. In: *Dtsch. Med. Wochenschr.* 139, S. 1106–1108.

Martin, S. (2021): Tabu aufgehoben – Keine Angst vor Nahrungsfett! In: *Info Diabetologie* 15, 1.

Mc Auley, M. T. / Mooney, K. M. (2014): Computationally Modeling Lipid Metabolism and Aging: A Mini-review. In: *Comput Struct Biotechnol J* 13, S. 38–46, DOI: 10.1016/j.csbj.2014.11.006.

Nelle, E. (2019): Die Lymphe: Unverzichtbar fürs Immunsystem. In: ugb.de, https://www.ugb.de/ugbmedien/einzelhefte/stoffwechselfitdie-eigenen-kraefte-staerken/die-lymphe-unverzichtbar-fuers-immunsystem/ (abgerufen am 15.02.2021).

Northrup, C. (2016): *Weisheit der Wechseljahre: Selbstheilung, Veränderung und Neuanfang in der zweiten Lebenshälfte*. München: ZS.

Pape, D. et al. (2009): *Die Hormonformel: Wie Frauen wirklich abnehmen*. München: Graefe & Unzer.

Petersen, J. A. et al. (2012): Körperliches Training bei mitochondrialen Erkrankungen. In: *Medizinische Genetik* 24, S. 200–203, DOI: 10.1007/s11825-012-0345-9.

Reynolds, G. (2020): Whether you are a night-owl or early bird may affect how much you move. In: nytimes.com, https://www.nytimes.com/2020/08/12/well/move/whether-you-are-a-night-owl-or-early-birdmay-affect-how-much-you-move.html (abgerufen am 17.08.2020).

Richter, C. (1999): Molekulare Aspekte des Alterns. In: *Chemie in unserer Zeit* 33, 4, S. 221–225.

Rieger, B. (2018): *Die heimlichen Chefs im Körper: Wie Hormone unser Leben und Handeln bestimmen*. München: MVG.

Ristow, M. et al. (2007): Prävention von Krankheiten und Steigerung der Lebenserwartung durch Kalorienrestriktion. In: *Aktuel Ernaehr Med* 32, S. 104–109.

Rockwood, K. et al. (2000): Incidence and outcomes of diabetes mellitus in elderly people: report from the Canadian Study of Health and Aging. In: *CCMAJ*, 162, 6, S. 769–772.

Röhling, M. et al. (2016): Effects of Long-Term Exercise Interventions on Glycaemic Control in Type 1 and Type 2 Diabetes: a Systematic Review. In: *Exp Clin Endocrinol Diabetes* 124, S. 487–494.

Röhling, M. et al. (2016): Influence of Acute and Chronic Exercise on Glucose Uptake. In: *J Diabetes Res*, Article 2868652, DOI: 10.1155/2016/2868652.

Röhling, M. et al. (2017): Cardiorespiratory Fitness and Cardiac Autonomic Function in Diabetes. In: *Curr Diab Rep* 17, S. 125.

Röhling, M. et al. (2017): German Diabetes Study Group. Differential Patterns of Impaired Cardiorespiratory Fitness and Cardiac Autonomic Dysfunction in Recently Diagnosed Type 1 and Type 2 Diabetes. In: *Diabetes Care* 40, S. 246–252.

Roller-Wirnsberger, R. (2012): Physiologie des Alterns. In: zm-online.de, https://www.zm-online.de/archiv/2012/10/titel/physiologie-desalterns/ (abgerufen am 29.06.2020).

Rose, B. et al. (2008): Beneficial effects of external muscle stimulation on glycaemic control in patients with type 2 diabetes. In: *Exp Clin Endocrinol Diabetes* 116, S. 577–581.

Ruge, N. / Duscher, D. (2020): *Altern wird heilbar: Jung bleiben mit der Kraft der drei Zellkompetenzen.* München: Graefe & Unzer.

Sadjak, A. (2017): *Lebensqualität im Alter*. Berlin: Springer.

Schaeffner E. et al. (2010). The Berlin initiative study: the methodology of exploring kidney function in the elderly by combining a longitudinal and cross-sectional approach. In: *Eur J Epidemiol*, 25: 203–210.

Schweitzer, R. (2018): *Die Heilpraktiker-Akademie. Endokrinologie mit Stoffwechsel: Mit Zugang zur Medizinwelt*. Amsterdam: Elsevier.

Speckmann, E. et al. (2019): *Physiologie – Das Lehrbuch*. Amsterdam: Elsevier.

Spork, P. (2012): Falsch getaktet. In: wissenschaft.de, https://www.wissenschaft.de/gesundheit-medizin/falsch-getaktet/ (abgerufen am 19.06.2020).

Toth, M, J. / Tehernof, A. (2000): Lipid metabolism in the elderly. In: *European Journal of Clinical Nutrition* 54, Suppl. 3, S. 121–125.

Tramunt, B. et. al. (2019): Sex differences in metabolic regulation and diabetes susceptibility. In: Diabetologia, DOI: 10.1007/s00125-019-05040-3.

Vermissimo, M. T. et al. (2019): Effect of physical exercise on lipid metabolism in the elderly. In: *Rev Port Cardiol* 21, 10, S. 1099–1112.

Visser, M. et al. (1995). Resting metabolic rate and diet – induced thermogenesis in young and elderly subjects: Relationship with body composition, fat distribution and physical activity level. In: *American Journal of Clinical Nutrition* 61, S. 772–778.

Volkert, D. (2004): Ernährungszustand, Energie- und Substratstoffwechsel im Alter – Leitlinie Enterale Ernährung des DGEM und DGG. In: *Ernährungs-Umschau* 51, Heft 10.

Willems, A. E. M. et al. (2020): Effects of macronutrient intake in obesity: a meta-analysis of low-carbohydrate and low-fat diets on markers of the metabolic syndrome. In: *Nutrition Reviews*, Volume

79, S. 429–444,

Wolf, Ch. (2013): Das Gehirn in seinen reifen Jahren. In: dasgehirn.de, https://www.dasgehirn.info/grundlagen/das-gehirn-imalter/das-gehirn-seinen-reifen-jahren (abgerufen am 08.07.2020).

Wolters, M. et al. (2004): Altersassoziierte Veränderungen im Vitamin B12 und Folsäurestoffwechsel: Prävalenz, Ätiopathogenese und pathophysiologische Konsequenzen. In: *Z Gerontol geriat* 37, S. 109–135, DOI: 10.1007/s00391-004-0169-6.

Zochling, J. et. al. (2005): Calcium metabolism in the frail elderly. In: *Clin Rheumatol* 24, S. 576–582, DOI: 10.1007/s10067-005-1107-8.

國家圖書館出版品預行編目資料

新陳代謝，所有你必須知道的事 / 英格・弗洛伯斯（Ingo Froböse）著 ; 黃淑欣 譯. -- 初版. -- 臺北市 : 商周出版, 城邦文化事業股份有限公司出版 : 英屬蓋曼群島商家庭傳媒股份有限公司城邦分公司發行, 民112.05
面 ； 公分. --
譯自：Der Stoffwechsel-kompass.
ISBN 978-626-318-663-7（平裝）
1. CST: 新陳代謝

398.56　　112005293

新陳代謝，所有你必須知道的事

原著書名 / Der Stoffwechsel-Kompass
作者 / 英格・弗洛伯斯教授（Prof. Dr. Ingo Froböse）
譯者 / 黃淑欣
責任編輯 / 李尚遠

版權 / 林易萱
行銷業務 / 周丹蘋、賴正祐
總編輯 / 楊如玉
總經理 / 彭之琬
事業群總經理 / 黃淑貞
發行人 / 何飛鵬
法律顧問 / 元禾法律事務所　王子文律師
出版 / 商周出版
城邦文化事業股份有限公司
臺北市中山區民生東路二段141號9樓
電話：(02) 2500-7008 傳眞：(02) 2500-7759
E-mail：bwp.service@cite.com.tw
Blog：http://bwp25007008.pixnet.net/blog
發行 / 英屬蓋曼群島商家庭傳媒股份有限公司城邦分公司
臺北市中山區民生東路二段141號11樓
書虫客服服務專線：(02) 2500-7718・(02) 2500-7719
24小時傳眞服務：(02) 2500-1990・(02) 2500-1991
服務時間：週一至週五09:30-12:00・13:30-17:00
郵撥帳號：19863813　戶名：書虫股份有限公司
讀者服務信箱E-mail：service@readingclub.com.tw
歡迎光臨城邦讀書花園　網址：www.cite.com.tw
香港發行所 / 城邦（香港）出版集團有限公司
香港灣仔駱克道193號東超商業中心1樓
電話：(852) 2508-6231　傳眞：(852) 2578-9337
E-mail：hkcite@biznetvigator.com
馬新發行所 / 城邦(馬新)出版集團 Cité (M) Sdn. Bhd.
41, Jalan Radin Anum, Bandar Baru Sri Petaling,
57000 Kuala Lumpur, Malaysia
電話：(603) 9057-8822　傳眞：(603) 9057-6622
Email：cite@cite.com.my

封面設計 / 李東記
內文排版 / 新鑫電腦排版工作室
印刷 / 韋懋印刷有限公司
經銷商 / 聯合發行股份有限公司
電話：(02) 2917-8022　傳眞：(02) 2911-0053
地址：新北市231新店區寶橋路235巷6弄6號2樓

■2023年（民112）5月初版
定價 580 元

Printed in Taiwan
城邦讀書花園
www.cite.com.tw

Der Stoffwechsel-Kompass by Prof. Dr. Ingo Froböse

ISBN 978-626-318-663-7

商周出版

廣　告　回　函
北區郵政管理登記證
台北廣字第000791號
郵資已付，免貼郵票

104台北市民生東路二段141號11樓

英屬蓋曼群島商家庭傳媒股份有限公司　城邦分公司

請沿虛線對摺，謝謝！

商周出版

書號：BK5205　**書名：**新陳代謝，所有你必須知道的事　**編碼：**

請於此處用膠水黏貼

商周出版

讀者回函卡

線上版讀者回函卡

感謝您購買我們出版的書籍！請費心填寫此回函卡，我們將不定期寄上城邦集團最新的出版訊息。

姓名：＿＿＿＿＿＿＿＿＿＿＿＿＿＿＿＿ 性別：□男　□女

生日：西元＿＿＿＿＿＿年＿＿＿＿＿＿月＿＿＿＿＿＿日

地址：＿＿＿＿＿＿＿＿＿＿＿＿＿＿＿＿＿＿＿＿＿＿＿

聯絡電話：＿＿＿＿＿＿＿＿＿＿ 傳真：＿＿＿＿＿＿＿＿＿＿

E-mail ：

學歷：□ 1. 小學 □ 2. 國中 □ 3. 高中 □ 4. 大學 □ 5. 研究所以上

職業：□ 1. 學生 □ 2. 軍公教 □ 3. 服務 □ 4. 金融 □ 5. 製造 □ 6. 資訊

□ 7. 傳播 □ 8. 自由業 □ 9. 農漁牧 □ 10. 家管 □ 11. 退休

□ 12. 其他＿＿＿＿＿＿＿＿＿＿＿＿＿＿＿＿

您從何種方式得知本書消息？

□ 1. 書店 □ 2. 網路 □ 3. 報紙 □ 4. 雜誌 □ 5. 廣播 □ 6. 電視

□ 7. 親友推薦 □ 8. 其他＿＿＿＿＿＿＿＿＿＿＿＿

您通常以何種方式購書？

□ 1. 書店 □ 2. 網路 □ 3. 傳真訂購 □ 4. 郵局劃撥 □ 5. 其他＿＿＿＿

您喜歡閱讀那些類別的書籍？

□ 1. 財經商業 □ 2. 自然科學 □ 3. 歷史 □ 4. 法律 □ 5. 文學

□ 6. 休閒旅遊 □ 7. 小說 □ 8. 人物傳記 □ 9. 生活、勵志 □ 10. 其他

對我們的建議：＿＿＿＿＿＿＿＿＿＿＿＿＿＿＿＿＿＿＿＿

＿＿＿＿＿＿＿＿＿＿＿＿＿＿＿＿＿＿＿＿＿＿＿＿＿＿

＿＿＿＿＿＿＿＿＿＿＿＿＿＿＿＿＿＿＿＿＿＿＿＿＿＿

請於此處用膠水黏貼